1+X “物联网智能终端开发与设计”
职业技能等级证书（中级）配套教材

物联网智能终端应用程序开发

蔡运富　主　编
钟锦辉　副主编
邓人铭　主　审

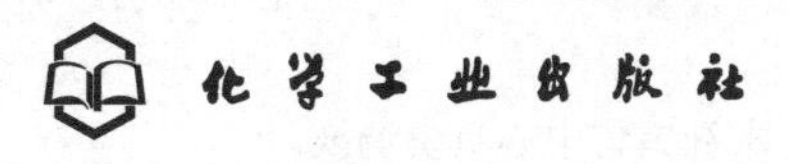

·北京·

内 容 简 介

本教材以实际案例为载体，将物联网智能终端所涉及的核心技术分解成六个项目（物联网智能终端开发平台系统及架构认知、嵌入式程序开发环境搭建、文件 I/O 程序设计、多任务程序设计、网络通信程序设计以及传感器应用开发），由浅入深进行讲解。

本教材为项目任务式，每个任务后设计了相应的任务实施单。在教学中，教师可以按照具体任务安排课时，以保证每次课堂学习任务清晰、内容丰富，还可根据所设置的教学反馈单了解学生的掌握程度，便于跟踪教学。本书采用教学做一体化的授课模式，体现了高职院校高技能应用型人才培养的特色。本书配有电子课件与视频微课。

本教材是 1+X“物联网智能终端开发与设计”职业技能等级证书（中级）配套教材，也可作为高职高专和应用型本科物联网相关专业的教材，亦可供相关工程技术人员作为自学教材或参考书。

图书在版编目（CIP）数据

物联网智能终端应用程序开发/蔡运富主编. —北京：化学工业出版社，2021.6（2024.11重印）

ISBN 978-7-122-39340-1

Ⅰ. ①物…　Ⅱ. ①蔡…　Ⅲ. ①物联网-智能终端-应用程序-程序设计-教材　Ⅳ. ①TP334.1

中国版本图书馆 CIP 数据核字（2021）第 112354 号

责任编辑：葛瑞祎　王听讲　　　　装帧设计：王晓宇

责任校对：边　涛

出版发行：化学工业出版社（北京市东城区青年湖南街 13 号　邮政编码 100011）

印　　装：涿州市般润文化传播有限公司

787mm×1092mm　1/16　印张 14　字数 346 千字　　2024年 11月北京第 1 版第 3次印刷

购书咨询：010-64518888　　　　售后服务：010-64518899

网　　址：http://www.cip.com.cn

凡购买本书，如有缺损质量问题，本社销售中心负责调换。

定　　价：49.00 元

1+X“物联网智能终端开发与设计”职业技能等级证书
配套系列教材编审委员会

刘珊珊　　广州华南商贸职业学院
刘　松　　天津电子信息职业技术学院
刘　炜　　陕西学前师范学院
刘星亮　　安康学院
刘志方　　广州南洋理工职业学院
罗　俊　　广州工商学院
钱德明　　揭阳职业技术学院
邱　雷　　重庆电子工程职业学院
任加维　　咸阳职业技术学院
孙　波　　广东青年职业学院
孙世宇　　潍坊环境工程职业学院
王　艳　　汕尾职业技术学院
王用鑫　　重庆电子工程职业学院
王泽芳　　重庆青年职业技术学院
韦发清　　湛江科技学院
魏　扬　　吕梁职业技术学院
吴俊霖　　重庆电子工程职业学院
夏国清　　广州软件学院
肖庆追　　广东金融学院
熊　异　　湖南铁道职业技术学院
许华杰　　广西大学
易国建　　重庆电子工程职业学院
苑俊英　　中山大学南方学院（广州南方学院）
湛剑佳　　湖南网络工程职业学院
张国强　　西安明德理工学院
赵　林　　广西电力职业技术学院
郑明华　　广州华商职业学院
郑志优　　广州粤嵌通信科技股份有限公司
钟锦辉　　广州粤嵌通信科技股份有限公司
邹臣嵩　　广东松山职业技术学院

前言

党的二十大报告提出，加快实现高水平科技自立自强，加快建设科技强国。科技事业在党和人民事业中始终具有十分重要的战略地位，科技立则民族立，科技强则国家强。为深入贯彻落实《国家职业教育改革实施方案》和《职业教育提质培优行动计划》文件精神，稳步推进“学历证书+若干职业技能等级证书”工作，提升学生科技应用能力和创新创业能力，重庆电子工程职业学院与广州粤嵌通信科技股份有限公司充分利用各自资源优势，深化产教融合，以 1+X“物联网智能终端开发与设计”职业技能等级证书为载体，以国际化视野打造物联网智能终端产业人才培养新模式。

在智能终端产业人才需求的基础上，结合国内各院校专业建设情况，1+X“物联网智能终端开发与设计”职业技能等级证书推出初、中、高三级系列“书证融通”教材。本教材为中级技能培养指导教材之一，重点介绍物联网智能终端应用程序的开发技术，内容包括：物联网智能终端开发平台系统及架构认知、嵌入式程序开发环境搭建、文件 I/O 程序设计、多任务程序设计、网络通信程序设计以及传感器应用开发六个部分，知识点涵盖了重性能、轻界面类型物联网智能终端开发所需的各项重要技术。

本教材在内容组织上，基于“平台+模块”的课程体系思想，结合实际应用需要，以真实项目为教学载体，将理论和实践深度融合。本教材采用项目任务式，每个学习项目针对一项重要知识技能分成多个任务实施，力求学习者能由浅入深，全面系统地掌握知识技能。通过任务引入设置任务目标，然后对任务进行描述，进而重点介绍在任务实施过程中涉及的理论知识，最后通过项目实践加深理解。通过对本教材的学习，学生可以达到助理研发工程师的技能水平。本教材配套微课视频，扫描二维码即可查看，并提供免费电子课件，需要者可到化工教育资源网自行下载。

本教材取材实用、通俗易懂、实用性强，易于教学，重在培养学生的应用技能。本书适合作为高职高专和应用型本科物联网相关专业的教材，也可供相关工程技术人员作为自学教材或参考书。

本书由重庆电子工程职业学院蔡运富担任主编，广州粤嵌通信科技股份有限公司钟锦辉担任副主编。其中蔡运富编写了项目 2、3、6，钟锦辉编写了项目 1，重庆电子工程职业学院邱雷编写了项目 4、5。广州粤嵌通信科技股份有限公司邓人铭对全稿进行了审阅。重庆电子工程职业学院的王用鑫、李志贵、霍福翠等人为教材的编写提供了资料。

因编者水平有限，书中难免存在疏漏之处，恳请读者批评指正。

编者

目录

项目1 物联网智能终端开发平台系统及架构认知

任务1.1 认识物联网智能终端开发平台

任务引入

物联网智能终端开发平台采用瑞芯微的RK3399Pro处理器，广泛适用于集群服务器、高性能运算/存储、计算机视觉、边缘计算、商显一体设备、医疗健康设备、自动售货机以及工业计算机等各人工智能应用领域，如图1.1.1所示。

图1.1.1　物联网智能终端开发板应用领域

物联网智能终端开发平台采用模块化结构设计，融合边缘计算、人脸识别、机器视觉以及语音识别等诸多人工智能技术，同时引入物联网传感器、无线网络等知识点，是一套人工智能+物联网综合平台，主要由嵌入式ARM架构高性能核心板卡、液晶显示屏、外围接口扩展资源、RFID感知模块、Wi-Fi无线终端节点模块、ZigBee无线终端节点模块、蓝牙无线终端节点模块、电动机执行模块、继电器执行模块、传感器采集模块、矩阵键盘等构成，用户可以根据实际项目需求进行灵活组合和配置，实现不同场景的应用。该平台具备创新、先进、实践性强等特点，不仅可适用于企业工程师在产品研发初期阶段进行评估、选型、验证等开发工作，也适用于计算机、软件、电子信息、自动化、机电一体化等专业工程项目实践课程开展。

在使用平台硬件设备进行项目开发前，熟悉平台硬件特性、功能接口、系统应用架构，掌握平台的使用方法是项目开发设计的前提。

物联网智能终端是面向物联网领域的一种新型的人工智能跨领域技术融合产品，以平台性底层软硬件为基础，以智能传感互联、人机交互及人工智能应用等新一代信息技术为特征；产品形态也经历了从单个行业到多个行业的转变，从智能手机延伸到智能穿戴设备、智能家居、智能车载、智能医疗、智能无人系统等。在物联网中，它是核心主体，将万物互联；在人工智能领域中，它是边缘智能的重要载体。

物联网智能终端开发与设计职业技能考核，所使用的设备采用瑞芯微 RK3399Pro 高端 AIoT 处理器的物联网智能终端开发平台，是一款具备人工智能编程及深度学习能力的 AIoT 平台，芯片内置 RK1808，极大降低了开发门槛，不再需要高性能的 GPU+CPU+FPGA 等硬件平台与云端计算服务，即可获得强大的计算力与深度学习推理能力。它的学习能力可实现语音唤醒、语音识别、人脸检测及属性分析、人脸识别、姿态分析、目标检测及识别以及图像处理等一系列功能，可广泛应用于物体检测/识别、自然语言理解等，在家电、机器人、新零售、工业视觉、虚拟现实、增强现实、安防、教育、车载、穿戴以及物流等各场景中，有着广阔的应用前景，如图 1.1.2 所示。

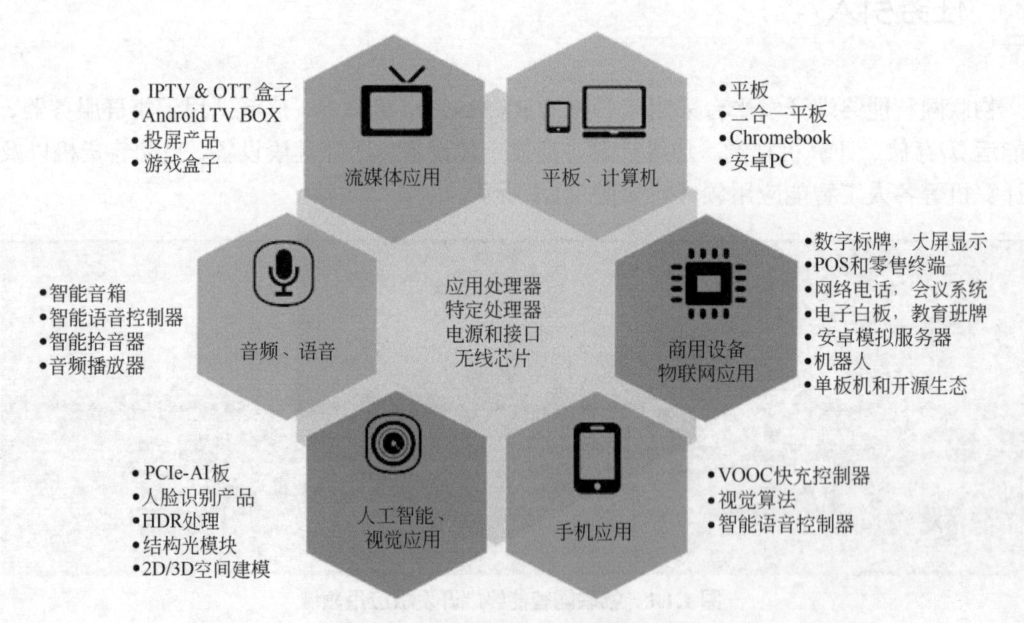

图 1.1.2 RK3399Pro 芯片应用方案

RK3399Pro 是采用 CPU+GPU+NPU 硬件结构设计的 AI 芯片，其集成的 NPU（神经网络处理器）融合了 Rockchip 在机器视觉、语音处理、深度学习等领域的多年经验。相较传统芯片，典型深度神经网络 Inception V3、ResNet34、VGG16 等模型在 RK3399Pro 芯片上的运行效果表现出众，获近百倍提升。从具体 AI 特性看，RK3399Pro 具有以下三点特性。

① AI 硬件性能高　RK3399Pro 采用专有 AI 硬件设计，NPU 运算性能高达 3.0TOPs，高性能与低功耗指标均大幅领先：相较同类 NPU 芯片性能领先 150%；相较 GPU 作为 AI 运算

单元的大型芯片方案，功耗不到其所需的 1%。

② 平台兼容性强　RK3399Pro 的 NPU 支持 8bit 与 16bit 运算，能够兼容各类 AI 软件框架。现有 AI 接口支持 OpenVX 及 TensorFlow Lite/AndroidNN API，AI 软件工具支持对 Caffe/TensorFlow 模型的导入、映射及优化。

③ 完整方案易于开发　Rockchip 基于 RK3399Pro 芯片提供一站式 AI 解决方案，包括硬件参考设计及软件 SDK，可大幅提高全球开发者的 AI 产品研发速度，并极大缩短产品上市时间。

除了专门的 AI 功能外，RK3399Pro 还拥有超强的通用计算性能，其采用 big.LITTLE 大小核 CPU 架构，双核 Cortex-A72+四核 Cortex-A53，在整体性能、功耗方面具有技术领先性；四核 ARM 高端 GPU Mali-T860，集成更多带宽压缩技术，整体性能优异。

在扩展能力方面，RK3399Pro 支持双 TypeC 接口；双 ISP，单通道最大支持 1300 万像素；支持 4096×2160 显示输出等功能；支持 8 路数字麦克风阵列输入。在软件方面，支持众多应用开发接口（API），包括 OpenGL ES 1.x/2.x/3.1/3.2、Vulkan 1.0、OpenCL 1.1/1.2 和 RenderScript 等。

综合上述，RK3399Pro 作为 Rockchip 首款整合 AI 硬件的处理器，其平台可快速量产商用，非常适用于智能驾驶、图像识别、安防监控、无人机以及语音识别等各人工智能应用领域。

在使用物联网智能终端开发平台之前，首先要熟悉平台的系统架构、使用方法及注意事项，为后面的工程实践奠定基础。

任务目标

① 熟悉物联网智能终端硬件平台系统架构。
② 熟悉智能终端板卡硬件特性及硬件资源。
③ 熟悉智能终端主控板与节点模块之间的接口关系。
④ 培养严谨的科学态度和精益求精的工匠精神。
⑤ 提升与人交流、与人合作、信息处理的能力。

任务描述

学校计划开展物联网智能终端 1+X 证书培训，利用新购置的物联网智能终端开发平台完成工程项目开发，为顺利完成任务目标，首先要熟悉平台的特性并掌握硬件平台的使用方法。

知识准备

1.1.1　开发平台概述

物联网智能终端开发平台和配件一起构成了工程实践应用平台。主要包含以下内容。

① 主要硬件：GEC RK3399Pro 智能终端板卡、智能终端总线扩展板、Cortex-M3 无线节

点终端、执行器模组、传感器模组等；

② 主要配件：电源适配器（12V/3A）、Type-C 数据线、Ethernet 以太网网线、显示屏、USB 键盘及鼠标、仿真器、USB 数据线等；

③ 平台支持 RS485 总线技术、CAN 总线技术、SPI 和 I^2C 总线技术、STM32 微控制器开发、ARM Cortex-A72 微处理器开发、物联网无线通信技术以及传感器技术等；

④ 平台可支撑 AIoT 应用开发、物联网应用软件开发、物联网系统集成与搭建、传感网应用开发以及物联网嵌入式底层开发等工程实践；

⑤ 适用专业：智能互联网技术、计算机应用技术、电气自动化技术、物联网应用技术、人工智能技术应用、智能产品开发与应用、电子信息工程技术、移动互联应用技术以及嵌入式技术应用等。

1.1.2 开发平台主要模块

物联网智能终端开发平台由 RK3399Pro 智能终端行业板卡、智能终端总线扩展板、Cortex-M3 无线节点终端、执行器模组以及传感器模组等构成，见图 1.1.3。智能终端与终端无线节点可采用有线或者无线的方式连接。有线通信接口如 RS485、RS232、CAN、I^2C 和 SPI 等，无线方式有 ZigBee、WiFi/BLE、NB-IoT/LoRa 以及 4G/5G 等。

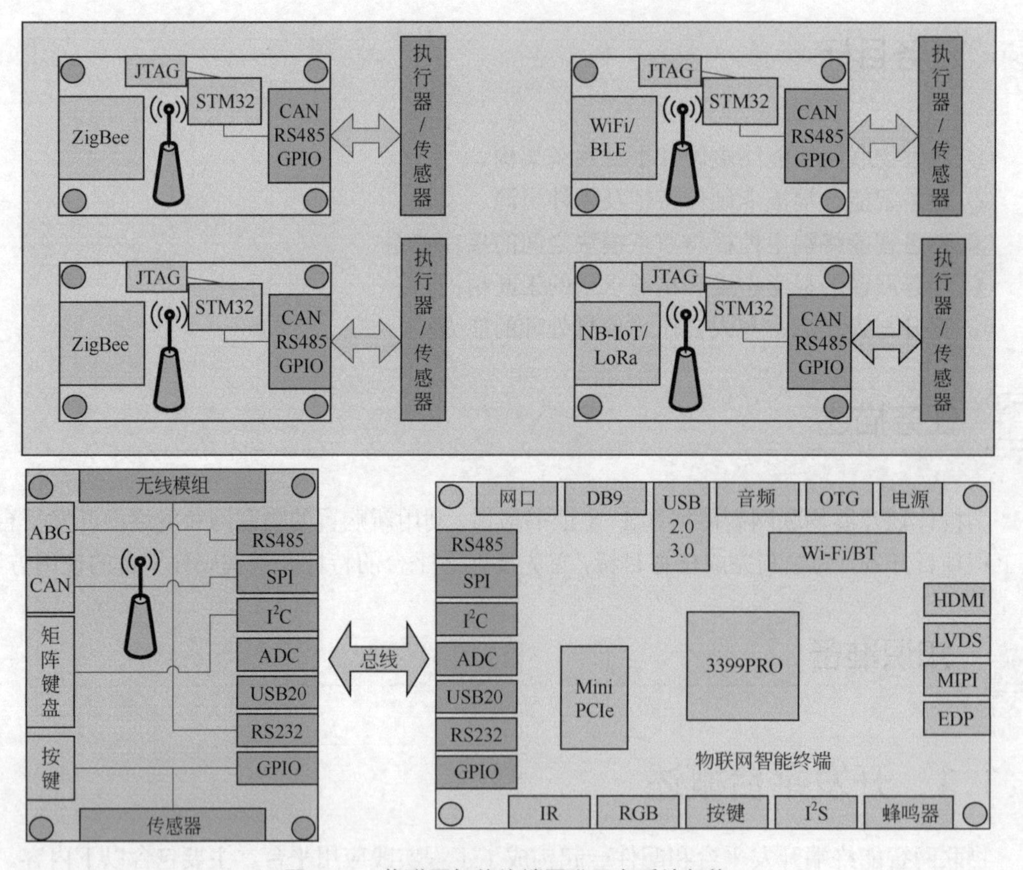

图 1.1.3 物联网智能终端开发平台系统架构

（1）RK3399Pro 智能终端行业板卡（图 1.1.4）

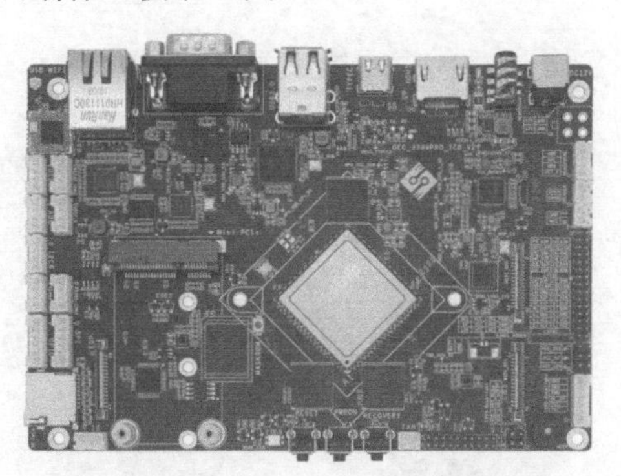

图 1.1.4　RK3399Pro 智能终端行业板卡

GEC RK3399Pro 行业板是采用瑞芯微 RK3399Pro 芯片开发的，集参考设计、芯片调试和测试、芯片验证一体的硬件开发平台，具有强大的多媒体接口和丰富的外围接口，同时为开发者提供基于瑞芯微 RK3399Pro 芯片的硬件参考设计，使开发者不需修改或者只需要简单修改参考设计的模块电路，就可以完成人工智能产品的硬件开发。GEC RK3399Pro 行业板支持 RK3399Pro 芯片的 SDK 开发、应用软件的开发和运行等。由于接口齐全、设计具备较强拓展性，可应用于不同使用场景，并可全功能验证。RK3399Pro NPU 运算性能见表 1.1.1。商用设备、物联网应用见图 1.1.5，视觉、人工智能及家居应用见图 1.1.6。

表 1.1.1　RK3399Pro NPU 运算性能

<table>
<tr><th>模型类型</th><th colspan="2">模型名称</th><th>FPS</th></tr>
<tr><td rowspan="4">图像识别分类</td><td colspan="2">VGG16</td><td>46.4</td></tr>
<tr><td colspan="2">ResNet50</td><td>70.45</td></tr>
<tr><td colspan="2">Inception_v4</td><td>14.34</td></tr>
<tr><td colspan="2">MobileNet</td><td>190</td></tr>
<tr><td rowspan="2">目标检测</td><td colspan="2">MobileNetV2_SSD</td><td>84.5</td></tr>
<tr><td colspan="2">YOLO_v2</td><td>43.4</td></tr>
<tr><td rowspan="2">语音识别</td><td rowspan="2">DeepSpeech2**</td><td>实时率</td><td>0.17</td></tr>
<tr><td>词错误率 WER（LibriSpeech）</td><td>16.1</td></tr>
</table>

（a）分众多屏广告机

（b）双屏收银POS机

（c）电子白板

（d）安卓IP电话

（e）人脸支付机

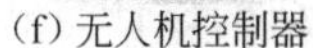

（f）无人机控制器

（g）4K无线投屏器

（h）4K电视果

（i）Solaborate Hello 2 视频会议系统

（j）Thinker工控板

图 1.1.5　商用设备、物联网应用

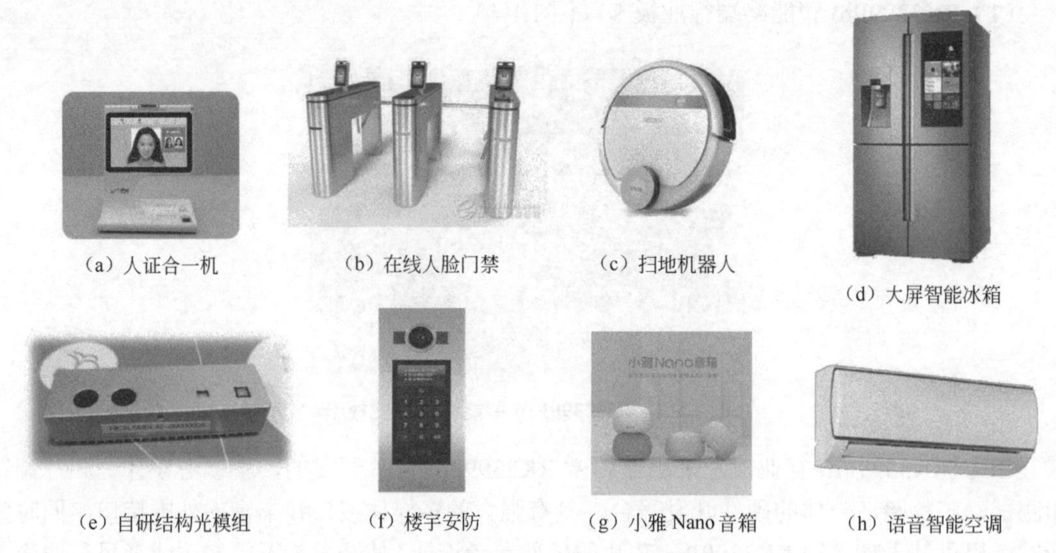

（a）人证合一机　（b）在线人脸门禁　（c）扫地机器人　（d）大屏智能冰箱

（e）自研结构光模组　（f）楼宇安防　（g）小雅 Nano 音箱　（h）语音智能空调

图 1.1.6　视觉、人工智能及家居应用

① 简单易用的模型转换工具　支持一键转换，支持 Caffe/TesnsorFlow 等主流架构模型；支持 Opencl/OpenVX 用于客户自定义模型或者 CV 功能的预处理。

② 异构计算　NN 核支持卷积神经和全连接层；CPU/PPU 用于精度计算和未来的网络层。

（2）智能终端总线扩展板

智能终端总线扩展板（图 1.1.7）含 SPI 总线接口、CAN 总线接口、RS485 总线接口、I^2C 总线接口、RS232 通信接口及 RK3399Pro CPU 内置的 GPIO 和 ADC 引脚，可以外接扩展模块如 LED、按键、RFID、传感器、继电器和水阀等模块，可实现不同的物联网应用场景搭建（图 1.1.8）。

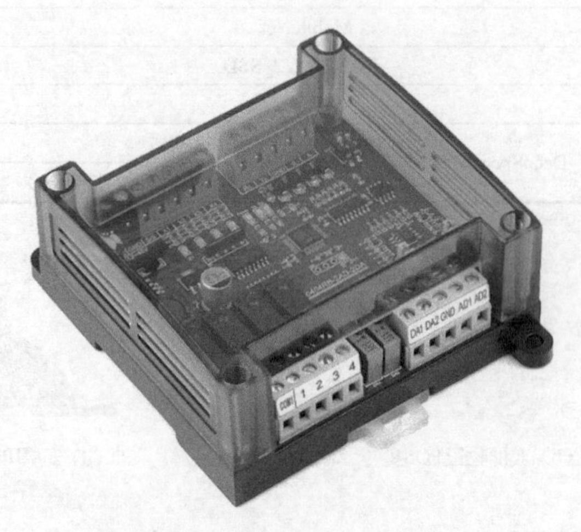

图 1.1.7　智能终端总线扩展板

（3）Cortex-M3 无线节点终端

Cortex-M3 无线节点终端（图 1.1.9）模块主要由无线射频模组、主板和传感器模组三部分组成。主板板载 STM32F103C8T6 主控芯片，传感器模组采用防呆可插拔结构设计方式，用户可以根据项目需求配置温湿度、烟雾、火焰以及光照度等传感器模块。无线射频模组支持蓝牙、ZigBee、WiFi/BLE 以及 NB-IoT/LoRa 等可选无线通信方式。

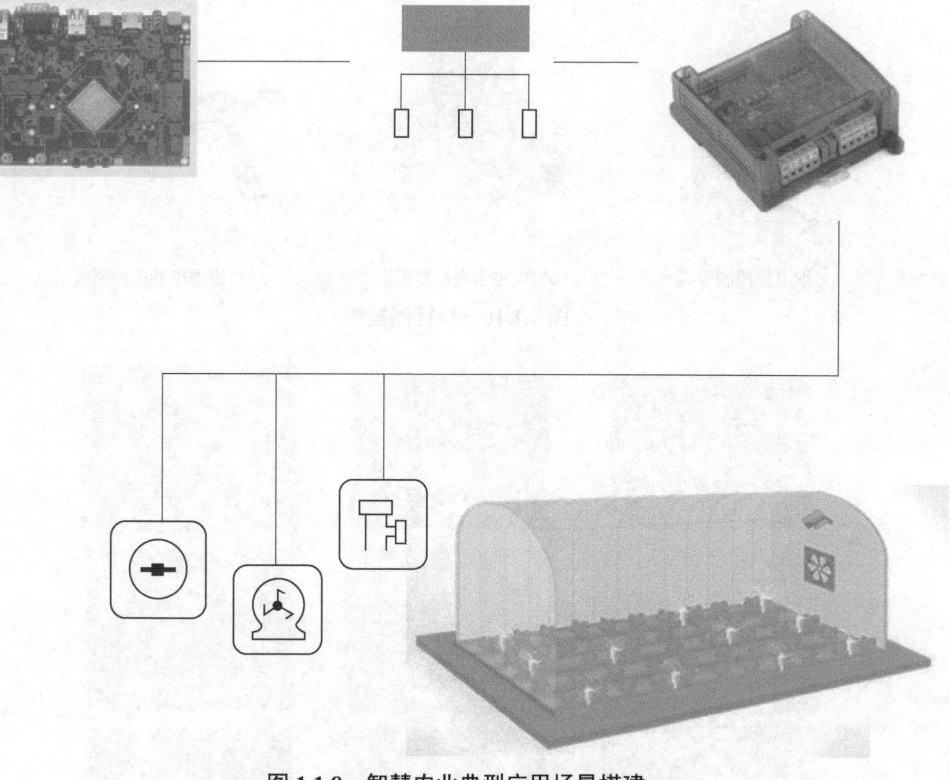

图 1.1.8　智慧农业典型应用场景搭建

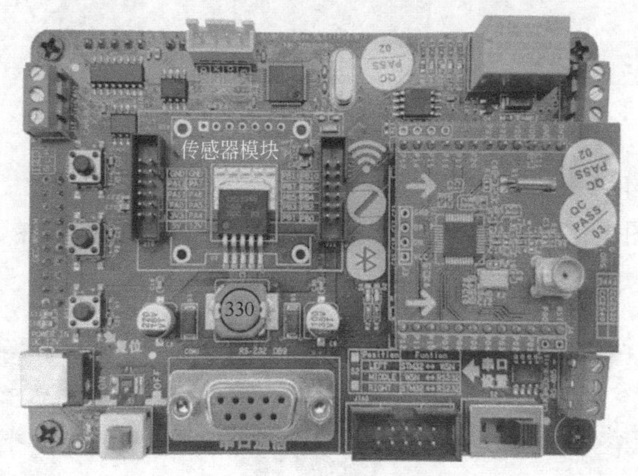

图 1.1.9　Cortex-M3 无线节点终端

（4）执行器模组

执行器模组（图 1.1.10）主要包含继电器控制模组、电磁水阀控制模组、风扇控制模组、步进电动机控制模组、灯光模组以及智能门锁模组等。

（5）传感器模组

传感器模组（图 1.1.11）主要包含温湿度传感器模组、光照度传感器模组、烟雾检测传感器模组、酒精检测传感器模组、CO_2 传感器模组、震动传感器模组、红外测温传感器模组、电子罗盘传感器模组以及指纹识别模组等。

（a）继电器控制模组

（b）电磁水阀控制模组

（c）步进电动机控制模组

图 1.1.10　执行器模组

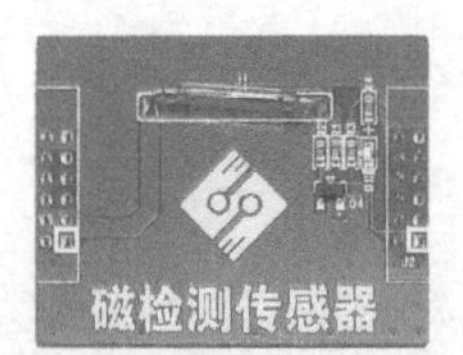

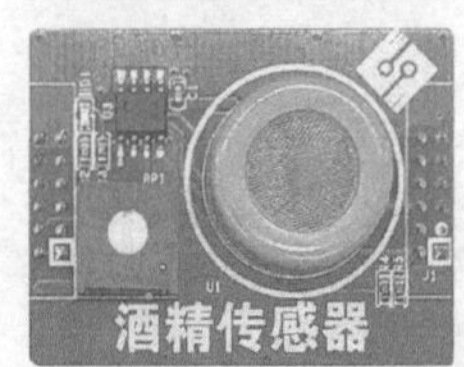

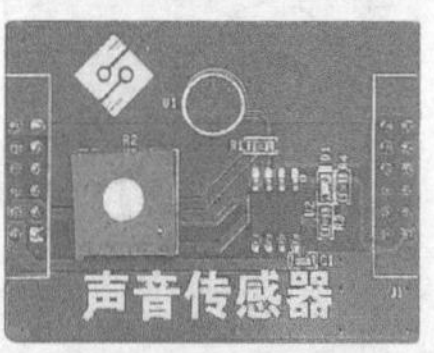

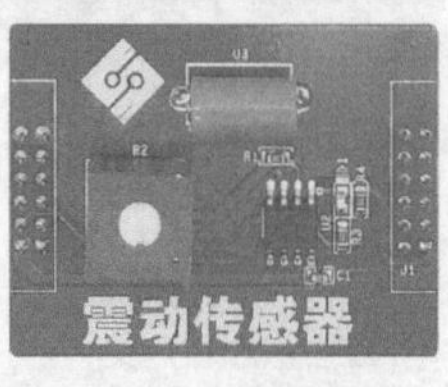

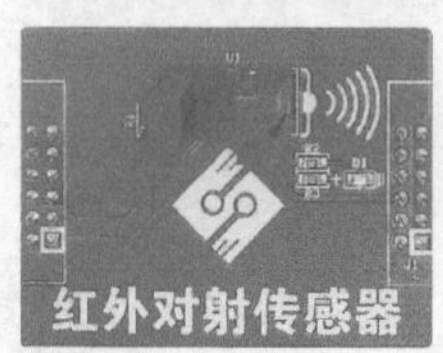

图 1.1.11　传感器模组

（6）无线通信模组

无线通信模组（图 1.1.12）主要包含 433M、ZigBee、WiFi/BLE、NB-IoT/LoRa 以及 4G/5G 等协议通信单元，可实现终端无线网络的互联互通。

（a）ZigBee无线射频模组

（b）BLE无线射频模组

（c）433M无线射频模组

（d）WiFi 无线通信模组

（e）NB-IoT无线通信模组

（f）4G无线通信模组

图 1.1.12　无线通信模组

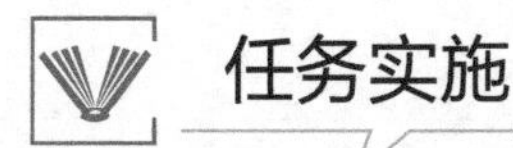

任务实施

1.1.3 开发平台项目应用场景

（1）智慧农业系统应用场景搭建系统框图（图 1.1.13）

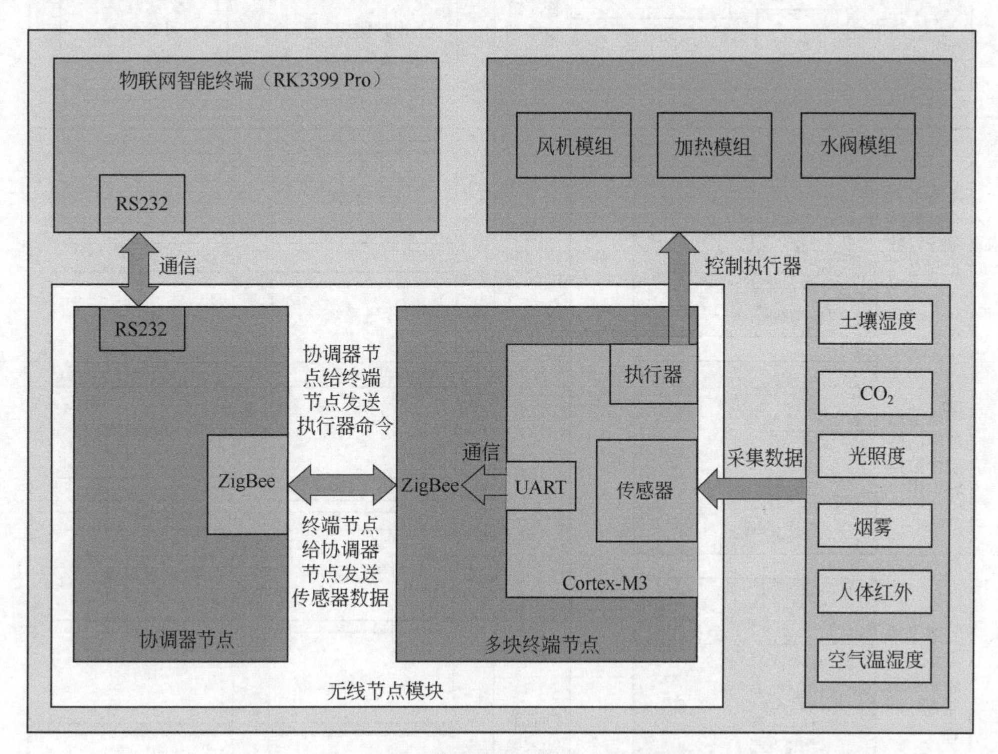

图 1.1.13　物联网智慧农业系统框图

智慧农业项目设计思路：

① 使用物联网智能终端主控板作为网关（进行数据接收）、控制中心。使用多个终端节点模块，每块终端节点搭载一块传感器，如 CO_2 传感器、空气温湿度传感器、烟雾传感器、土壤湿度传感器、光照度传感器以及人体红外热释电传感器等对农业系统进行相应数据采集。

② 利用终端节点模块底板上的继电器模块可外接控制风机模组、水阀模组或加热模组等，用于控制通风排气、给农作物浇水和保持环境温度等。

③ 节点模块上的无线模组采用 ZigBee 进行无线通信。ZigBee 网络中有一个协调器节点及多个终端节点，终端节点不断采集传感器数据，并通过 ZigBee 发送给协调器节点。

④ 协调器节点作为节点模块的主节点，用于收集所有传感器数据，然后通过总线方式（例如 RS232 总线）与物联网智能终端主控板相连进行数据交互。主控板也可发送自定义协议指令给主节点模块，如发送打开风机指令，主节点接收到主控板发送的数据后通过 ZigBee 广播给所有终端节点，带有控制风机的节点接收到主节点广播的无线数据后对风机进行相应控制。

⑤ 可在主控板或主节点上增加传感器采集判断，如判断当前空气温度小于 30℃时打开加热模组；或当前 CO_2 或可燃气体浓度大于某一值时打开风机；当前土壤湿度小于某一值时

打开灌溉。这样即可实现自动采集并自动控制，进而实现智慧农业功能。

（2）智慧楼宇系统应用场景搭建系统框图（图 1.1.14）

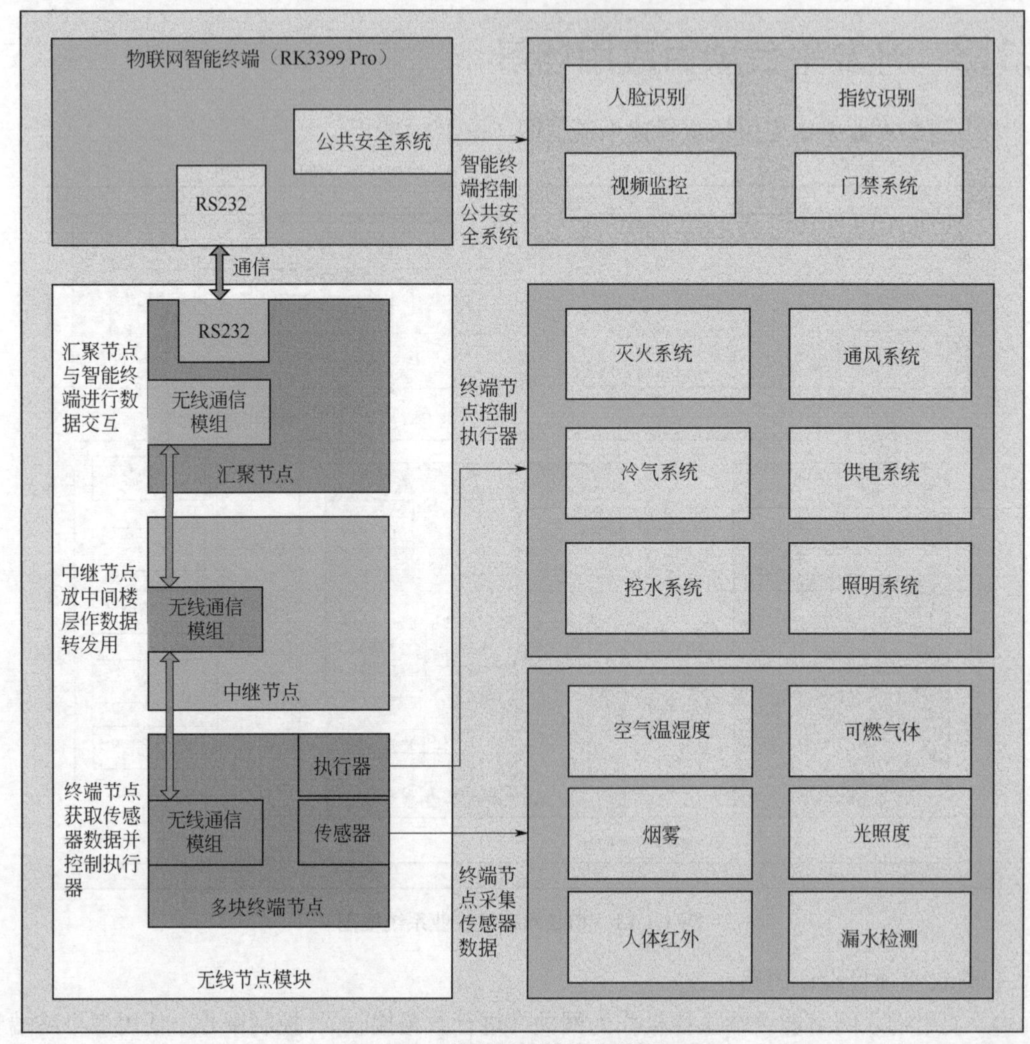

图 1.1.14 物联网智慧楼宇系统框图

智慧楼宇项目设计思路：

① 使用物联网智能终端主控板作为网关（进行数据接收）、控制中心以及控制公共安全系统。

② 公共安全系统包含人脸识别、指纹识别、视频监控、门禁系统。

③ 无线节点模块可采用 ZigBee、NB、IoT、WiFi、BLE 等进行无线通信。由多块终端节点控制各执行器，即采集传感器。

④ 执行器包含灭火系统、通风系统、冷气系统、供电系统、控水系统和照明系统等；传感器包含空气温湿度、可燃气体、烟雾、光照度、人体红外和漏水检测等。

⑤ 考虑到楼层间距离较远，故在楼层中间添加一个中继节点。中继节点可以是 ZigBee 路由器。所有无线节点数据最终传送到汇聚节点，然后通过 RS232 总线与智能终端（RK3399 Pro）进行数据交互。

执行器与传感器之间可做一些控制协调，如人体红外和光照度放楼梯间，与照明系统进行协调，当晚上有人上下楼梯时，打开照明；烟雾、可燃气体与灭火系统进行协调；光照与照明系统进行协调；等等。

任务实施单

<table>
<tr><td>项目名</td><td colspan="3">物联网智能终端开发平台系统及架构认知</td></tr>
<tr><td>任务名</td><td>认识物联网智能终端开发平台</td><td>学时</td><td>1</td></tr>
<tr><td>计划方式</td><td colspan="3">实训</td></tr>
<tr><td rowspan="2">步骤</td><td colspan="3">具体实施</td></tr>
<tr><td>操作内容</td><td>目的</td><td>结论</td></tr>
<tr><td>1</td><td>熟悉硬件开发平台设备特性和功能</td><td></td><td></td></tr>
<tr><td>2</td><td>掌握硬件开发平台接口与应用</td><td></td><td></td></tr>
<tr><td>3</td><td>画出智能终端在物联网应用中的场景简图</td><td></td><td></td></tr>
</table>

教学反馈

教学反馈单

<table>
<tr><td>项目名</td><td colspan="3">物联网智能终端开发平台系统及架构认知</td></tr>
<tr><td>任务名</td><td>认识物联网智能终端开发平台</td><td>方式</td><td>课后</td></tr>
<tr><td>序号</td><td>调查内容</td><td>是/否</td><td>反馈意见</td></tr>
<tr><td>1</td><td>知识点是否讲解清楚</td><td></td><td></td></tr>
<tr><td>2</td><td>操作是否规范</td><td></td><td></td></tr>
<tr><td>3</td><td>解答是否及时</td><td></td><td></td></tr>
<tr><td>4</td><td>重难点是否突出</td><td></td><td></td></tr>
<tr><td>5</td><td>课堂组织是否合理</td><td></td><td></td></tr>
<tr><td>6</td><td>逻辑是否清晰</td><td></td><td></td></tr>
<tr><td>本次任务兴趣点</td><td colspan="3"></td></tr>
<tr><td>本次任务的成就点</td><td colspan="3"></td></tr>
<tr><td>本次任务的疑虑点</td><td colspan="3"></td></tr>
</table>

认识智能终端主控板

任务引入

物联网通过智能感知、识别技术与智能计算技术等的融合，广泛应用于新业态中，也因此被称为继计算机、互联网之后世界信息产业发展的第三次浪潮。随着新兴产业技术在传统领域的应用和发展，预计未来五年物联网智能终端人才需求缺口总量将超 1600 万人，智能终端产业未来可期。

在熟悉物联网智能终端开发平台整体架构后，需要了解系统中各部分硬件的功能特性、接口资源等。而其中 RK3399Pro 智能终端主控板是整个开发平台的核心，那么它有哪些功能特性和接口资源呢？

任务目标

① 了解 RK3399Pro 处理器芯片架构。
② 了解 RK3399Pro 处理器系统框图。
③ 熟悉 RK3399Pro 智能终端主控板技术规格。
④ 熟悉 RK3399Pro 智能终端主控板硬件电路接口。

任务描述

在掌握智能终端开发平台的系统架构以后，为深入了解各板卡的功能、资源、接口，现需要进一步认识主控板的各项性能指标，如规格参数、硬件接口等，为后面的项目开发中合理利用资源打下基础。

知识准备

1.2.1 主控板概述

物联网智能终端主控板采用瑞芯微 RK3399Pro 为核心处理芯片，该处理器可适用于笔记本计算机、高端平板计算机、智能监控器等高性能应用，并且是 4K×2K 电视盒子的强大解决方案之一（图 1.2.1）。在 AI 人工智能领域，RK3399Pro 已实现多领域、多行业、多场景商用，包括智能家居、人脸识别、智慧农业、AI 智能扫地机器人、IoT AI 音箱以及 OTT 等等。

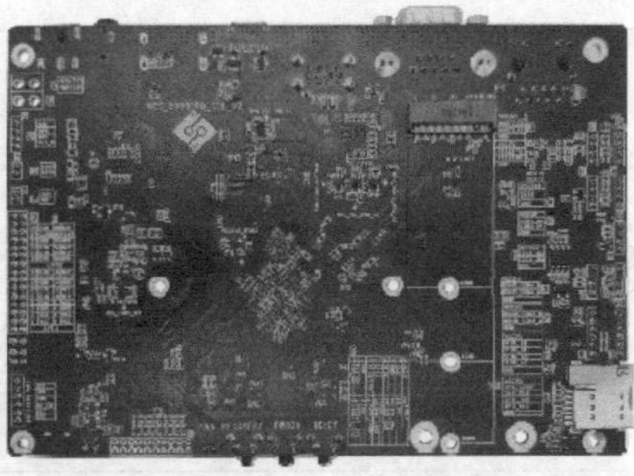

图 1.2.1 RK3399Pro 智能终端主控板正面和背面

RK3399Pro 主要由内核处理器、NPU、多媒体处理器、内部存储器、外部存储器、系统外设、多媒体接口以及外部接口等组成。内核处理器采用 ARM 双核 Cortex-A72 + 四核 Cortex-A53 的大小核处理器架构，主频高达 1.8GHz；集成 Mali-T860 MP4 四核图形处理器，通用运算性能强悍；AI 神经网络处理器 NPU，支持 8bit/16bit 运算，算力高达 3.0Tops，满足视觉、音频等各类 AI 应用；硬解码芯片支持 DP1.2、HDMI 2.0、MIPI-DSI、eDP 多种显示输出接口，支持双屏同显/双屏异显，支持 4K VP9、4K 10bits H265/H264 和 1080P 多格式（MPEG-1/2/4，VP8）视频解码，1080P（H.264，VP8 格式）视频编码；支持多个操作系统，支持 Android、Linux+QT、Ubuntu 多个操作系统，性能稳定可靠；电源系统采用 PMIC RK809-3 为核心芯片，配合外围的 Buck、LDO 组成；使用 LPDDR3、eMMC 和相关的功能外围设备，构成了一个稳定的系统。综合上述，RK3399Pro 结合项目需求，可快速搭建硬件电路。RK3399Pro 的机械尺寸图见图 1.2.2。

硬件详细的规格参数表如表 1.2.1 所示。

表 1.2.1 规格参数

主控芯片	RK3399Pro
CPU	六核 ARM 64 位处理器（双核 Cortex-A72+四核 Cortex-A53），主频高达 1.8GHz
GPU	四核 ARM Mali-T860 MP4 GPU 支持 OpenGL ES1.1/2.0/3.0/3.1, OpenVG1.1, OpenCL, DX11；支持 AFBC（帧缓冲压缩）
NPU	支持 8bit/16bit 运算，支持 TensorFlow、Caffe 模型，运算性能高达 3.0TOPs
VPU	支持 4K VP9 和 4K 10bits H265/H264 视频解码，高达 60fps 1080P 多格式视频解码（WMV, MPEG-1/2/4, VP8），支持 6 路 1080P@30fps 解码 1080P 视频编码，支持 H.264、VP8 格式，支持 2 路 1080P@30fps 编码 视频后期处理器：反交错、去噪、边缘/细节/色彩优化
RGA	支持实时图像缩放、裁剪、格式转换、旋转等功能
内存	3GB/6GB（可选） LPDDR3
eMMC	16GB/32GB（可选）
显示	1 路 HDMI2.0(Type-A)接口，支持 4K/60fps 输出 1 路 eDP1.3 接口（4lanes with 10.8Gbps） 1 路 LVDS 接口，支持 1080P@60fps 输出 支持 DP1.2(Type-A)接口，支持 4K@60fps 输出
音频	1 路 HDMI 或 DP 音频输出 1 路 Speaker，喇叭输出 1 路麦克风，板载音频输入 1 路 8 通道 I^2S，支持麦克风阵列

续表

无线网络	板载 WiFi 模块： 支持 2.4G WiFi，支持 802.11b/g/n 协议 Bluetooth4.2（支持 BLE）
以太网	10/100/1000Mbps 以太网（Realtek RTL8211E）
摄像头接口	2 路 MIPI-CSI 摄像头接口（最高支持单 13Mpixel 或双 8Mpixel）
USB	1 路 USB2.0 Host(Type-A)接口 1 路 USB3.0 Host(Type-A)接口 1 路 USB3.0 OTG(Type-C)接口 1 路 USB2.0（interface）接口
PCIe	1 路 MiNi PCIe 接口，用于 LTE，可外接 3G/4G 模块 1 路 PCIe x4 标准接口，支持基于 PCIe 高速 WiFi、存储等设备的扩展
SIM	1 路 SIM 卡座，用于配合 MiNi PCIe 接口扩展 LTE 模块
LED	1 路电源指示灯 1 路工作状态灯（三色灯显示）
RTC	1 路 RTC 接口
按键	1 路 Reset 按键，1 路 Power 按键和 1 路 Recovery 按键
红外	1 路 IR 接收器
串口	1 路 RS232 接口 1 路 RS485 接口 1 路 DB9 接口
调试	1 路调试串口（Wafer-2.0mm）
扩展接口	8 通道 I^2S 接口（支持麦克风阵列），Wafer-2.0mm 20P 1 路 SPI 接口，Wafer-2.0mm 4P 2 路 ADC 接口，Wafer-2.0mm 2P 1 路 I^2C 接口，Wafer-2.0mm 2P 4 个 GPIO 接口，支持中断编程，Wafer-2.0mm 4P 2 路 12V 电源接口
电源	DC 12V/2A
系统	支持 Android 和 Linux 双系统，支持双系统启动和一键切换功能
PCB 尺寸	145mm×106mm×21mm（长×宽×高）

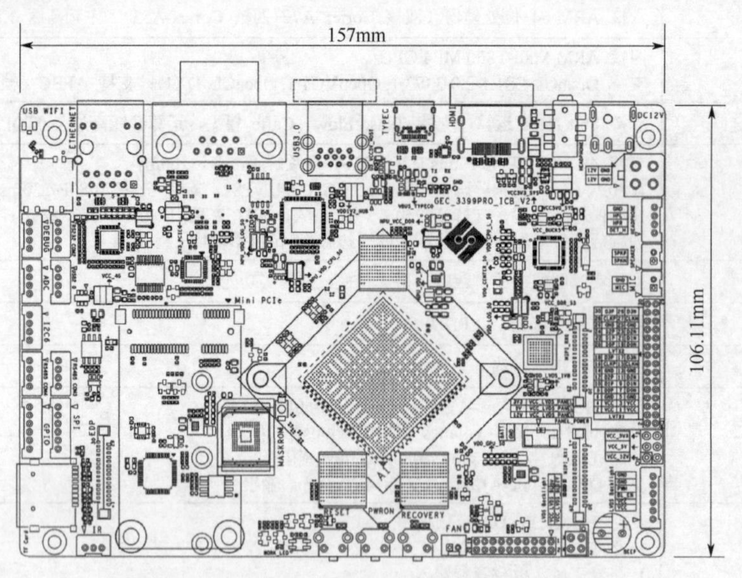

图 1.2.2　RK3399Pro 智能终端主控板机械尺寸图

1.2.2　主控板接口定义

主控板的功能强大，运算能力超强，支持多种视频解码方式，多种显示接口、音频接口、无线通信方式、多路串口，支持多个操作系统，支持 Android、Linux+QT 以及 Ubuntu 多种操作系统，性能稳定可靠。

主控板的扩展接口很丰富，拥有 I^2C、SPI、UART、ADC、PWM、GPIO、PCIe、USB3.0 和 I^2S（支持 8 路数字麦克风阵列输入）等接口。丰富的扩展接口使得主控板的性能更强大，可直接应用到各种智能产品中，加速产品落地，广泛适用于计算机视觉、边缘计算、商显一体设备、医疗健康设备、智慧农业设备、自动售货机、工业计算机等各 AI 应用领域（图 1.2.3）。

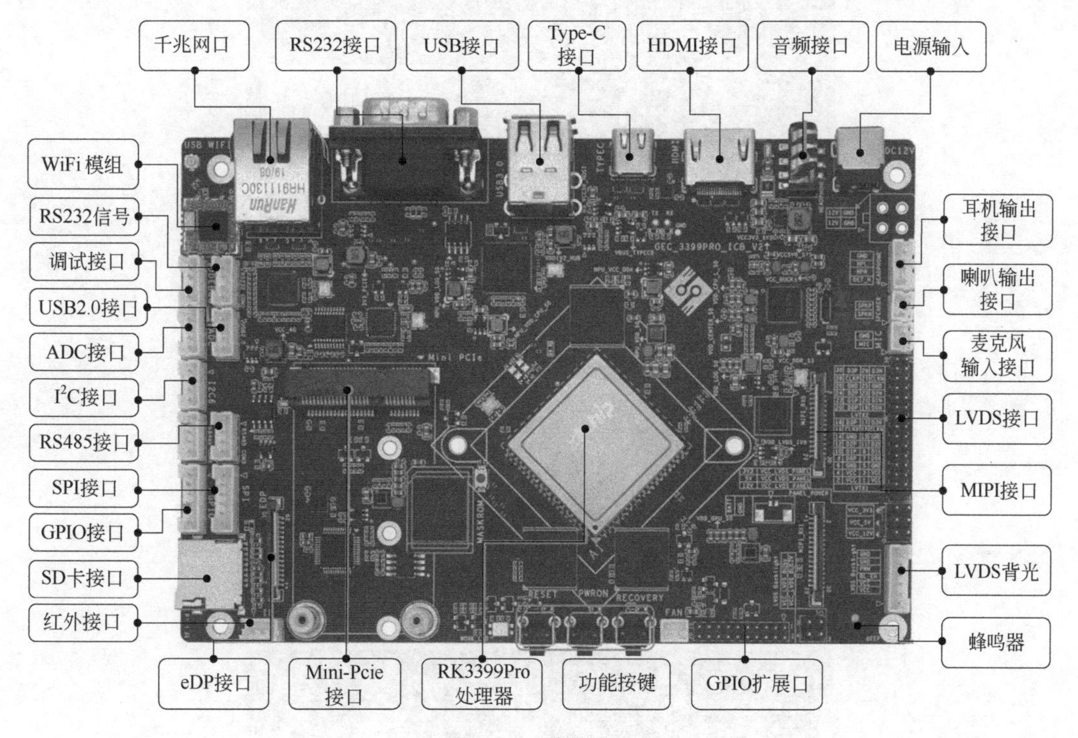

图 1.2.3　接口定义

① 调试接口　RK3399Pro 智能终端主控板调试接口（图 1.2.4）采用 3pins 插针接口。用户可以外接 UART 转 USB 接口转换小板（如 FT232RL）连接计算机，即可查看调试信息。

说明：RK3399Pro 的调试串口的波特率为 1500000。

② 电源模块　RK3399Pro 智能终端主控板的电源模块采用 PMIC RK809 为核心芯片，配合外围的 Buck、LDO 组成；RK809 是瑞芯微推出的一款电源管理芯片，该芯片集成有 4 路减压 DC-DC 转换器，8 路高性能 LDO，2 路低 Rds 开关，具有 I^2C 接口，同时可支持程控时序和时钟信号（图 1.2.5）。

③ 存储模块　RK3399Pro 智能终端主控板采用两块 32bit 2GB/4GB LPDDR3 CPU 内存，一块 32bit 1GB/2GB LPDDR3 NPU 内存（图 1.2.6）。

RK3399Pro 智能终端主控板采用 eMMC（图 1.2.7）作为系统盘，容量为 16GB/32GB 可选。

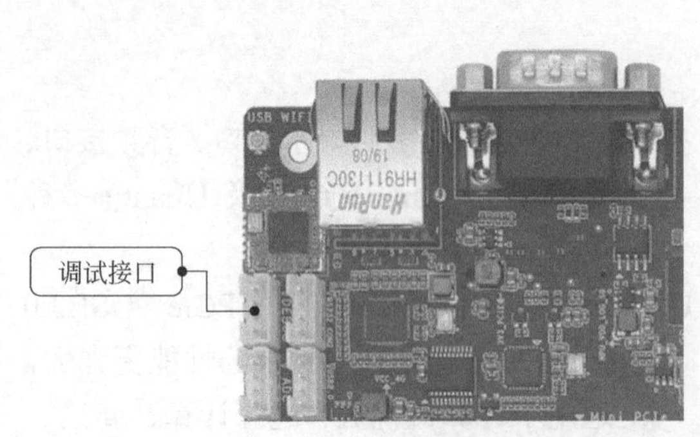

图 1.2.4 USB Uart Debug 接口示意图

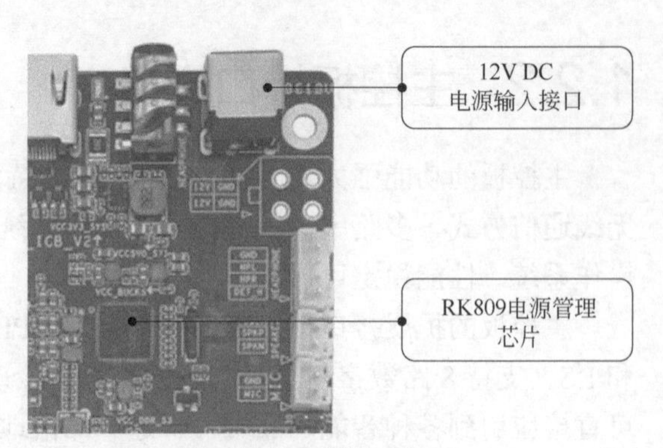

图 1.2.5 电源接口图

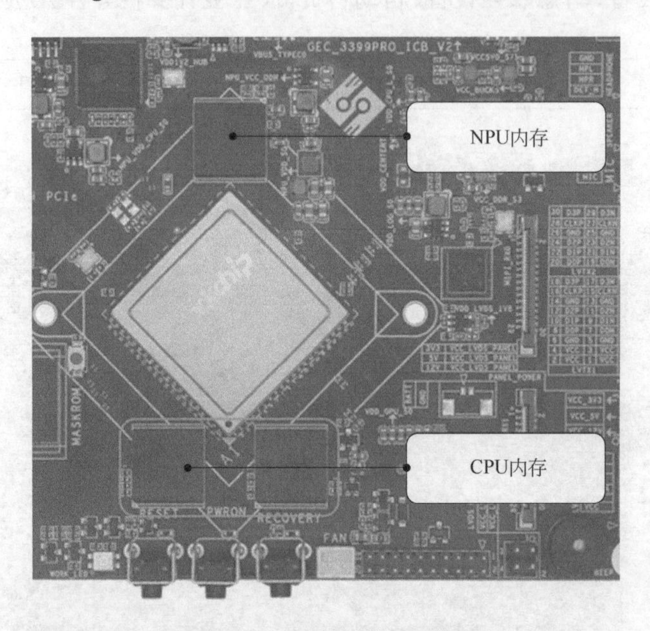

图 1.2.6 LPDDR3 位置示意图

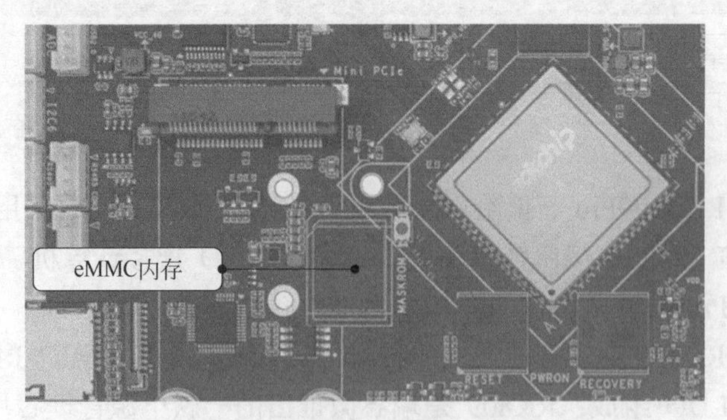

图 1.2.7 eMMC 位置示意图

RK3399Pro 智能终端主控板带有 TF-Card 卡座（图 1.2.8），连接 RK3399Pro SDMMC。数据总线宽度为 4bit，支持热插拔，容量无限制。

④ 视频模块 RK3399Pro 显示模块接口有 eDP（嵌入式 Display Port，如图 1.2.9 所示）、LVDS（低电压差分信号）和 HDMI（高清多媒体接口）等。RK3399Pro 智能终端主控板支持 2K eDP 显示屏输出。

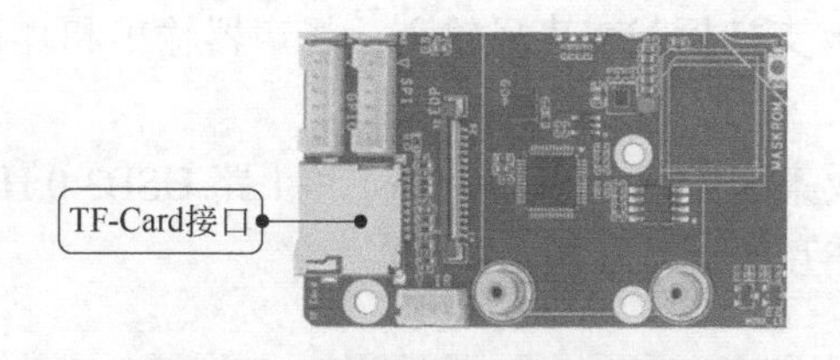

图 1.2.8　TF Card 位置示意图

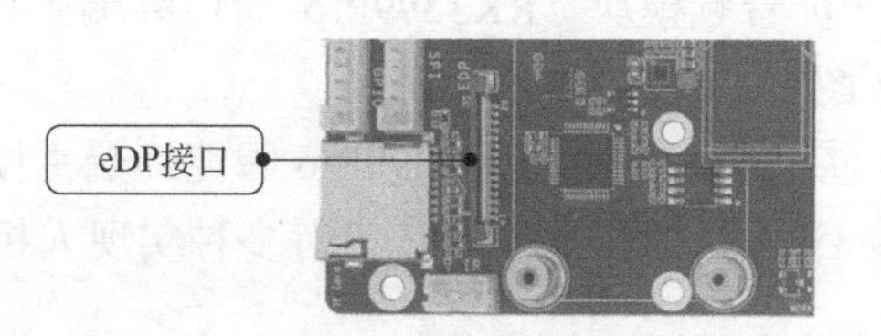

图 1.2.9　eDP 显示输出接口示意图

RK3399Pro 智能终端主控板支持双通道 LVDS 显示输出（图 1.2.10）。

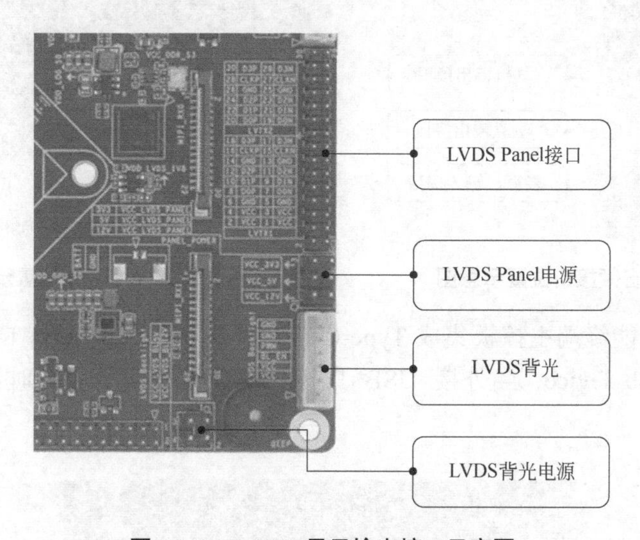

图 1.2.10　LVDS 显示输出接口示意图

RK3399Pro 智能终端主控板支持 HDMI 显示（图 1.2.11），采用 A 形接口，可以同其他显示接口组成双屏显示：双屏同显和双屏异显。

⑤ 摄像头模块　GEC RK3399Pro 智能终端开发主控板拥有 2 路 MIPI Camera 接口，可外接 2 个 OV9750 摄像头组成双 MIPI Camera 同步显示和前后摄像模式；也可外接 1 路 IMX258 实现 4K 高清摄像（图 1.2.12）。开发板上 2 路 MIPI 接口采用兼容设计。用户只需要设计简单的电源转换电路即可匹配其他摄像头模组。

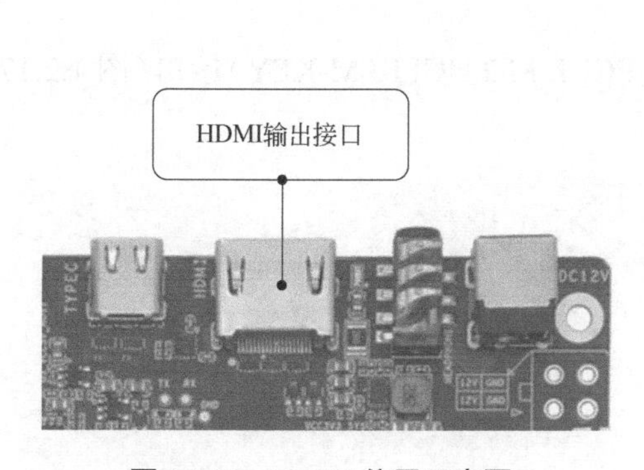

图 1.2.11　HDMI 位置示意图

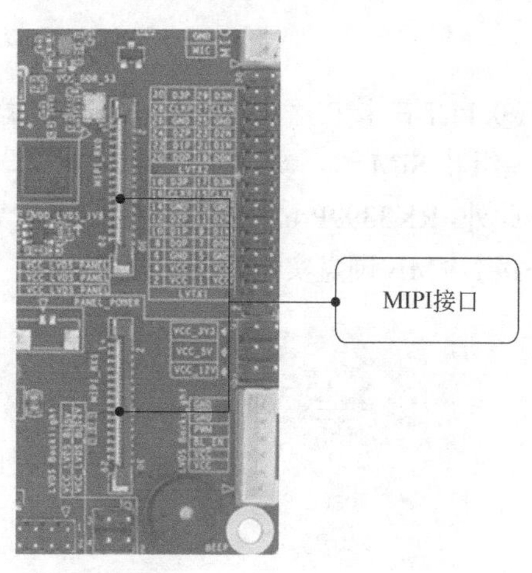

图 1.2.12　摄像头位置示意图

⑥ 音频模块　RK3399Pro 智能终端主控板支持板载麦克风输入、扬声器输出和耳机输出（图 1.2.13）。

⑦ USB 模块　RK3399Pro 智能终端主控板集成 1 路 USB2.0 Host 和 1 路 USB3.0 Host。外接 USB 鼠标、键盘和 U 盘等多种实现人机交互的设备（图 1.2.14）。

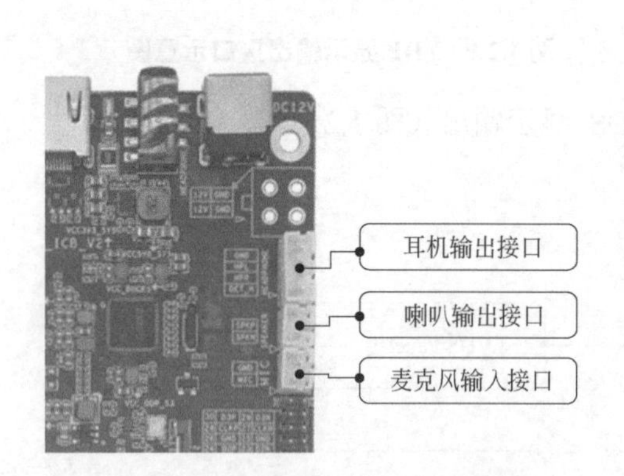

图 1.2.13　音频接口位置示意图

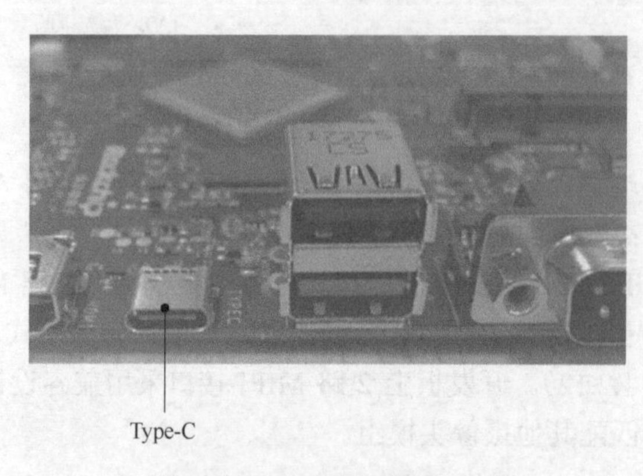

图 1.2.14　USB 位置示意图

RK3399Pro 智能终端主控板集成 Type-C 接口（图 1.2.15），支持 USB OTG 功能，可作为 Android 的 adb device；当外接 USB 鼠标、键盘和 U 盘等设备时，自动切换到 Host 模式。

图 1.2.15　Type-C 位置示意图

⑧ PCI-E 接口　RK3399Pro 智能终端主控板集成 Mini PCI-E 接口（图 1.2.16），可外接 4G 模组和 SIM 卡，实现 4G 通信。

此外，RK3399Pro 智能终端主控板还集成了 PCI-E M.2 NGFF（M-KEY）接口（图 1.2.17），可外接 NVME 硬盘实现存储扩展。

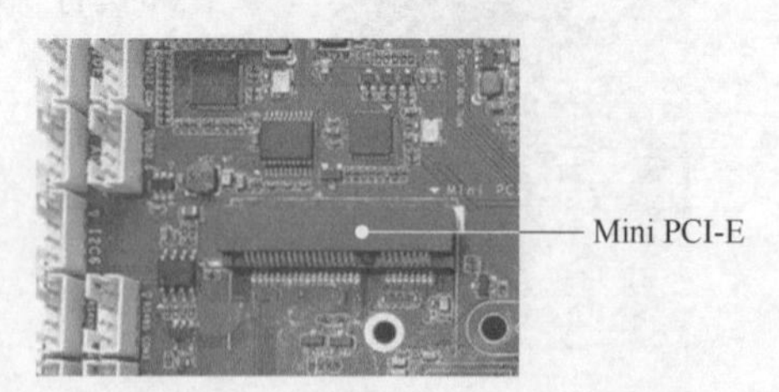

图 1.2.16　Mini PCI-E 位置示意图

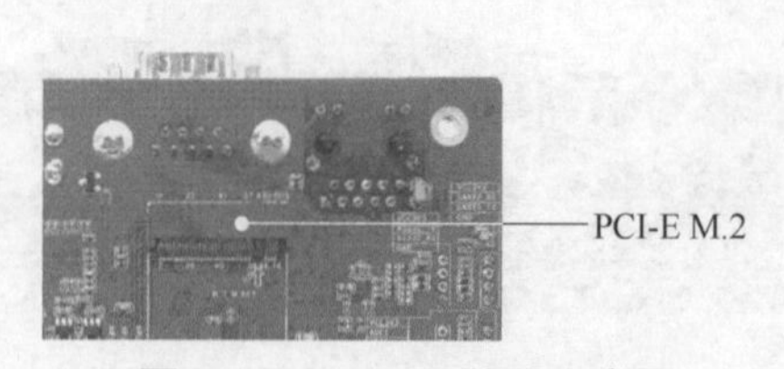

图 1.2.17　PCI-E 位置示意图

⑨ 8 通道麦克风阵列接口（图 1.2.18）。

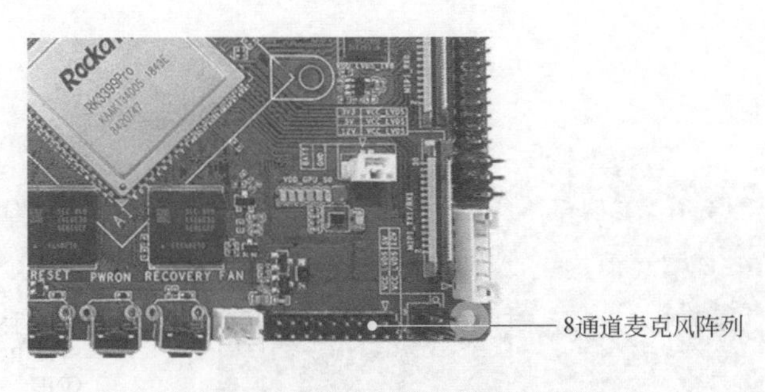

图 1.2.18 麦克风阵列位置示意图

⑩ 网络通信 RK3399Pro 智能终端主控板集成 RJ45 千兆以太网接口（图 1.2.19），其特性如下。

➢ 兼容 IEEE 802.3 标准，支持全双工和半双工操作，支持交叉检测和自适应。

➢ 支持 10/100/1000M 数据传输速率。

➢ 接口采用具有指示灯和隔离变压器的 RJ45 接口。

RK3399Pro 智能终端主控板还集成 USB WiFi 模组（图 1.2.20），支持 2.4G WiFi。

图 1.2.19 RJ45 位置示意图

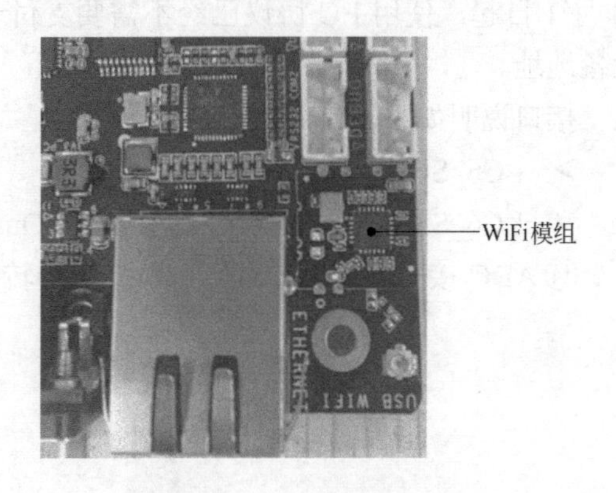

图 1.2.20 WiFi 模组示意图

⑪ 串口（图 1.2.21） RK3399Pro 智能终端主控板集成 1 路 RS232 接口，支持双工通信，支持软件标准 UART 编程。

RK3399Pro 智能终端主控板集成 2 路 RS485 接口，支持半双工通信，支持软件标准 UART 编程。

RK3399Pro 智能终端主控板集成 1 路 DB9 接口，支持双工通信，支持软件标准 UART 编程。

⑫ SPI 接口（图 1.2.22） 串行外设接口（Serial Peripheral Interface）是一种同步外设接口，可以使单片机与各种外围设备以串行方式进行通信以交换信息。外围设备包括 Flash RAM、网络控制器、LCD 显示驱动器、A/D 转换器和 MCU 等。

接口说明如下。

➢ SPI5_CSN0：片选信号，低电平有效，由主机输出；

➢ SPI5_CLK：串行时钟，RK3399Pro 的串行时钟最大 48000000Hz；

➢ SPI5_TXD：主机输出从机接收数据线；

➢ SPI5_RXD：主机输入从机输出数据线。

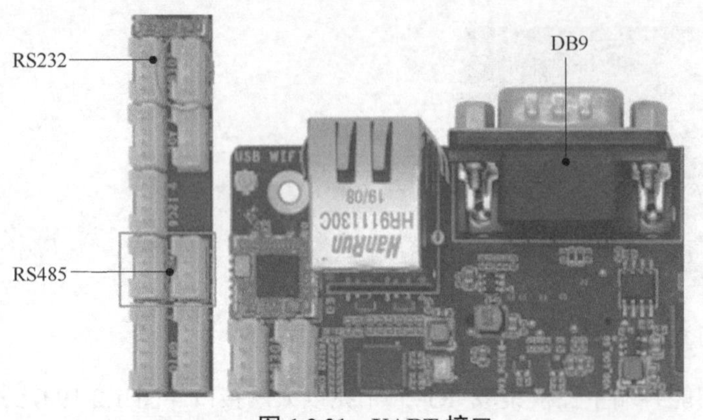

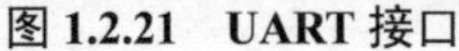

图 1.2.21 UART 接口

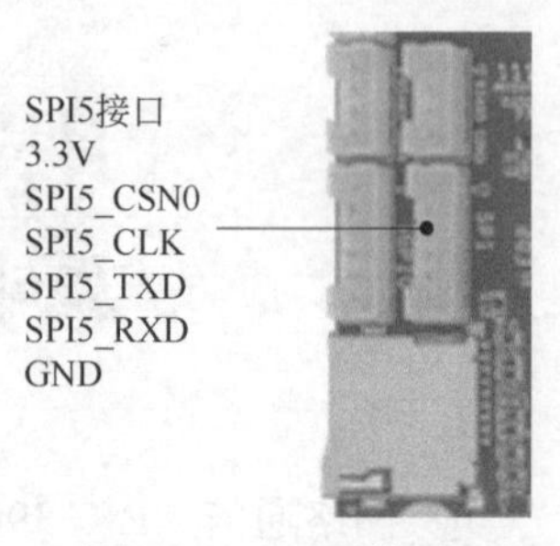

图 1.2.22 SPI 接口

⑬ I^2C 接口（图 1.2.23） IIC（Inter-Integrated Circuit）是 IICBus 简称，所以中文应该叫集成电路总线，是一种串行通信总线，使用多主从架构，由飞利浦公司在 1980 年代为了让主板、嵌入式系统或手机用以连接低速周边设备发展而来。I^2C 的正确读法为“I 平方 C”（“I-squared-C”），而“I 二 C”（“I-two-C”）则是一种错误但被广泛使用的读法。自 2006 年 10 月 1 日起，使用 I^2C 协议已经不需要支付专利费，但制造商仍然需要付费以获取 I^2C 从属设备地址。

接口说明如下。

➢ I^2C6_SCL：时钟信号线。

➢ I^2C6_SDA：数据线，双向线（In/Out）。

⑭ ADC 接口（图 1.2.24） 模拟信号转换为数字信号的接口。

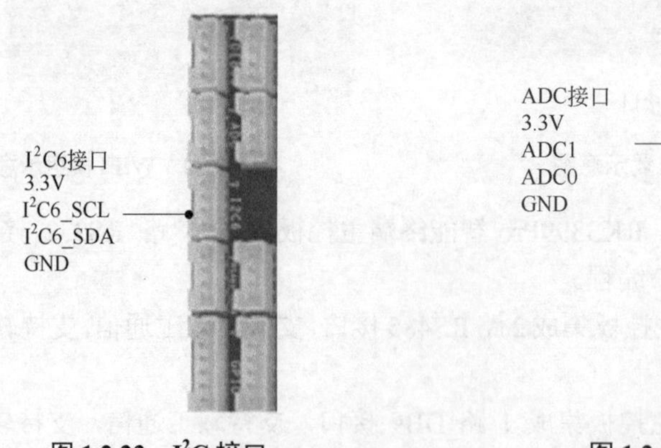

图 1.2.23 I^2C 接口

图 1.2.24 ADC 接口

任务实施

1.2.3 测试主控板

请根据 RK3399Pro 智能终端主控板的介绍，完成以下测试任务。

任务实施单

项目名	物联网智能终端开发平台系统及架构认知		
任务名	认识智能终端主控板	学时	2
计划方式	实训		
步骤	具体实施		
	操作内容	目的	结论
1	运行系统，正确进入工作界面		
2	通过串口复制文件		
3	通过网口收发文件		
4	多媒体文件播放		

教学反馈

教学反馈单

项目名	物联网智能终端开发平台系统及架构认知		
任务名	认识智能终端主控板	方式	课后
序号	调查内容	是/否	反馈意见
1	知识点是否讲解清楚		
2	操作是否规范		
3	解答是否及时		
4	重难点是否突出		
5	课堂组织是否合理		
6	逻辑是否清晰		
本次任务兴趣点			
本次任务的成就点			
本次任务的疑虑点			

认识外围节点模块

任务引入

在实际项目开发中，GEC RK3399Pro 智能终端主控板往往需要跟其他模块通信互联，交互传递信息，可以让庞大的系统协同工作，使设备更加智能化、智慧化、系统化。节点模块可以通过有线或无线的方式跟主控板通信，实现主控板对节点板的控制。那么基于 STM32 的节点板有哪些功能和接口呢？

任务目标

① 了解产品外观。
② 熟悉节点板硬件资源。
③ 熟悉节点板硬件电路接口。

任务描述

在掌握了任务 1.2 中开发平台主控板的功能、接口以后，节点板是如何与主板连接的，节点板有哪些资源和接口呢？

本任务为下一步项目开发中的设备互联互通打下基础。学习本任务，主要是了解产品外观，熟悉节点模块的硬件资源，节点模块硬件电路接口等。

知识准备

1.3.1　节点板外观

（1）节点板正面

节点板分为正反面，正面如图 1.3.1 所示。节点板正面主要通过 MCU 控制外围设备并通过无线通信模组进行数据传输，包含功能按键、串口交互、系统烧写接口和继电器等模块。

（2）节点板背面（图 1.3.2）

节点板背面采用的是防呆接口，预留了直流电机和步进电机接口。

（3）节点板尺寸

节点板尺寸大小为 110mm×80mm，如图 1.3.3 所示。

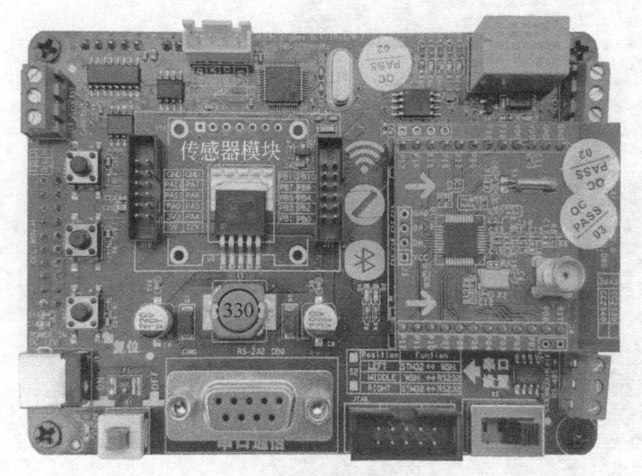

图 1.3.1　节点板正面

图 1.3.2　节点板背面

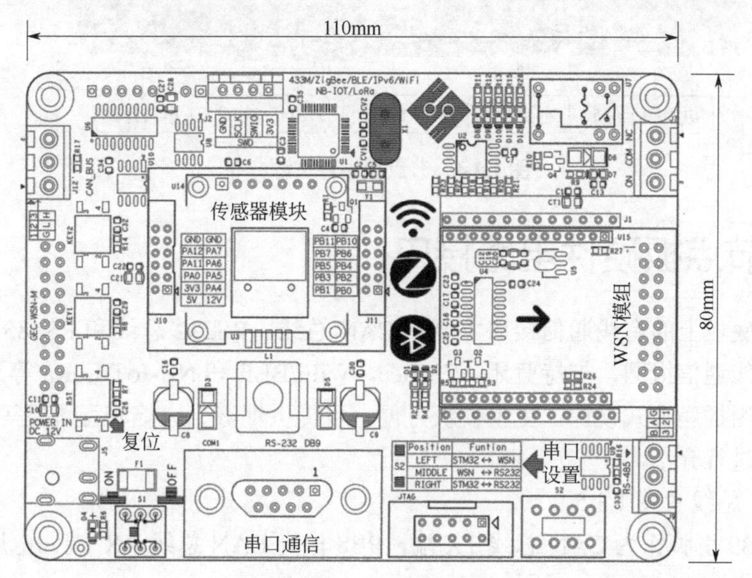

图 1.3.3　节点板尺寸

1.3.2　节点板硬件资源

节点模块主要由底板、传感器模组、无线模组三部分组成。节点板以 STM32F103C8T6 为主控芯片，传感器模组采用可插拔设计方式，可以根据需要选择烟雾、火焰、温湿度等传感器模块。无线模组支持蓝牙、ZigBee、WiFi/BLE、NB-IoT/LoRa 等无线通信方式。节点板主要硬件资源如下：1 路 CAN 总线；2 个用户按键；1 个复位按键；1 个 12V DC 外接电源接口及开关；1 个电源指示灯；1 路 RS232 总线；1 个 JTAG 下载口；1 个串口开关；1 路 RS485 总线；1 个无线通信节点；2 个无线节点指示灯；1 个继电器；4 个发光 LED 灯；1 个传感器模块接口；1 个 SWD 下载口。

节点板硬件资源分布如图 1.3.4 所示。

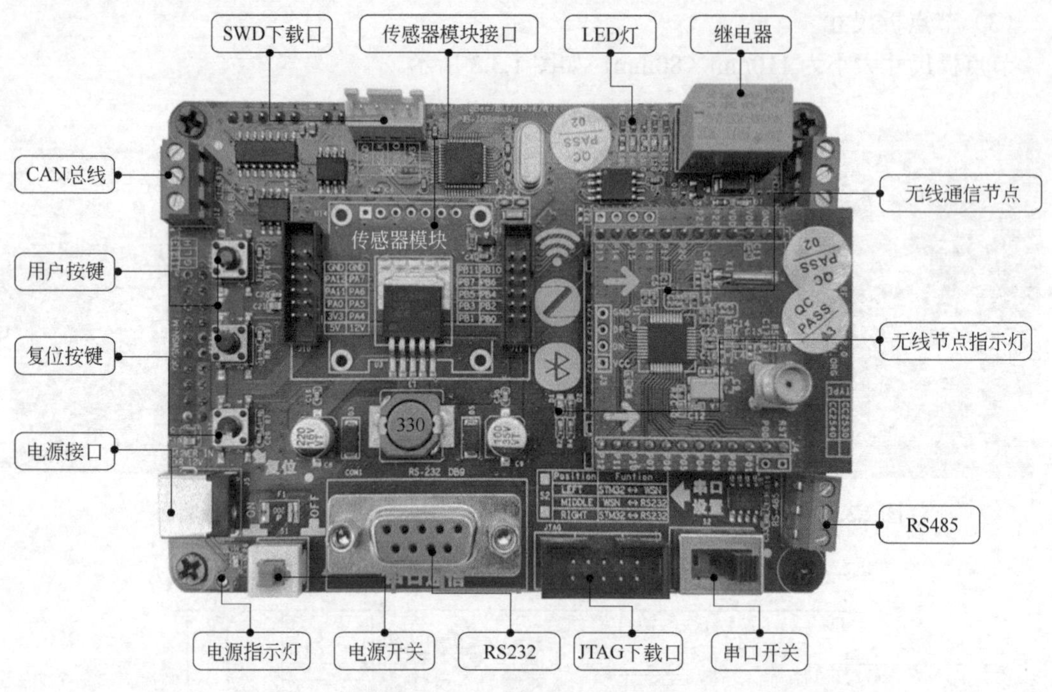

图 1.3.4 节点板硬件资源分布

1.3.3 节点板硬件电路接口

节点板在底板上的有线通信接口主要有 CAN 总线、RS232 总线和 RS485 总线，无线模组部分提供无线通信组网，支持蓝牙、ZigBee、WiFi/BLE 和 NB-IoT/LoRa 等无线通信方式。传感器模块采用插座方式设计，更换模块方便，可提供烟雾、火焰和温湿度等参数。下面对各个模块电路进行介绍。

（1）CAN 总线（图 1.3.5）

STM32 PB9 引脚作为 CAN 总线 TX 端，PB8 作为 CAN 总线 RX 端，电压为 DC 5V。

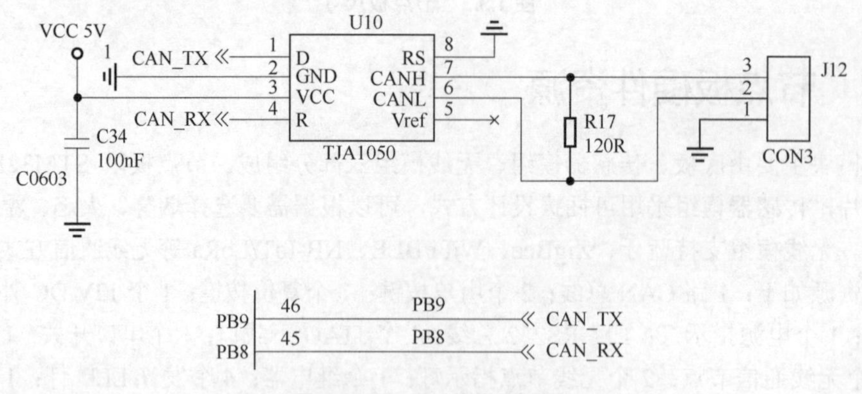

图 1.3.5 CAN 总线原理图

CAN 是控制器局域网络（Controller Area Network）的简称，是由以研发和生产汽车电子产品著称的德国 BOSCH 公司开发的，并最终成为国际标准（ISO 11898），是国际上应用范围最广泛的现场总线之一。CAN 总线的高性能和可靠性已被认同，并被广泛地应用于工业自动化、船舶、医疗设备以及工业设备等方面。

CAN 总线网络主要挂在 CAN_H 和 CAN_L 上，各个节点通过这两条线实现信号的串行差分传输，为了避免信号的反射和干扰，还需要在 CAN_H 和 CAN_L 之间接上 120Ω 的终端电阻，但是为什么是 120Ω 呢？那是因为电缆的特性阻抗为 120Ω。

CAN 总线采用不归零码位填充技术，也就是说 CAN 总线上的信号有两种不同的信号状态，分别是显性的（dominant）逻辑 0 和隐性的（recessive）逻辑 1，信号每一次传输完后不需要返回到逻辑 0（显性）的电平。CAN_H 和 CAN_L 电平几乎一样，也就是说 CAN_H 和 CAN_L 电平很接近甚至相等的时候，总线表现为隐性的，而两线电位差较大时表现为显性的。相关定义如下：

CAN_H-CAN_L < 0.5V 时为隐性的，逻辑信号表现为“逻辑 1”——高电平。

CAN_H-CAN_L > 0.9V 时为显性的，逻辑信号表现为“逻辑 0”——低电平。

CAN 总线采用“线与”的规则进行总线仲裁，即 1&0=0，所以 0 为显性。这句话隐含的意思是，只要总线上有一个节点将总线拉到低电平（逻辑 0），总线就为低电平（逻辑 0），即显性状态；而不管总线上有多少节点处于传输隐性状态（高电平或是逻辑 1），只有所有节点都为高电平，总线才为高电平，即隐性状态。

CAN 总线接线图如图 1.3.6 所示。

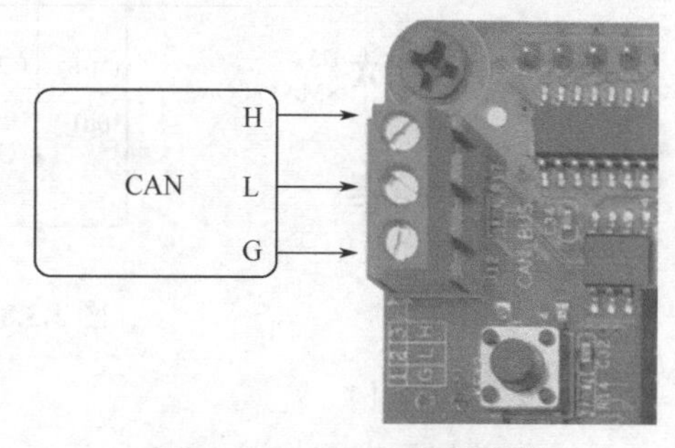

图 1.3.6 CAN 总线接线图

（2）用户按键

用户按键原理图如图 1.3.7 所示。节点板预留两个用户按键，通过图 1.3.7 可以看到 KEY1 和 KEY2 引脚分别对应 MCU 的 PA0 和 PA8 引脚。当用户按键按下时，引脚检测电平为低电平，可以设置 MCU 的两种触发方式，一种是低电平触发，另一种是下降沿中断触发。

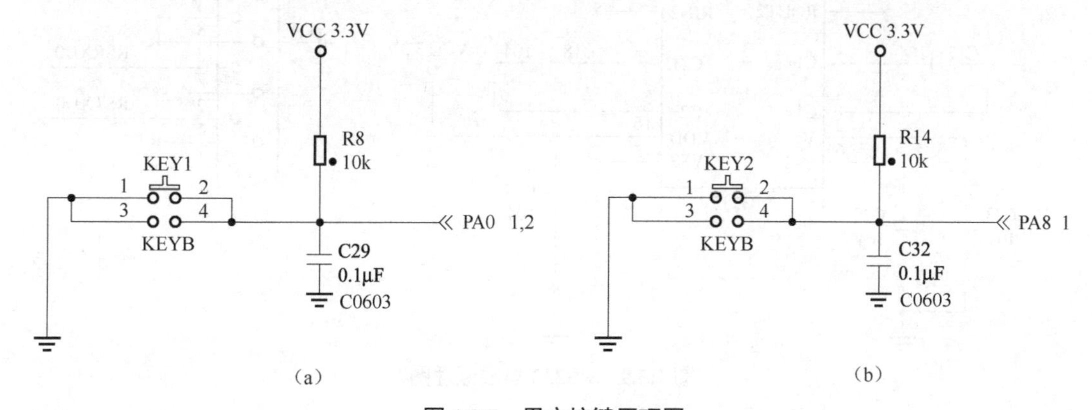

图 1.3.7 用户按键原理图

（3）电源接口及开关

电源开关原理图如图 1.3.8 所示。通过图 1.3.8 可看出节点的电源总开关是 Power_KEY 电源按键，通过 Power_KEY 控制 12V 的直流电压经过 U3 和 U5 降压芯片以及滤波电路，实现 5V 和 3.3V 的直流电压输出。

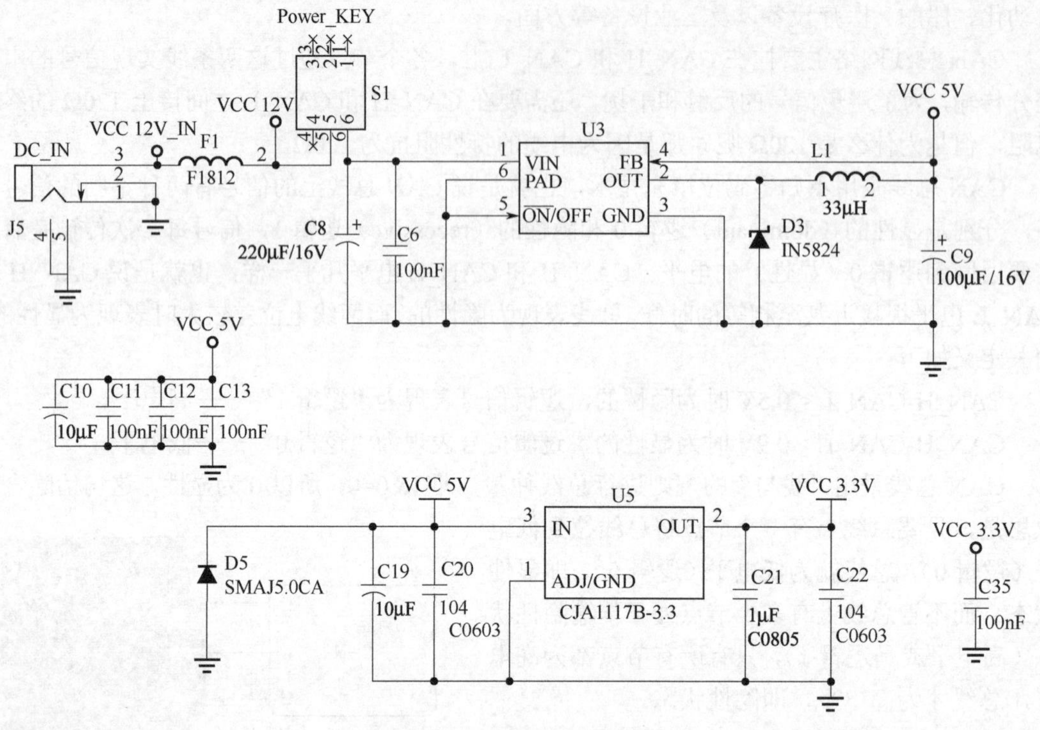

图 1.3.8　电源开关原理图

（4）RS232 串口

RS232 总线原理图如图 1.3.9 所示。

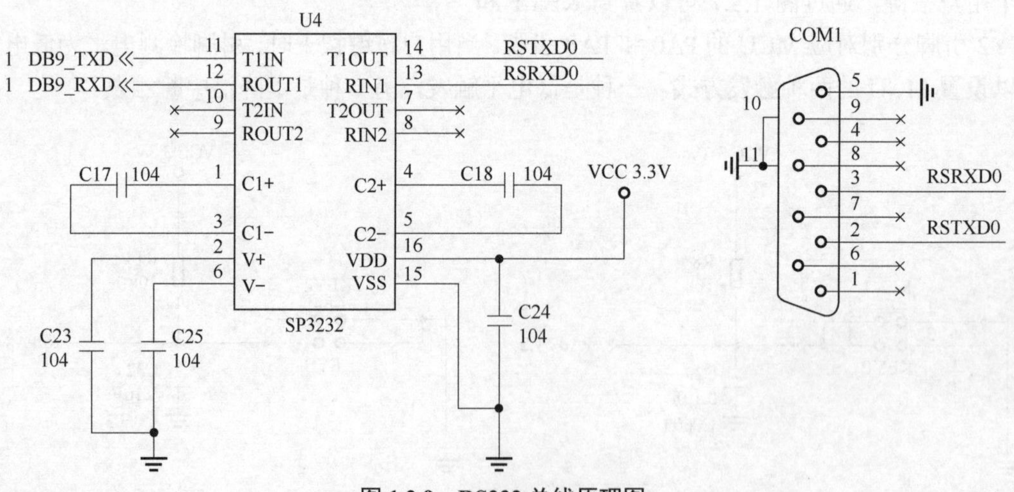

图 1.3.9　RS232 总线原理图

RS232 标准接口（又称 EIA RS232）是常用的串行通信接口标准之一，它是由美国电子工业协会（EIA）联合贝尔系统公司、调制解调器厂家及计算机终端生产厂家于 1970 年共同制定的，其全名是“数据终端设备（DTE）和数据通信设备（DCE）之间串行二进制数据交换接口技术标准”。

规定逻辑“1”的电平为-15～-5V，逻辑“0”的电平为 5～15V。选用该电气标准的目的在于提高抗干扰能力，增大通信距离。RS232 的噪声容限为 2V，接收器将能识别高至+3V

的信号作为逻辑“0”，将低到–3V 的信号作为逻辑“1”。

由于 RS232 采用串行传送方式，并且将微型计算机的 TTL 电平转换为 RS232 电平，其传送距离一般可达 30m。若采用光电隔离 20mA 的电流环进行传送，其传送距离可以达到 1000m。另外，如果在 RS232 总线接口再加上调制解调器，通过有线、无线或光纤进行传送，其传输距离可以更远。

RS232 通过 SP3232 芯片将 RS232 电平转换为 TTL 电平，然后连接在 STM32 或无线通信节点串口，通过串口设置开关选择。

串口设置图如图 1.3.10 所示。

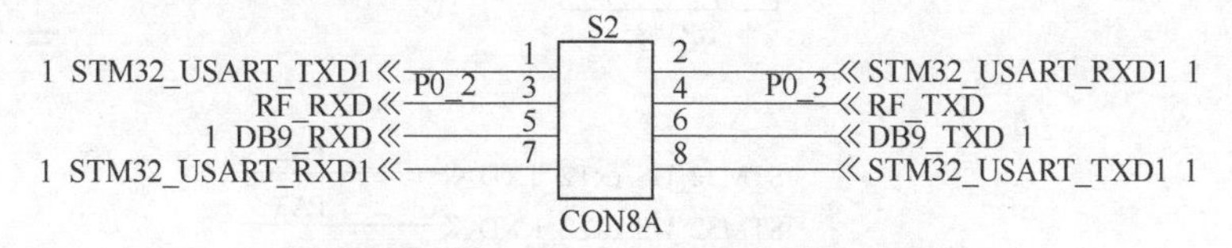

图 1.3.10　串口设置图

① 拨至左边：STM32 内的串口 1 接在无线模组上的串口 0 上，STM32 与无线模组通信。STM32 采集传感器数据，然后通过串口发送给无线模组，无线模组再将数据转发给其他节点。

② 拨至中间：无线模组串口 0 与 RS232 相连。

③ 拨至右边：STM32 串口 1 与 RS232 相连。

（5）JTAG 下载口

JTAG 下载口原理图如图 1.3.11 所示。JTAG 接口是 MCU 代码的下载接口，可通过上位机 Keil 实现功能代码的调试工程。

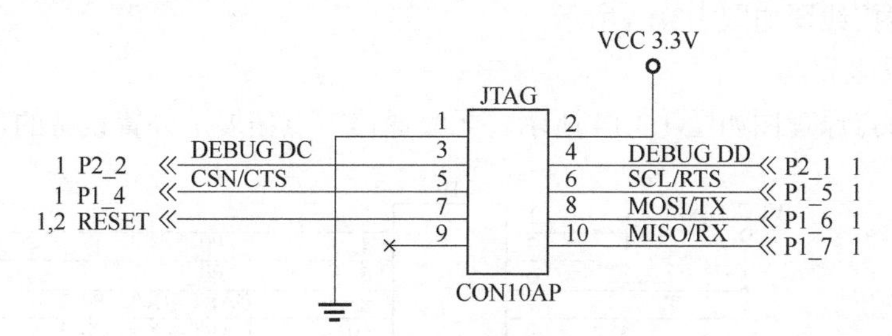

图 1.3.11　JTAG 下载口原理图

（6）RS485 总线

RS485 总线原理图如图 1.3.12 所示。TX、RX 端接在 STM32 PA2、PA3 上，用于与外部 RS485 接口通信。

智能仪表是随着 20 世纪 80 年代初单片机技术的成熟而发展起来的，世界仪表市场基本被智能仪表所垄断，这归结于企业信息化的需要，而企业在仪表选型时的一个必要条件就是要具有联网通信接口。最初是数据模拟信号输出简单过程量，后来仪表接口是 RS232 接口，这种接口可以实现点对点的通信方式，但这种方式不能实现联网功能，随后出现的 RS485 接口解决了这个问题。

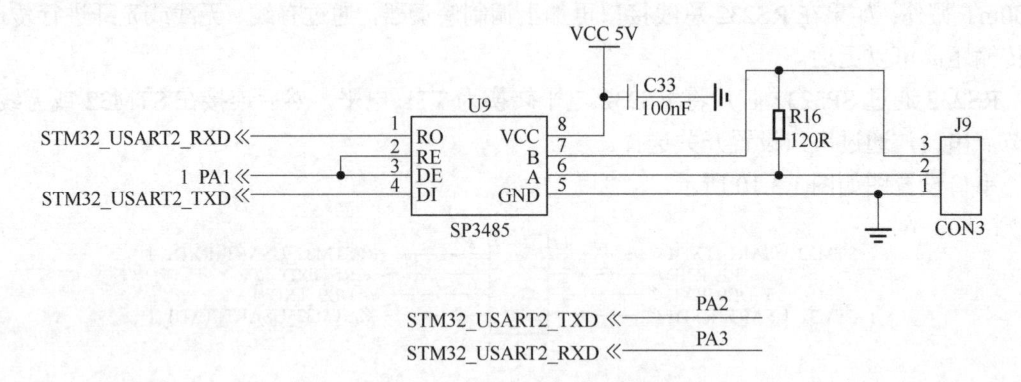

图 1.3.12　RS485 总线原理图

在 RS485 通信网络中一般采用的是主从通信方式，即一个主机带多个从机。很多情况下，连接 RS485 通信链路时只是简单地用一对双绞线将各个接口的“A”“B”端连接起来，而忽略了信号地的连接，这种连接方法在许多场合是能正常工作的，但却埋下了很大的隐患。原因一是共模干扰：RS485 接口采用差分方式传输信号，并不需要相对于某个参照点来检测信号，系统只需检测两线之间的电位差就可以了，但容易忽视收发器有一定的共模电压范围，RS485 收发器共模电压范围为–7～+12V，只有满足上述条件，整个网络才能正常工作；当网络线路中共模电压超出此范围时就会影响通信的稳定可靠，甚至损坏接口。原因二是 EMI 的问题：发送驱动器输出信号中的共模部分需要一个返回通路，若没有一个低阻的返回通道（信号地），信号就会以辐射的形式返回源端，整个总线就会像一个巨大的天线向外辐射电磁波。

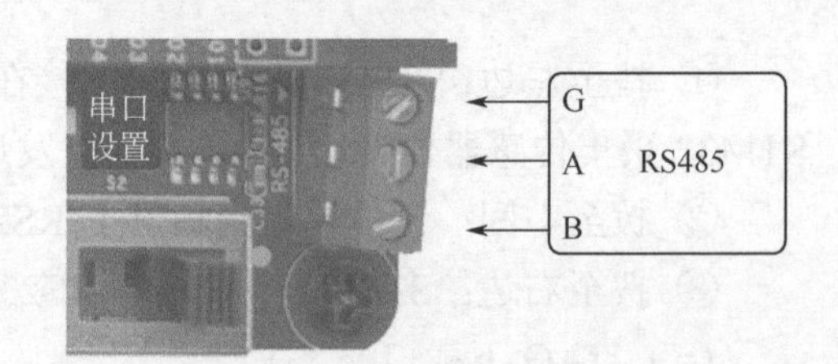

图 1.3.13　RS485 总线接线图

RS485 总线接线图如图 1.3.13 所示。

（7）无线通信节点

无线通信节点原理图如图 1.3.14 所示。无线通信节点拓展了外置设备的可能性。

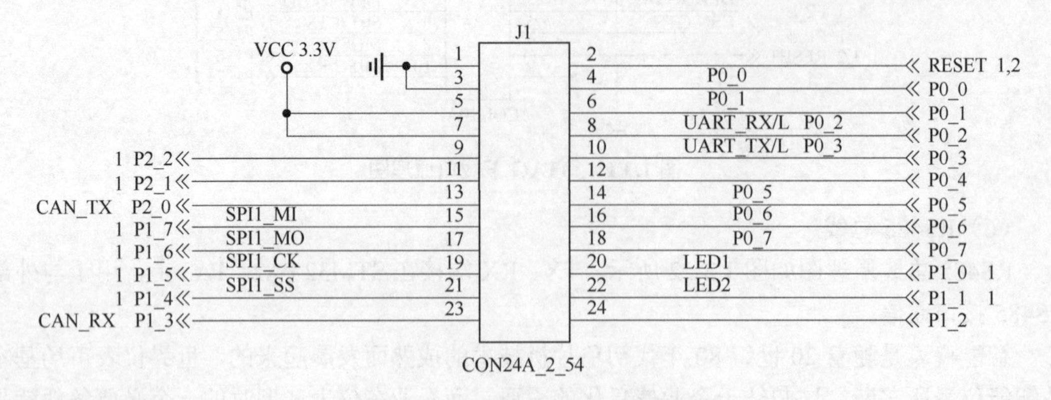

图 1.3.14　无线通信节点原理图

（8）继电器

继电器原理图如图 1.3.15 所示。

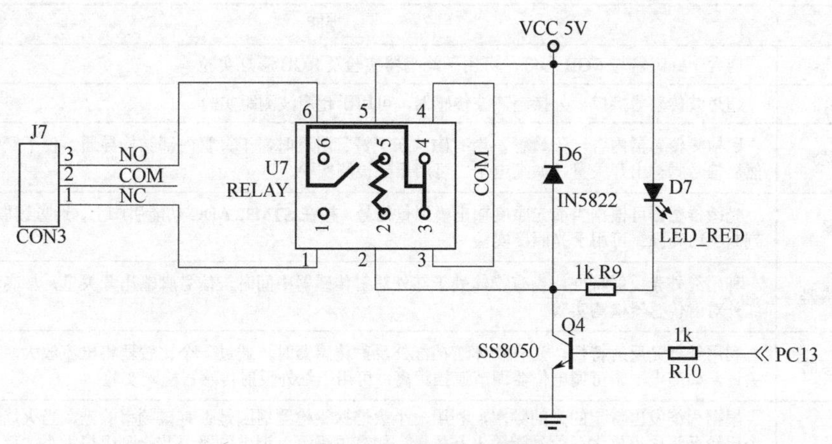

图 1.3.15 继电器原理图

继电器信号脚接在 STM32 PC13 端口，通过高低电平切换继电器的常闭/常开状态，并且伴随着 LED 的闪烁。

节点上的继电器为电磁继电器，在没有信号输入时，继电器公共端与常闭端短接；当输入继电器信号时，继电器内电磁铁导通，通过磁力将继电器内部开关拨至常开端，此时公共端与常开端短接。

继电器接线示意图如图 1.3.16 所示。

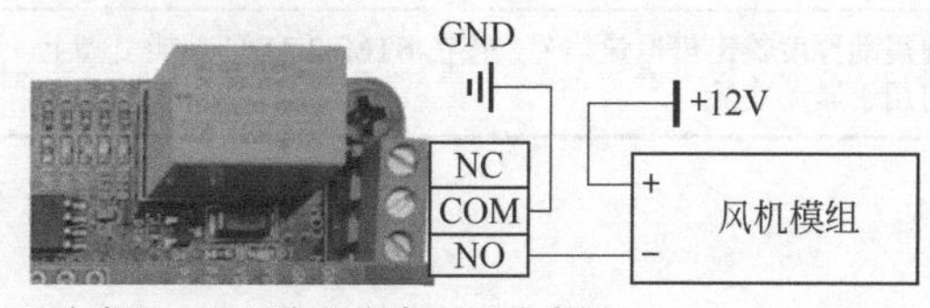

图 1.3.16 继电器接线示意图

风机模组正极外接 12V 电源，负极接在继电器常开端。继电器公共端接地，这样给继电器输入高电平信号，继电器内部电磁铁将吸合开关，使公共端与常开端相连，风机模组导通，即给风机模组供电。

（9）传感器模块

传感器模块原理图见图 1.3.17。

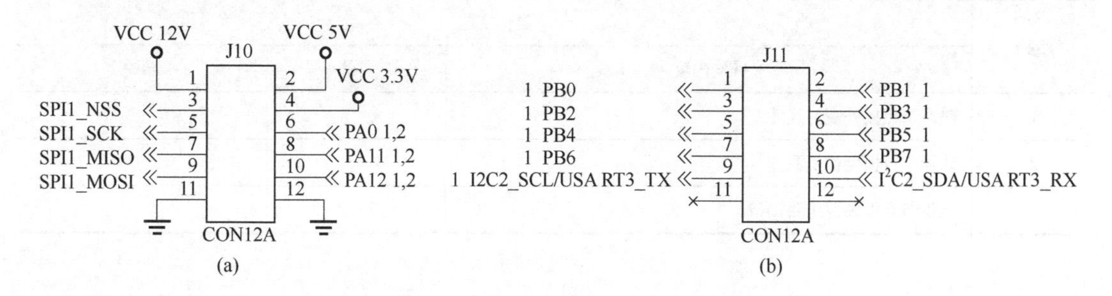

图 1.3.17 传感器模块原理图

传感器模块接口与STM32引脚相连，用于外接各类传感器（表1.3.1）。

表1.3.1 传感器模块说明

传感器	说明
RGB&蜂鸣器	内含一蜂鸣器与RGB彩灯，可用于蜂鸣器实验及RGB彩灯实验
超声波传感器	超声波传感器接口，外接超声波传感器，可用于超声波测距实验
磁检测传感器	磁检测传感器内含一干簧管，当有磁铁在干簧管附近时，干簧管内部结构导通，使干簧管两端导通，然后信号脚输出开关量，如高电平；可用于磁检测实验
光敏传感器	光敏传感器可根据当前光照度输出模拟量信号，接在STM32 ADC功能引脚上，通过读取ADC通道值判断当前光强；可用于光照度实验
红外对射传感器	利用红外光反射特性，当有物体处于红外对射传感器中间时，信号脚输出开关量，如高电平；可用于红外对射传感器检测实验
红外反射传感器	利用红外光反射特性，当有物体遮挡红外反射传感器时，通过一个比较器将电流放大，信号脚输出开关量，如高电平。可调电位器调节遮挡距离；可用于红外反射传感器检测实验
火焰传感器	根据火焰发出特定的光的频率，利用一个火焰探头检测周围是否有该频率的光，当火焰在时，通过一个比较器将电流放大，信号脚输出开关量，如高电平；可调电位器调节检测火焰大小；可用于火焰检测实验
酒精传感器	当酒精浓度大于一定值时，通过一个比较器将电流放大，信号脚输出开关量，如高电平；可调电位器调节酒精浓度比较值；可用于酒精检测实验
声音传感器	根据当前声音大小输出模拟量信号，接在STM32 ADC功能引脚上，通过读取ADC通道值来判断当前声音大小；可用于声音检测实验
温湿度传感器	内含一个DHT11温湿度传感器。根据DHT11时序，通过传感器进行采集，可采集当前环境的温湿度；可用于温湿度实验
烟雾传感器	根据当前可燃气体浓度输出模拟量信号，接在STM32 ADC功能引脚上，通过读取ADC通道值判断当前可燃气体浓度；可用于可燃气体检测实验
震动传感器	根据当前震动程度输出模拟量信号，接在STM32 ADC功能引脚上，通过读取ADC通道值判断当前震动程度；可用于震动实验

任务实施

请结合本节任务，完成如下表格。

任务实施单

项目名	物联网智能终端开发平台系统及架构认知		
任务名	认识外围节点模块	学时	2
计划方式	知识回顾、总结		
步骤	具体实施		
	操作内容	目的	结论
1	熟悉节点板外观、尺寸		
2	认识节点板硬件资源		
3	认识节点板硬件电路接口		

教学反馈

教学反馈单

项目名	物联网智能终端开发平台系统及架构认知		
任务名	认识外围节点模块	方式	课后
序号	调查内容	是/否	反馈意见
1	知识点是否讲解清楚		
2	操作是否规范		
3	解答是否及时		
4	重难点是否突出		
5	课堂组织是否合理		
6	逻辑是否清晰		
本次任务兴趣点			
本次任务的成就点			
本次任务的疑虑点			

项目 2 嵌入式程序开发环境搭建

任务 2.1 部署虚拟计算机

任务引入

广州粤嵌通信科技股份有限公司的小张今天接到一个任务，要负责为某公司开发一套物联网智慧农业检测系统。在开发小组完成项目需求分析和方案设计后，小张承担了智能终端软件开发的工作。

但是现在小张手上只有一台安装了 Windows 10 操作系统的计算机，而智能终端需要使用 Linux 操作系统。摆在小张面前的解决办法有两个：①再添置一台计算机，专门用来安装 Linux 操作系统以及开发应用程序所需的工具软件；②在 Windows 10 操作系统下安装虚拟环境，在虚拟环境中安装 Linux 操作系统以及开发应用程序所需的工具软件。

经过考虑，小张选择了第二种办法，这既有利于资源的合理利用，也更方便后期工作的开展。于是物联网智能终端嵌入式开发环境的搭建工作就开始了。

任务目标

① 完成虚拟计算机的创建。

② 完成 Ubuntu 操作系统的安装。

③ 完成 Windows 10 和 Ubuntu 之间的文件共享。

任务描述

VMware Workstation 实现了在 Windows 10 操作系统中虚拟出一台计算机，然后安装使用 Linux 内核的 Ubuntu 操作系统。

由于两个操作系统所使用的文件系统格式不一样，相互之间不能直接实现文件互访。为了后续开发工作的顺利开展，需要通过 VMware Workstation 自带的功能完成两个操作系统文件资料的共享。

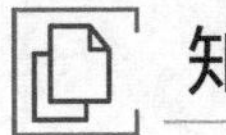

知识准备

2.1.1 创建虚拟计算机

（1）安装 VMware Workstation 软件

VMware Workstation（中文名“威睿工作站”）是一款功能强大的桌面虚拟计算机软件，它可使用户在一台计算机上同时运行不同的操作系统，它还可在一部实体机器上模拟完整的网络环境，是一款广受欢迎的虚拟计算机软件。

如果操作系统是 Windows 10，应使用 VMware Workstation 12 以上的版本。因为之前的版本都对 Windows 10 兼容性不大好，容易出现各种问题，典型的问题就是无法给虚拟操作系统建立桥接网络。

现在以在 64 位的 Windows 10 操作系统中安装 VMware Workstation 12 进行示范，其他版本安装过程差别不大。

将准备好的安装程序 VMware-Workstation-full-12.5.2-4638234.exe 复制到 Windows 10 下的文件夹中，双击安装程序图标进行安装。安装过程如图 2.1.1 和图 2.1.2 所示。

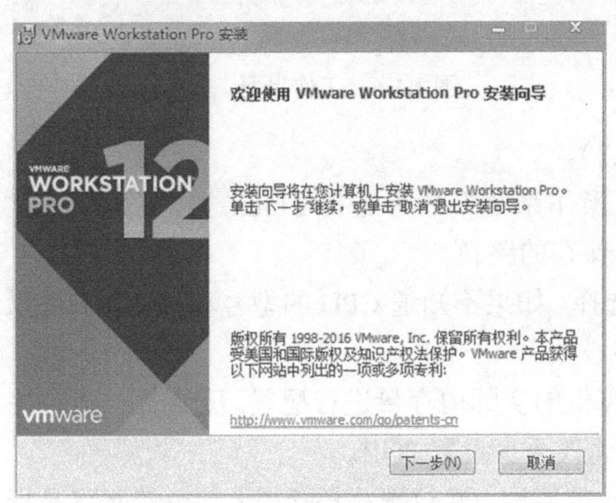

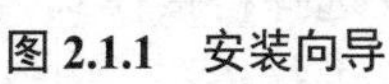

图 2.1.1 安装向导

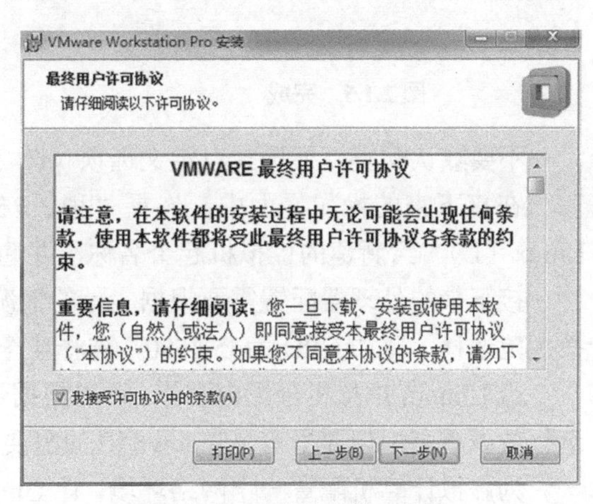

图 2.1.2 最终用户许可协议

然后一路选择“下一步”，接下来就是长时间的解压安装过程了，在完成安装之前需要输入正版软件许可密钥，输入所购买的密钥即可激活软件，如图 2.1.3 和图 2.1.4 所示。

安装完成，如图 2.1.5 所示。

（2）新建一台虚拟计算机

运行安装好的虚拟工作站 VMware Workstation 软件后，工作界面如图 2.1.6 所示。

单击“创建新的虚拟机”，开始新建一台虚拟计算机。

这个过程就相当于去计算机城配置一台自己满意的计算机主机一样，根据自己手上的资金选购合适的 CPU、内存、网卡等重要硬件资源。

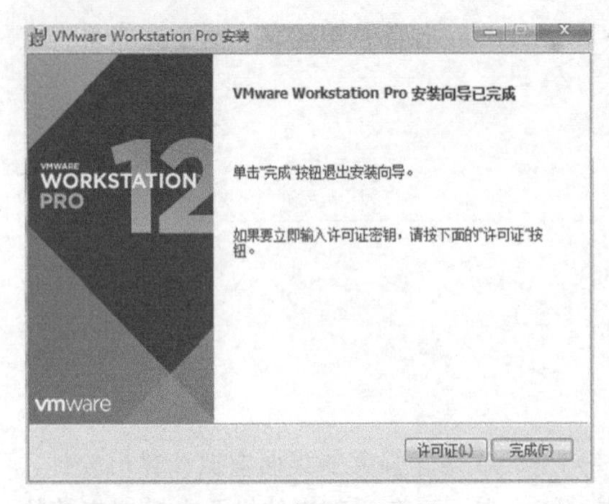

图 2.1.3　安装向导完成

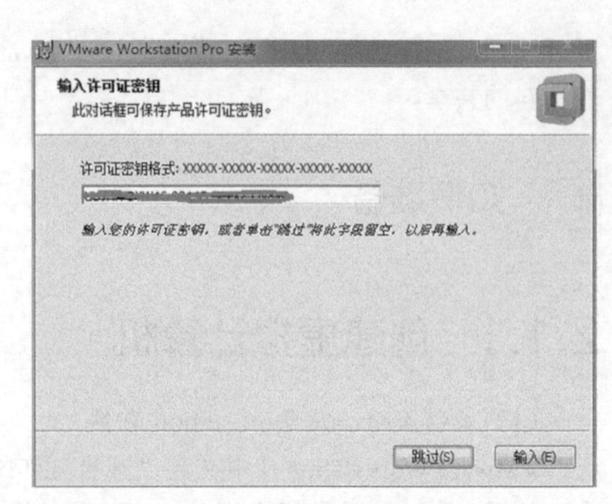

图 2.1.4　输入许可证密钥

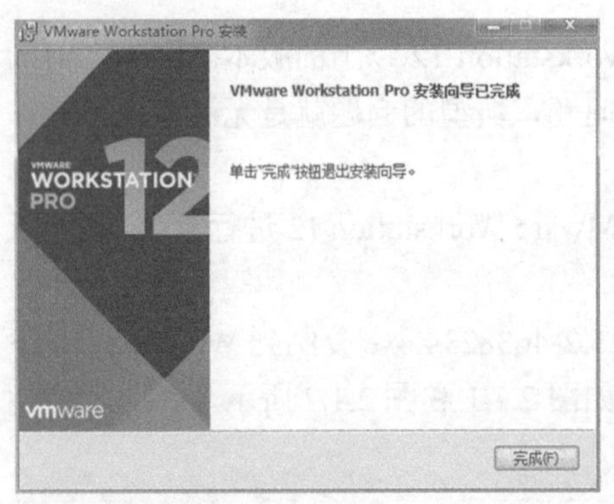

图 2.1.5　完成

图 2.1.6　工作界面

不要默认配置，要选择自定义选项（图 2.1.7）。

在接下来的操作界面中，选择“稍后安装操作系统”后，选择 Linux 类型系统 64 位 Linux（L）。给新建的虚拟机起个名称，并选择保存的路径。

接下来的处理器配置需要根据实际的情况选择，如果不知道 CPU 的型号和核心数，可以按规范选择，比如 CPU 为 I5 4590，选择 4 个核心数。

给 Ubuntu 虚拟机分配内存量，可以根据计算机的实际内存量进行配置。配置大一点程序运行效率更高，但要平衡 Windows 10 的需要，建议至少设置 2GB。

为虚拟计算机配置一个网络环境，让 Ubuntu 能联网，建议选择桥接模式。桥接网络是指本地物理网卡和虚拟网卡通过 VMware Workstation 虚拟交换机进行桥接，物理网卡和虚拟网卡在拓扑图上处于同等地位，那么物理网卡和虚拟网卡就相当于处于同一个网段，所以两个网卡的 IP 地址也要设置在同一网段。

在选择 I/O 控制器类型时，选择默认选项“LSI Logic”；磁盘类型选择“SCSI（S）”选项，创建一个新的虚拟磁盘。

因为编译 Android 系统需要的磁盘空间比较大，建议最大磁盘大小至少 100GB。如果选择 200GB，虽然分配了 200GB，但是实际上没有占用这么大，因为它是动态容量，你用多少就占多少物理空间，只不过极限是 200GB。

选择保存路径，这样就创建好了一个虚拟机（图 2.1.8），然后就可以在虚拟机上安装 Ubuntu 操作系统了。

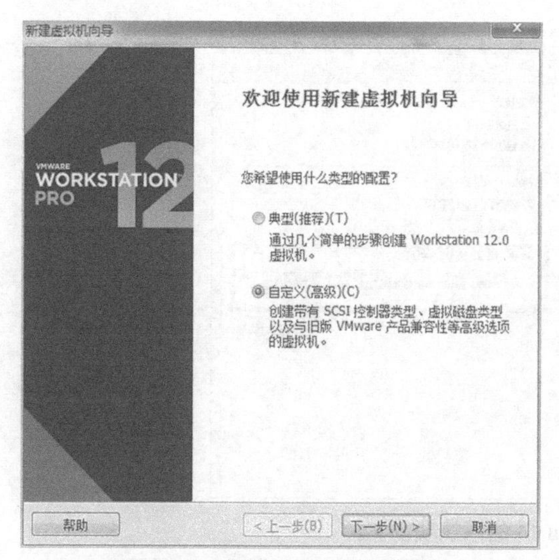

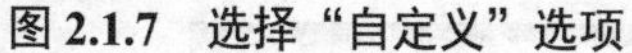
图 2.1.7　选择“自定义”选项

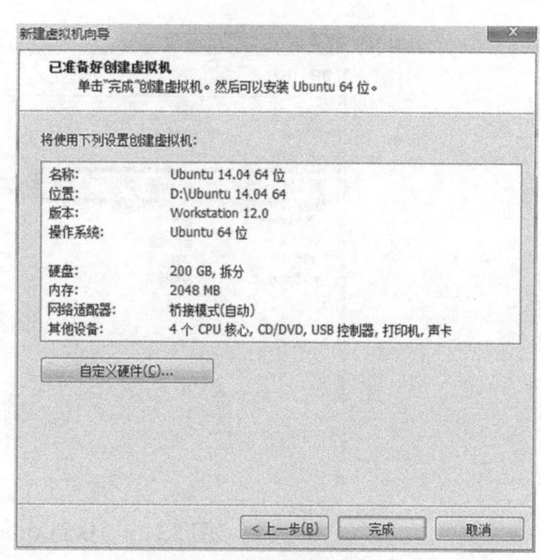

图 2.1.8　新建虚拟机

2.1.2 安装 Ubuntu 操作系统

在虚拟机中安装 Ubuntu 操作系统跟实际安装操作系统一样，需要先把安装映像文件复制到 Windows 10 下，然后打开安装好的虚拟机。

接下来配置 ISO 映像（图 2.1.9）。

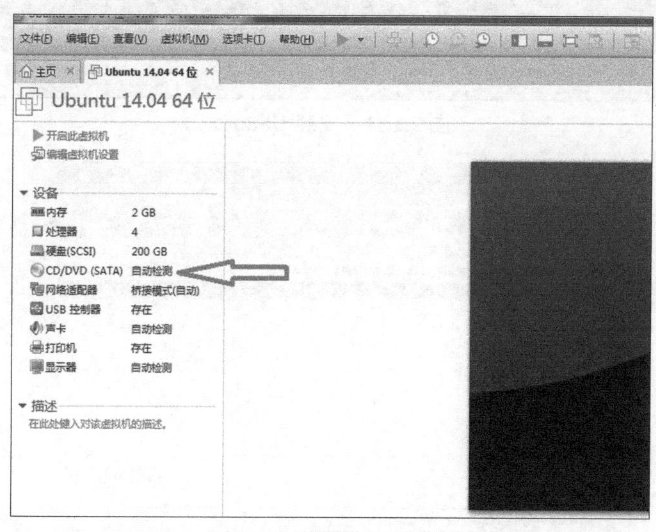

图 2.1.9　配置 ISO 映像

单击“浏览”按钮找到 Ubuntu 14 的系统映像（图 2.1.10）。

最后单击“启动此虚拟机”按钮即可开始安装 Ubuntu（图 2.1.11）。

进入了 Ubuntu 的开始安装界面，选择“安装 Ubuntu kylin”，单击“继续”按钮，进入下一步，配置分区大小。

下面开始自定义分区，因为要编译 Android 系统，需要很大的 swap 分区，所以默认的设置是不可以的（图 2.1.12）。

单击“新建分区表”按钮，继续进行分区设置，如图 2.1.13 和图 2.1.14 所示。

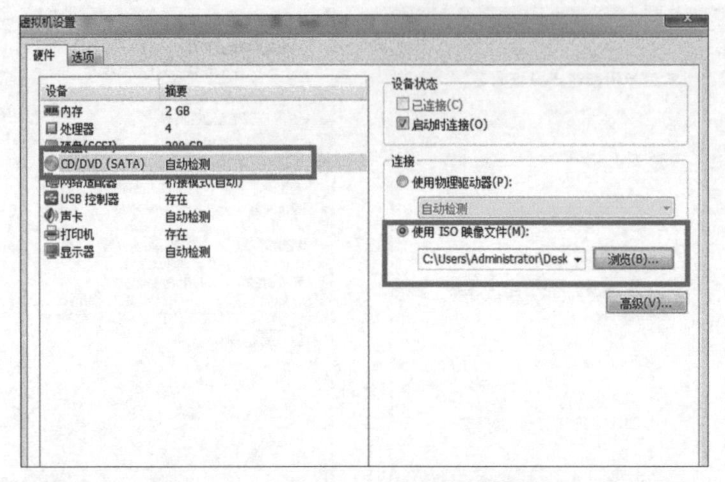

图 2.1.10　找到 Ubuntu 14 的系统映像文件

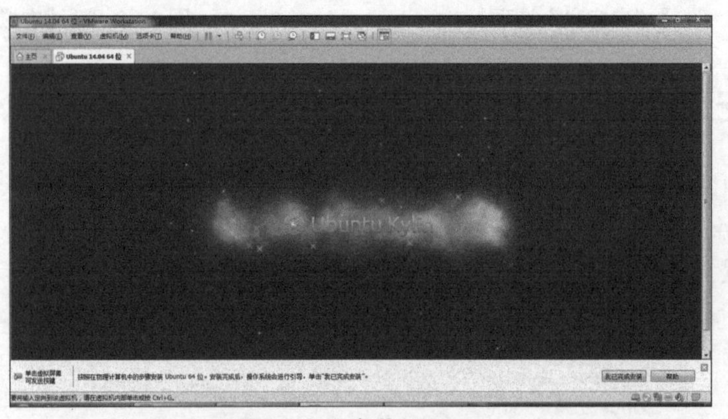

图 2.1.11　安装 Ubuntu

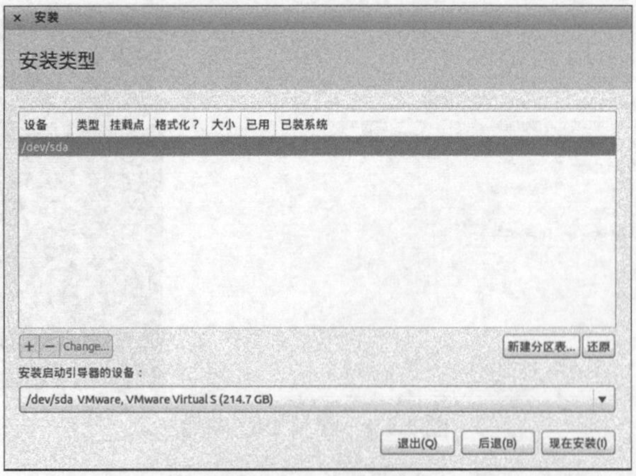

× 安装

安装类型

设备	类型	挂载点	格式化？	大小	已用	已装系统
/dev/sda						

+ − Change...　　新建分区表...　还原

安装启动引导器的设备：

/dev/sda VMware, VMware Virtual S (214.7 GB)

退出(Q)　后退(B)　现在安装(I)

图 2.1.12　安装类型

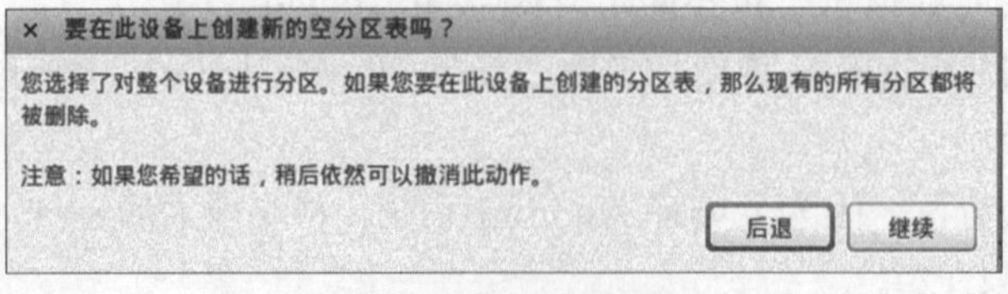

× 要在此设备上创建新的空分区表吗？

您选择了对整个设备进行分区。如果您要在此设备上创建的分区表，那么现有的所有分区都将被删除。

注意：如果您希望的话，稍后依然可以撤消此动作。

后退　继续

图 2.1.13　新建分区一

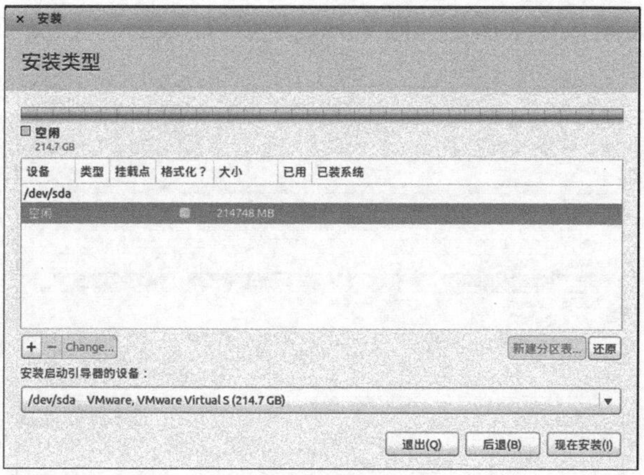

图 2.1.14　新建分区二

单击选中“空闲”，然后单击左下角的“+”号创建交换分区，按图 2.1.15 所示设置其他参数。

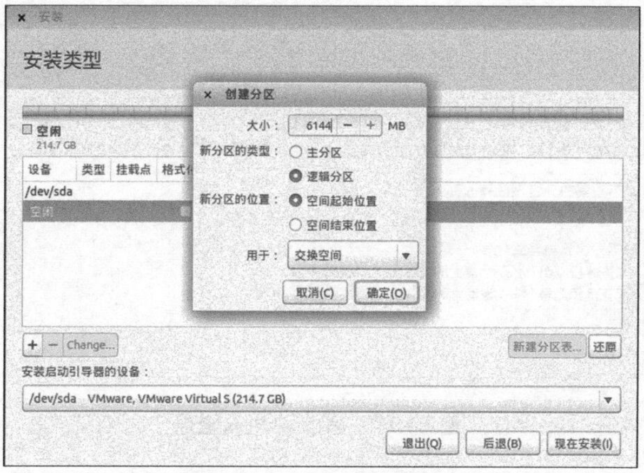

图 2.1.15　设置其他参数

单击“确定”按钮后，在剩余的空间中添加新分区，并将其作为主分区挂载在根目录下（图 2.1.16）。

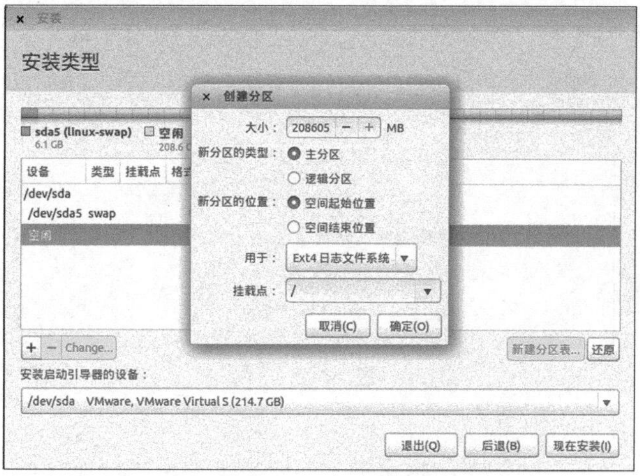

图 2.1.16　设置主分区

分区完成的界面如图 2.1.17 所示，两个分区就可以了。

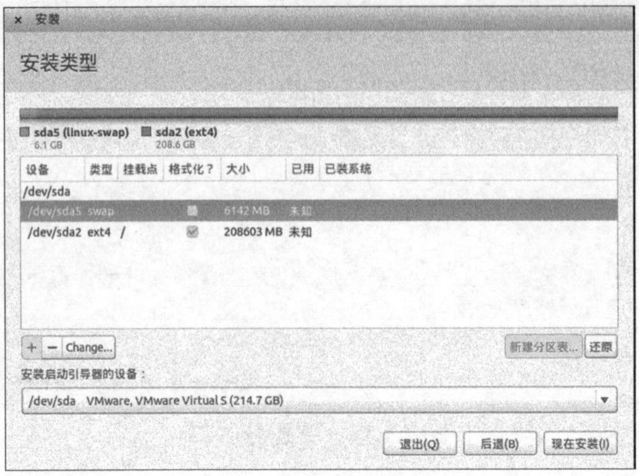

安装

安装类型

sda5 (linux-swap) 6.1 GB　sda2 (ext4) 208.6 GB

设备	类型	挂载点	格式化？	大小	已用	已装系统
/dev/sda						
/dev/sda5	swap			6142 MB	未知	
/dev/sda2	ext4	/		208603 MB	未知	

+ − Change...　新建分区表...　还原

安装启动引导器的设备：

/dev/sda VMware, VMware Virtual S (214.7 GB)

退出(Q)　后退(B)　现在安装(I)

图 2.1.17　分区完成

完成后单击“现在安装”按钮，在“将改动写入磁盘吗？”界面中单击“继续”按钮（图 2.1.18）。

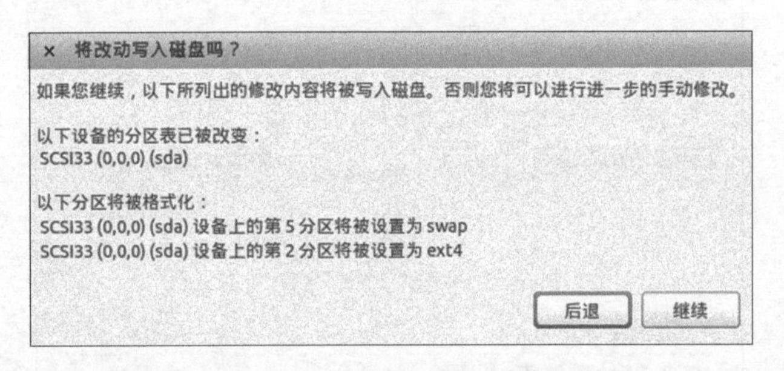

图 2.1.18　将改动写入磁盘

选择时区和键盘布局类型后，下面为 Ubuntu 设置一个系统用户，并设置密码（图 2.1.19）。

开始最后的复制安装工作，这一步骤大概需要几分钟的时间，安装完后即可重启运行 Ubuntu 操作系统了。

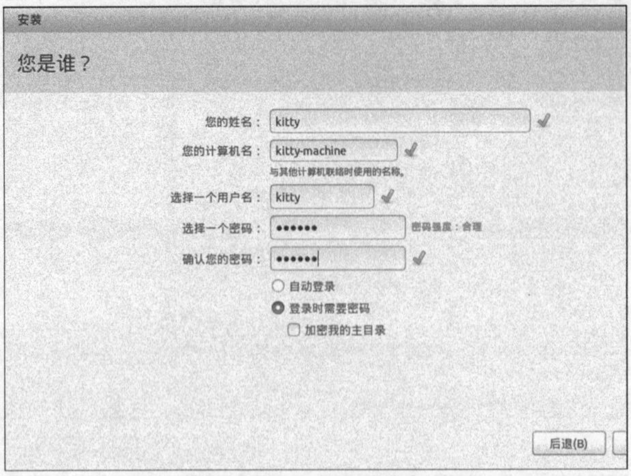

安装

您是谁？

您的姓名：kitty

您的计算机名：kitty-machine

与其他计算机联络时使用的名称。

选择一个用户名：kitty

选择一个密码：••••••　密码强度：合理

确认您的密码：••••••

自动登录

登录时需要密码

加密我的主目录

后退(B)

图 2.1.19　设置系统用户

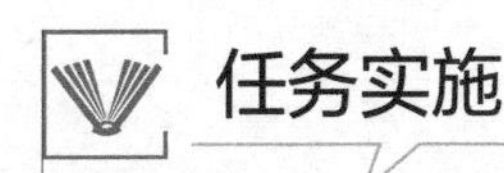

任务实施

操作系统间
文件共享

2.1.3　操作系统间文件共享

通过虚拟机安装的 Ubuntu 操作系统与 Windows 10 操作系统，从理论上讲，两者是相互独立的，它们的文件不能直接相互访问。

VMware Tools 是 VMware Workstation 中自带的一种增强工具，安装后能实现 Windows 主机与虚拟机之间的文件共享，同时可支持自由拖拽的功能，鼠标也可在虚拟机与主机之间自由移动（不用再按 Ctrl+Alt），而且虚拟机屏幕也可实现全屏。

单击 VMware Workstation 软件菜单栏的“虚拟机”→“安装 VMware Tools”，开始安装 VMware Tools（图 2.1.20）。

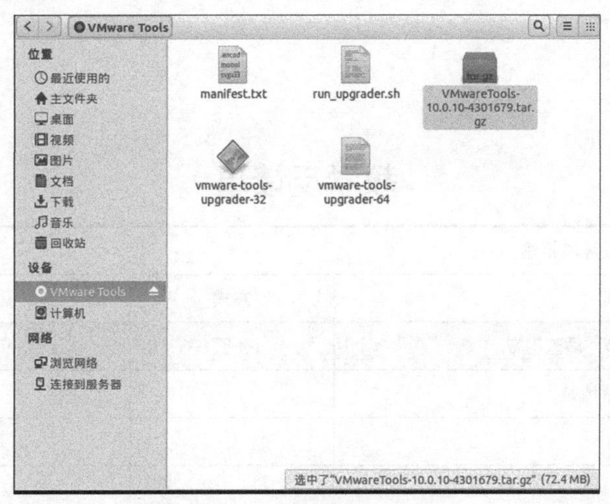

图 2.1.20　安装 VMware Tools

把图 2.1.20 中选中的压缩包复制到主文件夹。打开终端输入命令解压安装。

```
kitty@kitty-machine:~$ tar    zxvf VMwareTools-10.0.10-4301679.tar.gz
kitty@kitty-machine:~$ cd    vmware-tools-distrib
kitty@kitty-machine:~$ sudo    ./vmware-install.pl    //输入命令后需要用户密码授予权限
```

在图 2.1.21 所示的界面中输入“yes”，然后连续按 Enter 键即可完成安装，最后重启 Ubuntu 让 VMware Tools 生效。

```
kitty@kitty-machine:~/vmware-tools-distrib$ sudo ./vmware-install.pl
open-vm-tools are available from the OS vendor and VMware recommends using
open-vm-tools. See http://kb.vmware.com/kb/2073803 for more information.
Do you still want to proceed with this legacy installer? [no] yes
```

图 2.1.21　命令行输入

是否安装成功，可以体现在 Ubuntu 是否可以自适应屏幕大小（如果无法自适应屏幕，在 VMware Workstation 菜单栏的查看→自动调整大小→自动适应客户机）和从 Windows 系统桌面上用鼠标拖拽一个文件是否可以复制到 Ubuntu 中。

任务实施单

<table>
<tr><td>项目名</td><td colspan="3">嵌入式程序开发环境搭建</td></tr>
<tr><td>任务名</td><td>部署虚拟计算机</td><td>学时</td><td>2</td></tr>
<tr><td>计划方式</td><td colspan="3">实训</td></tr>
<tr><td rowspan="2">步骤</td><td colspan="3">具体实施</td></tr>
<tr><td>操作内容</td><td>目的</td><td>结论</td></tr>
<tr><td>1</td><td>在 Windows 10 中创建虚拟计算机</td><td></td><td></td></tr>
<tr><td>2</td><td>在虚拟计算机上安装 Ubuntu 操作系统</td><td></td><td></td></tr>
<tr><td>3</td><td>使用 VMware Tools 实现双系统间文件共享</td><td></td><td></td></tr>
</table>

教学反馈

教学反馈单

<table>
<tr><td>项目名</td><td colspan="3">嵌入式程序开发环境搭建</td></tr>
<tr><td>任务名</td><td>部署虚拟计算机</td><td>方式</td><td>课后</td></tr>
<tr><td>序号</td><td>调查内容</td><td>是/否</td><td>反馈意见</td></tr>
<tr><td>1</td><td>知识点是否讲解清楚</td><td></td><td></td></tr>
<tr><td>2</td><td>操作是否规范</td><td></td><td></td></tr>
<tr><td>3</td><td>解答是否及时</td><td></td><td></td></tr>
<tr><td>4</td><td>重难点是否突出</td><td></td><td></td></tr>
<tr><td>5</td><td>课堂组织是否合理</td><td></td><td></td></tr>
<tr><td>6</td><td>逻辑是否清晰</td><td></td><td></td></tr>
<tr><td>本次任务兴趣点</td><td colspan="3"></td></tr>
<tr><td>本次任务的成就点</td><td colspan="3"></td></tr>
<tr><td>本次任务的疑虑点</td><td colspan="3"></td></tr>
</table>

任务 2.2 Linux操作系统基础认知

任务引入

小张在完成虚拟计算机的部署后，就启动了使用 Linux 内核的 Ubuntu 操作系统。由于之前对该操作系统不太了解，因此通过资料查阅突击了解该系统的一些基础知识。在师傅的指导下，结合后续项目开发的需要，小张现在重点学习了 Linux 对文件与目录的管理、系统管理等知识。

任务目标

① 了解 Shell 的命令格式。

② 掌握 Linux 文件与目录管理相关指令。

③ 掌握 Linux 系统管理相关指令。

任务描述

Shell 是一个命令解析器，能够接收用户输入的命令，并对命令进行处理，处理完毕后再将结果反馈给用户，比如输出到显示器、写入到文件等。Shell 程序本身的功能是很弱的，如文件操作、输入/输出、进程管理等都得依赖内核。所以在使用 Linux 指令之前有必要对 Shell 及其指令语法格式进行一定的了解。

对于文件与目录管理和系统管理相关指令是需要熟练掌握的，这些指令在后续的学习以及编程中都会涉及，因此下面将对指令及相关参数做详细的介绍，并通过实例加深大家的理解。也希望通过这些练习，能让大家掌握 Linux 操作系统的基础知识。

知识准备

2.2.1 Shell 指令语法格式

在 Linux 系统中，用户无法直接操作 Linux 内核，更不能直接操作硬件。但为了让用户操作系统，所以就有了在操作系统上面发展出来的应用程序。用户可以通过应用程序指挥内核，让内核达成用户需要的硬件任务。Linux 中的 Shell 是一个命令解析器，可将用户命令解析为操作系统所能理解的指令，从而实现用户与操作系统的交互。Shell 是内核的一个外层保护工具，并负责完成用户与内核之间的交互（图 2.2.1）。

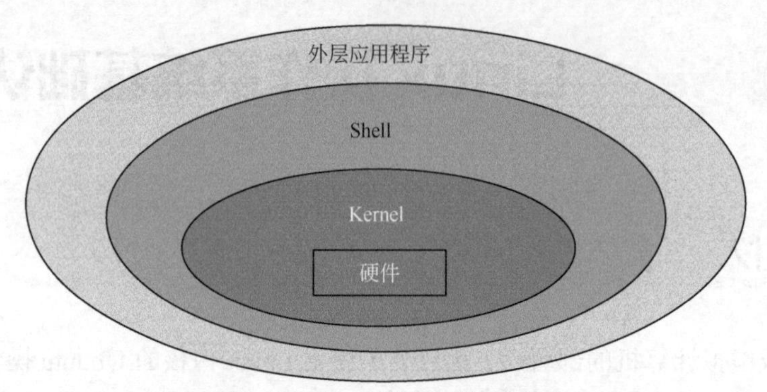

图 2.2.1 Linux 设备结构示意图

Linux 系统默认的 Shell 版本为“Bourne Again Shell（简称 BASH）”。用户进入命令行界面时，可以看到一个 Shell 提示符（管理员为#，普通用户为$），提示符标识命令行的开始，用户可以在提示符后面输入任何命令及其选项和参数。输入命令必须遵循一定的语法规则，命令行中输入的第 1 项必须是一个命令的名称，从第 2 项开始是命令的选项或参数，各项之间由空格隔开，格式如下所示。

```
command    -options    para1    para2
 命令        选项       参数1    参数2
```

注意：各项之间的空格可以是一个或者多个。有的命令不带任何选项和参数。Linux 系统的命令行严格区分大小写，命令、选项和参数都是如此。

（1）选项

选项是包括一个或多个字母的代码，前面有一个“-”连字符，主要用于改变命令执行动作的类型。例如，如果没有任何选项，ls 命令只能列出当前目录中所有文件和目录的名称，而使用带 -l 选项的 ls 命令将列出文件和目录列表的详细信息。

① 使用一个命令的多个选项时，可以简化输入。例如，将命令 ls -l -a 简写为 ls -la。

② 对于由多个字符组成的选项（长选项格式），前面必须使用“-”符号，如 ls -directory。

③ 有些选项既可以使用短选项格式，又可使用长选项格式，例如 ls -a 与 ls -all 意义相同。

（2）参数

参数通常是命令的操作对象，多数命令都可使用参数。例如，不带参数的 ls 命令只能列出当前目录下的文件和目录，而使用参数可列出指定目录或文件中的文件和目录。例如：ls /mnt，可以列出/mnt 目录下的文件和目录。

① 使用多个参数的命令须注意参数的顺序。

② 同时带有选项和参数的命令，通常选项位于参数之前。

2.2.2 Linux 系统的文件与目录管理指令

Linux 系统下的一切皆文件。Linux 系统的文件系统采用阶层式的树状目录机构，在该结构中的最上层是根目录“/”，然后在根目录下再建立其他目录。

（1）cd 命令

功能：切换目录（change directory）。

格式：cd 目录。

参数说明：cd 命令后跟的目录可以是绝对目录也可以是相对目录。

示例

① 进入用户目录。

```
# cd  或 cd  ~
```

② 进入/usr/local 目录。

```
# cd  /usr/local
```

③ 进入上一级目录下 bin 目录。

```
# cd ../bin
```

（2）pwd 命令

功能：打印当前工作目录（print working directory）。

格式：pwd。

示例

打印当前工作目录。

```
# pwd
```

（3）ls 命令

功能：列出目录内容（list）。

格式：ls [选项] [目录或文件名]。

参数选项如表 2.2.1 所示。

表 2.2.1　以命令参数说明

参数	说明
-a	显示所有档案及目录
-l	除档案名称外，亦将档案形态、权限、拥有者、档案大小等信息详细列出

示例

① 列出当前文件下目录及文件。

```
# ls
```

② 将 /bin 目录以下所有文件详细资料列出。

```
# ls  -l  /bin
```

（4）mkdir 命令

功能：新建目录（make directory）。

格式：mkdir [选项] 目录名。

参数选项如表 2.2.2 所示。

表 2.2.2　mkdir 命令参数说明

参数	说明
-p	当所需创建目录的上级目录不存在时，上级目录也将被创建

示例

① 在当前目录下建立一个 aaa 目录。

```
# mkdir   aaa
```

② 在当前目录下新建多级目录 bbb/ccc/ddd。

```
# mkdir   -p    bbb/ccc/ddd
```

（5）touch 命令

功能：新建文件或更新文件时间。

格式：touch　文件或目录名。

示例

新建一个文件。

```
# touch   a.txt
```

（6）cp 命令

功能：复制文件或目录（copy）。

格式：cp　[选项]　源文件或目录　目标文件或目录。

参数选项如表 2.2.3 所示。

表 2.2.3　cp 命令参数说明

参数	说明
-i	若目标文件已经存在，则询问是否覆盖
-f	强制覆盖目标同名文件或目录，没有警告
-r	递归复制，常用于复制目录

示例

① 将用户主目录下的 a.txt 文件复制到/tmp 下。

```
# cp    ~/a.txt     /tmp
```

② 将用户主目录下的 hello 目录整体复制到/tmp 目录下。

```
#cp   -r   ~/hello     /tmp
```

（7）mv 命令

功能：移动（或重命名）文件或目录（move）。

格式：mv　[选项]　源文件或目录　目标文件或目录。

参数选项如表 2.2.4 所示。

表 2.2.4　mv 命令参数说明

参数	说明
-f	强行覆盖已存在的文件或目录
-i	在覆盖已存在的文件或目录前提示

示例

① 将当前目录下的文件 a.txt 移动到/tmp 目录。

```
# mv   a.txt   /tmp
```

② 将当前目录下的 a.txt 文件重命名为 b.txt。

```
#mv   a.txt    b.txt
```

（8）rm 命令

功能：删除文件或目录（remove）。

格式：rm　[选项]　文件或目录。

参数选项如表 2.2.5 所示。

表 2.2.5　rm 命令参数说明

参数	说明
-i	删除文件或目录时提醒用户确认
-f	强制删除文件或目录，没有提醒
-r	将目录及以下之档案逐一删除

示例

① 删除当前文件下 a.txt。

```
# rm   a.txt
```

② 删除目录 mydir 及所有内容。

```
#rm   -r   mydir
```

（9）grep 命令

功能：查找指定字符串。

格式：grep　[选项]　“查找条件”　目标文件。

参数选项如表 2.2.6 所示。

表 2.2.6　grep 命令参数说明

参数	说明
-i	查找时忽略大小写
-v	反转查找，输出与查找条件不相符的行

示例

查找 etc 目录下 manpath.config 中的 file。

```
#grep   “file”   /etc/manpath.config
```

2.2.3 Linux 系统管理指令

（1）用户及权限管理

Linux 系统有且仅有一个系统管理员（超级用户/根用户/root 用户），用户名固定为 root。其余用户账号由系统管理员创建，每个账号拥有一个唯一的用户名和各自的口令。默认情况下，普通用户在/home 目录下拥有一个与用户名同名的用户主目录，超级用户的主目录是/root。常用的用户管理命令如表 2.2.7 所示。

表 2.2.7　常用的用户管理命令说明

命令	功能	格式	示例
su	切换用户身份	su　用户名	切换到用户 zhang # su　zhang ()
sudo	以 root 身份执行命令	sudo　命令	以 root 身份创建一个目录 test #sudo　mkdir　test

续表

命令	功能	格式	示例
useradd	创建用户	useradd [选项] 用户名	创建 user1 用户 #useradd user1
userdel	删除用户	userdel 用户名	删除 user1 用户 #userdel user1
passwd	设置密码	passwd 用户名	为 user1 用户设置密码（需要输入两次密码） #passwd user1

Linux 系统的权限是操作系统用来限制对资源访问的机制，权限一般分为读、写、执行。系统中每个文件都拥有特定的权限、所属用户及所属组，通过这样的机制来限制哪些用户或用户组可以对特定文件进行相应的操作。Linux 系统中文件及目录的权限如表 2.2.8 所示。

表 2.2.8 Linux 中文件及目录的权限说明

权限	对文件的影响	对目录的影响
r（读取）	可读取文件内容	可列出目录内容
w（写入）	可修改文件内容	可在目录中创建删除内容
x（执行）	可作为命令执行	可访问目录内容

在 Linux 系统中，可以通过 ls -l 查看目录的详细属性（图 2.2.2）。

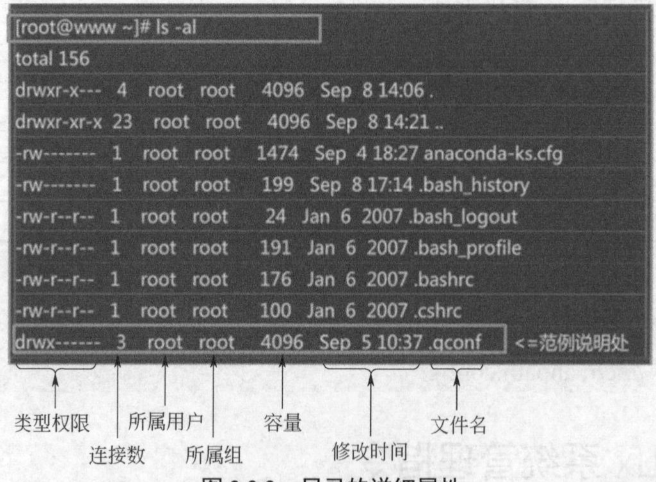

图 2.2.2 目录的详细属性

Linux 权限授权，默认是授权给三种角色，分别是 User（所属用户）、Group（同组用户）和 Other（其他人），Linux 权限与用户之间的关联如下所示。

① U 代表 User，G 代表 Group，O 代表 Other。

② 每个文件的权限基于 UGO 进行设置。

③ 权限三位一组（rwx），同时需授权给三种角色。

每个文件拥有一个所属用户和所属组，对应 UGO，不属于该文件所属用户或所属组使用 O 来表示。

可通过 chmod 命令对文件或目录的权限进行管理。修改某个用户、组对文件夹的权限，用命令 chmod 实现，其中以代指 UGO，+、–、=代表加入、删除和等于对应权限，具体示例如下所示。

给当前目录的 test 的拥有者添加可执行权限。

```
#chmod   u+x   test
```

Linux 权限默认使用 rwx 来表示，为了更简化在系统中对权限进行配置和修改，Linux 权限用数字表示方法，用 r=4,w=2,x=1 来表示权限，若要 rwx 属性则 4+2+1=7。具体示例如下所示。

给 test.c 增加一切权限

```
# chmod   777 test.c
```

（2）Linux 压缩指令

Linux 压缩指令非常多，不同指令所用的压缩技术不同，不能互通。压缩文件常常用扩展名来区分，相关说明见表 2.2.9。

表 2.2.9 扩展名的说明

拓展名	说明
.Z	compress 程序压缩的文件；compress 基本已过时
.gz	gzip 程序压缩的文件；GNU 开发，已取代 compress
.bz2	bzip2 程序压缩的文件；GNU 开发，压缩比更好
.tar	tar 程序打包的数据，没有压缩
.tar.gz	tar 程序打包，gzip 压缩
.tar.bz2	tar 程序打包，bzip2 压缩

gzip、bzip2 都是 Linux 常用的压缩程序，tar 为打包程序，本身无压缩、解压功能，但可以通过参数调用 gzip、bzip2 实现打包压缩一体化。因此，在 Linux 中通常用 tar 进行打包压缩的操作，其参数格式如表 2.2.10 所示。

表 2.2.10 参数说明

参数	说明
-c	打包，不能与-x、-t 同时出现
-x	解打包或解压缩，不能与-c、-t 同时出现
-t	查看包里有哪些文件，不能与-c、-x 同时出现
-j	处理 bzip2 的压缩/解压缩
-z	处理 gzip 的压缩/解压缩
-C	目录名，解压缩到指定目录（如不指定则默认解压到当前目录）
-f	文件名，指定处理的文件；-f 建议与文件名挨在一起
-v	显示详细信息

示例

① 将当前目录下 test 目录所有内容打包压缩成 test.tar.bz2。

```
#tar   -cjvf    test.tar.bz2    test
```

② 将 test.tar.bz2 解压到指定目录/tmp。

```
#tar   -xjvf    test.tar.bz2    -C   /tmp
```

③ 查看压缩包 hello.tar.gz 里的内容。

```
#tar   -tzvf    hello.tar.gz
```

（3）Linux 网络管理

Linux 支持各种协议类型的网络，TCP/IP、NetBIOS/NetBEUI、IPX/SPX、AppleTake 等，可通过命令修改当前内核中的网络相关参数实现网络参数配置。

1）ifconfig 命令

功能：测试主机连通性（Packet Internet Groper，互联网包探索器）。

格式：ifconfig　网卡名　[inet/up/down/netmask/addr/broadcast]。

示例

```
① 查看所有网卡状态。
# ifconfig
② 查看网卡 eth0 的状态。
# ifconfig  eth0
③ 配置网卡 eth0 的 ip 地址，子网掩码。
# ifconfig  eth0  192.168.1.3 netmask 255.255.255.0。
④ 关闭网卡 eth0。
# ifconfig  eth0  down
⑤ 开启网卡 eth0。
# ifconfig  eth0  up
```

2）ping 命令

功能：网络配置（network interfaces configuring）。

格式：ping　[选项]　对方 IP 地址或域名。

参数选项如表 2.2.11 所示。

表 2.2.11　ping 命令参数说明

参数	说明
-c <次数>	设置尝试次数，如果不设置则一直 ping 下去，按 [ctrl]+c 中断
-I <网卡名>	用指定网卡测试

示例

```
① 测试域名连通性。
#ping  -c  8  www.qq.com
② 测试 IP 地址连通性。
# ping  -c  5  192.168.1.3
③ 指定 eth0 网卡，测试 IP 地址连通性。
# ping  -c 5 -I  eth0  192.168.1.3
```

任务实施

2.2.4 在 Linux 系统中对文件进行基本操作

在虚拟机中打开 Ubuntu，完成以下操作任务。

① 打开终端，进入用户主目录。
② 打印当前目录。
③ 在当前目录下新建目录 test01、test02。
④ 在 test01 下创建文件 hello。
⑤ 更改 hello 权限为 rwxrw-r--。
⑥ 在 test01 下对 hello 复制备份，并将其重命名为 hello.bkp。
⑦ 将 test01 目录及其所有内容复制到 test02 中，重命名为 test01back。
⑧ 将 test01back 所有内容打包压缩成 test01back.tar.gz。
⑨ 删除 test02 下的 test01back。
⑩ 将 test02 下的 test01back.tar.gz 解压缩。
⑪ 查看网卡的 IP 地址。
⑫ 设置网卡 ens33 的 IP 地址为 192.168.1.2 子网掩码为 255.255.255.0。
⑬ 重启网卡（先关闭，再打开）。
⑭ 测试这个 Ubuntu 网卡与宿主机 Windows 的连通性，尝试次数设置为 7。
⑮ 切换至 root 用户。

任务实施单

项目名	嵌入式程序开发环境搭建		
任务名	Linux 操作系统基础认知	学时	2
计划方式	实训		
步骤	具体实施		
	操作内容	目的	结论
1	在虚拟机中打开 Ubuntu，打开终端		
2	目录练习：切换目录、打印目录、新建目录		
3	文件练习：新建文件、复制文件、更改权限、删除文件		
4	打包压缩、解压		
5	网络设置、测试连通性		

教学反馈

教学反馈单

<table>
<tr><td>项目名</td><td colspan="3">嵌入式程序开发环境搭建</td></tr>
<tr><td>任务名</td><td>Linux 操作系统基础认知</td><td>方式</td><td>课后</td></tr>
<tr><td>序号</td><td>调查内容</td><td>是/否</td><td>反馈意见</td></tr>
<tr><td>1</td><td>知识点是否讲解清楚</td><td></td><td></td></tr>
<tr><td>2</td><td>操作是否规范</td><td></td><td></td></tr>
<tr><td>3</td><td>解答是否及时</td><td></td><td></td></tr>
<tr><td>4</td><td>重难点是否突出</td><td></td><td></td></tr>
<tr><td>5</td><td>课堂组织是否合理</td><td></td><td></td></tr>
<tr><td>6</td><td>逻辑是否清晰</td><td></td><td></td></tr>
<tr><td>本次任务兴趣点</td><td colspan="3"></td></tr>
<tr><td>本次任务的成就点</td><td colspan="3"></td></tr>
<tr><td>本次任务的疑虑点</td><td colspan="3"></td></tr>
</table>

嵌入式程序开发工具安装

任务引入

嵌入式 Linux 开发平台跟平时用的个人计算机没有本质上的区别，因为在嵌入式 Linux 开发平台也有个人计算机上所描述的处理器 CPU、内存、硬盘、显示器、网口、USB 接口、耳机接口等，但它的性能和功能没有个人计算机那么强大，所以开发工作一般都是在个人计算机上完成。为此，需要在 Ubuntu 操作系统中搭建一套嵌入式程序开发环境。

任务目标

① 掌握嵌入式 Linux 应用程序开发流程。
② 完成嵌入式交叉编译环境的搭建。
③ 完成文本编辑器 vim 的安装。
④ 完成 TFTP 服务的安装。

任务描述

嵌入式 Linux 应用程序开发流程较为复杂，需要在个人计算机上完成程序的编写和语法调试，然后将编译后的执行文件下载到目标板上运行并完成功能调试。在 Linux 操作系统中，应用程序的编写常用文本编辑器 vim 来完成，嵌入式交叉编译环境可以在个人计算机中进行模拟搭建，编译好的可执行程序也可以通过 TFTP 服务实现远程下载。

通过本任务的学习，使学生能够清楚嵌入式 Linux 应用程序开发流程，能够搭建嵌入式交叉编译环境的搭建，并完成程序的编写、调试和下载运行，为后续其他项目的学习做好准备。

知识准备

2.3.1 嵌入式 Linux 应用程序开发流程

智能终端中安装了 Linux 操作系统内核，其应用程序开发不能在 Windows 操作系统下完成，需要在 Linux 操作系统下完成程序编写和调试。由于智能终端的 CPU 以及内存资源有限，不宜直接在设备上进行应用程序的开发，通常采用在计算机上安装交叉编译工具，模拟智能终端的硬件环境，完成程序的编写和调试后再烧写到智能终端上运行。

智能终端应用程序开发流程一般包含以下几个环节（图 2.3.1）。

① 建立开发环境，一般采用交叉编译的方式完成。

② 移植操作系统，一般包括移植 Bootloader、Linux 内核、根文件系统以及驱动程序等。

③ 编写和调试应用程序，通过交叉编译工具完成。

④ 烧写 Linux 内核、根文件系统以及应用程序。

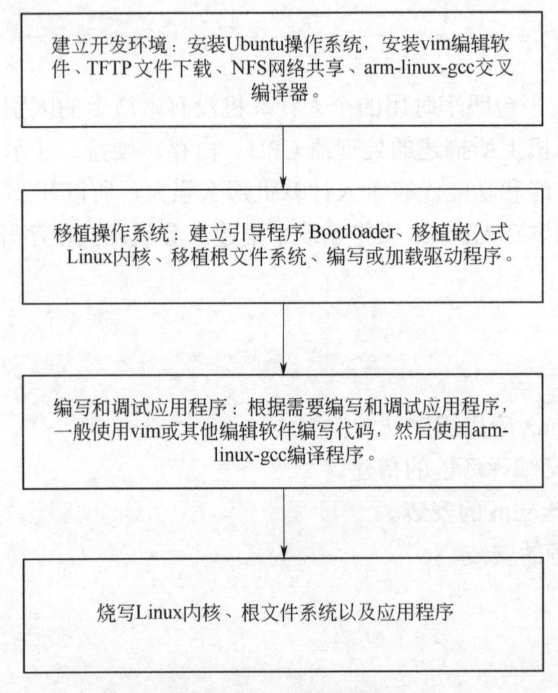

图 2.3.1　开发流程

2.3.2　搭建交叉编译环境

交叉编译环境搭建

嵌入式系统通常是一个资源受限的系统，因此直接在嵌入式系统的硬件平台上编写软件比较困难，有时候甚至是不可能的。

解决办法：首先在通用计算机上编写程序；然后通过本地编译或者交叉编译生成目标平台上可以运行的二进制代码格式；最后再下载到目标平台上的特定位置上运行。

交叉编译就是在一种平台上编译出能在另一种平台（体系结构不同）上运行的程序。在计算机平台（X86 CPU）上编译出能运行在 arm 平台上的程序，编译得到的程序在 X86 CPU 平台上是不能运行的，必须放到 arm 平台上才能运行。

用来编译这种程序的编译器就叫交叉编译器。为了不跟本地编译器混淆，交叉编译器的名字一般都有前缀，例如：arm-linux-gcc。

需要交叉开发环境（Cross Development Environment）的支持是嵌入式应用软件开发时的一个显著特点。交叉编译器只是交叉开发环境的一部分。交叉开发环境是指编译、链接和调试嵌入式应用软件的环境，它与运行嵌入式应用软件的环境有所不同，通常采用宿主机-目标机模式。

交叉编译环境所需工具的集合体、搭建编译环境所需软件（binuntials、gcc与glibc等）的安装载体主要包括以下几种（图2.3.2）。

① 交叉编译器，例如arm-linux-gcc。

② 交叉汇编器，例如arm-linux-as。

③ 交叉链接器，例如arm-linux-ld。

④ 各种操作所依赖的库。

⑤ 用于处理可执行程序和库的一些基本工具，例如arm-linux-strip。

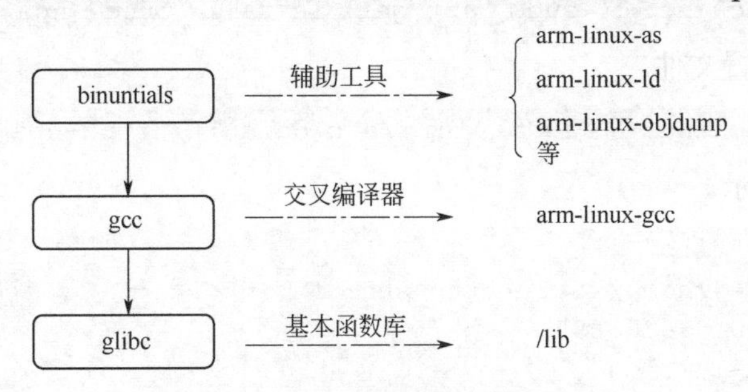

图2.3.2　交叉编译环境所需的工具

通常，编译裸机程序、引导程序（Bootloader）、内核、文件系统及应用程序，是用不同的工具链的。现在以应用开发用到的工具链arm-linux-gnueabi-5.4.0.tar.xz为例安装，将这个压缩包复制到Ubuntu任意目录下，解压。

```
kitty@kitty:~$ sudo  tar  Jxvf  arm-linux-gnueabi-5.4.0.tar.xz  -C  /
```

设置环境变量，让它成为默认交叉编译器。

```
kitty@kitty:~$ vim  ~/.bashrc
```

在文件末尾添加一行指定路径。

```
export PATH=/usr/local/arm/5.4.0/usr/bin:$PATH
```

立即生效环境变量。

```
kitty@kitty:~$ source  ~/.bashrc
kitty@kitty:~$ arm-linux-gcc  -v
```

2.3.3　安装文本编辑器vim

vim是一个类似于Vi的著名的功能强大、高度可定制的文本编辑器，在Vi的基础上改进和增加了很多特性，vim更符合人们的操作习惯，更加易用。

大多数时候，在Ubuntu系统下在线安装软件，是通过apt-get命令完成的。apt-get是一条Linux命令，适用于deb包管理式的操作系统，主要用于自动从互联网的软件仓库中搜索、安装、升级、卸载软件或操作系统。

在保证联网正常的环境下，打开终端后运行以下命令。

```
kitty@kitty-machine:~$ sudo  apt-get  install  vim
```

出现硬盘请求提示有输入“y”确认安装。输入“y”按Enter键后系统会联网在线安装vim，稍等片刻即可。使用vim编辑文件时，存在3种工作模式，分别是命令模式，输入模式和编辑模式。具体的vim的使用就不再赘述了。

2.3.4 安装 TFTP 服务

TFTP（Trivial File Transfer Protocol，简单文件传输协议）是 TCP/IP 协议族中基于 UDP 的一个用来在客户机与服务器之间进行简单文件传输的协议，提供不复杂、开销不大的文件传输服务。

第一步，安装 TFTP 服务器和 TFTP 客户端。

```
kitty@kitty-machine:~$  sudo  apt-get  install  tftpd-hpa  tftp-hpa
```

第二步，修改配置文件。

```
kitty@kitty-machine:~$  sudo  vim  /etc/default/tftpd-hpa
```

修改内容如下所示。

```
TFTP_USERNAME="tftp"
TFTP_DIRECTORY="/home/kitty/tftp_share"
TFTP_ADDRESS="0.0.0.0:69"
TFTP_OPTIONS="-l -c -s"
```

第三步，创建文件夹并更改权限。在主文件夹下建立共享文件夹 tftp_share，路径自然是 /home/kitty/tftp_share，下面创建该文件夹，并更改权限。

```
kitty@kitty-machine:~$ mkdir  /home/kitty/tftp_share
kitty@kitty-machine:~$ chmod  777  /home/kitty/tftp_share
```

第四步，重新启动服务，让配置生效。

```
kitty@kitty-machine:~$ sudo  service  tftpd-hpa  restart
```

任务实施

2.3.5 程序实例 Hello world!

使用 arm-linux-gcc 工具链，编写程序实现“Hello world!”输出。

第一步，编写代码。

源码文件 hello.c

```
#include<stdio.h>
int main()
{
    printf("Hello World!\n");
    return 0;
}
```

第二步，编译程序。

使用 arm-linux-gcc 工具对源文件进行交叉编译。

```
kitty@kitty:~$arm-linux-gcc  -o  hello  hello.c
```

第三步，下载可执行程序到 GEC 6818 上运行。在实验箱上运行的结果，如下所示。

```
[root@GEC6818 /mnt]#./hello
```

```
Hello World!
```

任务实施单

<table>
<tr><td>项目名</td><td colspan="3">嵌入式程序开发环境搭建</td></tr>
<tr><td>任务名</td><td>嵌入式程序开发工具安装</td><td>学时</td><td>2</td></tr>
<tr><td>计划方式</td><td colspan="3">实训</td></tr>
<tr><td rowspan="2">步骤</td><td colspan="3">具体实施</td></tr>
<tr><td>操作内容</td><td>目的</td><td>结论</td></tr>
<tr><td>1</td><td>搭建嵌入式交叉编译环境</td><td></td><td></td></tr>
<tr><td>2</td><td>安装文本编辑器 vim</td><td></td><td></td></tr>
<tr><td>3</td><td>TFTP 服务</td><td></td><td></td></tr>
<tr><td>4</td><td>运行程序，在智能终端上输出“Hello World!”</td><td></td><td></td></tr>
</table>

教学反馈

教学反馈单

<table>
<tr><td>项目名</td><td colspan="3">嵌入式程序开发环境搭建</td></tr>
<tr><td>任务名</td><td>嵌入式程序开发工具安装</td><td>方式</td><td>课后</td></tr>
<tr><td>序号</td><td>调查内容</td><td>是/否</td><td>反馈意见</td></tr>
<tr><td>1</td><td>知识点是否讲解清楚</td><td></td><td></td></tr>
<tr><td>2</td><td>操作是否规范</td><td></td><td></td></tr>
<tr><td>3</td><td>解答是否及时</td><td></td><td></td></tr>
<tr><td>4</td><td>重难点是否突出</td><td></td><td></td></tr>
<tr><td>5</td><td>课堂组织是否合理</td><td></td><td></td></tr>
<tr><td>6</td><td>逻辑是否清晰</td><td></td><td></td></tr>
<tr><td>本次任务兴趣点</td><td colspan="3"></td></tr>
<tr><td>本次任务的成就点</td><td colspan="3"></td></tr>
<tr><td>本次任务的疑虑点</td><td colspan="3"></td></tr>
</table>

项目 3 文件 I/O 程序设计

任务 3.1 文件 I/O 操作

任务引入

在物联网智慧农业检测系统的智能终端中，需要处理很多的文件和设备。比如开机的时候，智能终端需要将用户设置的温湿度参数读取出来，用作阈值去控制喷淋设备；远程监控室还需要打开摄像头，视频数据还要存储在 SD 卡等。这些操作都需要智能终端去控制外围设备，而各种外围设备差异性又非常大，Linux 是怎么解决这个复杂问题的呢？

任务目标

① 理解 Linux 系统中一切皆文件的概念。
② 掌握 Linux 文件 I/O 操作的常用函数。
③ 完成智能终端中用户配置文件的参数读写操作。

任务描述

Linux 系统中一切皆文件。文件为操作系统服务和设备提供了一个简单而一致的接口。这意味着程序完全可以像使用文件那样使用磁盘文件、串行口、打印机和其他设备。大多数情况下，只需要使用 5 个函数：open( )、close( )、read( )、write( )和 ioctl( )。

智能终端中的用户配置文件用于保存用户在使用过程中设置的各种参数，不同的用户对象设置的参数是不一样的。本任务需要编写程序完成对用户配置文件的 I/O 操作，实现对文件的打开、关闭、读出和写入等功能，并以此掌握对其他文件的 I/O 操作编程技能。

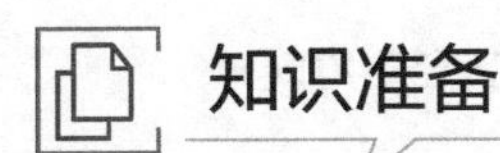

如何理解一切皆文件

3.1.1 一切皆文件

在 Linux 系统中，有一句经典的话叫做：一切皆文件。这句话是站在内核的角度说的，因为在内核中所有的设备(除了网络接口)都一律使用 Linux 系统独有的虚拟文件系统(VFS)来管理。这样做的最终目的是将各种不同的设备用“文件”这个概念加以封装和屏蔽，简化应用层编程的难度。文件是 Linux 系统最重要的抽象概念之一。

VFS 中有个重要的结构体叫 file{}，这个结构体中包含一个非常重要的成员叫做 file_operation，它通过提供一个统一的、包罗万象的操作函数集合，来统一规范对文件所有可能的操作，所以对任何其他文件或设备的操作都是这个结构体的子集。

如图 3.1.1 所示，以 read( )为例说明了在上层应用中可以对千差万别的设备进行读操作的原因，头号功臣就是 file_operation 提供了统一的接口。实际上，VFS 不仅包括 file 结构体，还有 inode 结构体和 super_block 结构体，正是由于他们的存在，应用层程序才得以摆脱底层设备的差异细节而独立于设备之外。

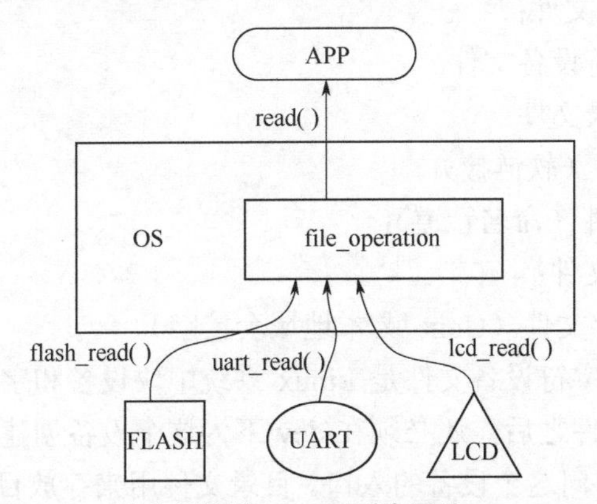

图 3.1.1 从应用层的 read( )到底层的 xxx_read( )

由图 3.1.1 可以看到，内核做了“掐头去尾”的事情，提供了一个沟通上下的框架。应用软件工程师可站在用户空间使用下层内核提供的接口，来为应用程序服务；底层驱动工程师可站在操作硬件设备的角度，结合具体设备的操作方式，实现上层内核规定好的各个设备可以支持的接口函数。

有了内核提供的中间层，在操作很多不同类型文件的时候就方便多了，比方说读取文件 a.txt 的内容、读取触摸屏的坐标数据、读取鼠标的坐标信息等等，用的都是函数 read()。虽然底层的实现代码也许不一样，但是用户空间的进程并不关心也无需操心，Linux 的系统 I/O 函数屏蔽了各类文件的差异，使得用户站在应用编程开发者的角度看下去，产生好像各类文件都一样的感觉。这就是 Linux 应用编程中“一切皆文件”的说法的由来。

在 Linux 系统中，文件总共被分成了 7 种，如下所示。

① 普通文件（regular）：存在于外部存储器中，用于存储普通数据。

② 目录文件（directory）：用于存放目录项，是文件系统管理的重要文件类型。

③ 管道文件（pipe）：一种用于进程间通信的特殊文件，也称为命名管道 FIFO。

④ 套接字文件（socket）：一种用于网络间通信的特殊文件。

⑤ 链接文件（link）：用于间接访问另外一个目标文件，相当于 Windows 快捷方式。

⑥ 字符设备文件（character）：字符设备在应用层的访问接口。

⑦ 块设备文件（block）：块设备在应用层的访问接口。

图 3.1.2 所示为 Linux 系统的 7 种文件类型。

```
vincent@ubuntu: ~
vincent@ubuntu:~$ ls -l
total 4
brw-r--r-- 1 vincent vincent 1, 3 Jun  6 11:25 block
crw-r--r-- 1 vincent vincent 5, 1 Jun  6 11:25 character
drwxrwxr-x 2 vincent vincent 4096 Jun  6 11:24 directory
lrwxrwxrwx 1 vincent vincent    7 Jun  6 11:24 link -> regular
prw-r--r-- 1 vincent vincent    0 Jun  6 11:26 pipe
-rw-rw-r-- 1 vincent vincent    0 Jun  6 11:24 regular
srwxr-xr-x 1 vincent vincent    0 Jun  6 11:29 socket
```

图 3.1.2 Linux 系统的 7 种文件类型

请注意，每个文件信息的最左边一栏，是各种文件类型的缩写，从上到下依次是：

① b（block）块设备文件；

② c（character）字符设备文件；

③ d（directory）目录文件；

④ l（link）链接文件（软链接）；

⑤ p（pipe）管道文件（命名管道）；

⑥ -（regular）普通文件；

⑦ s（socket）套接字文件（Unix 域/本地域套接字）。

其中，块设备文件和字符设备文件是 Linux 系统中块设备和字符设备的访问节点，在内核中注册了某一个设备文件之后，还必须在/dev/下为这个设备创建一个对应的节点文件（网络接口设备除外），作为访问这个设备的入口。目录文件用来存放目录项，是实现文件系统管理的最重要的手段。链接文件指的是软链接，是一种用来指向别的文件的特殊文件，其作用类似于 Windows 中的快捷方式，但它有更加有用的功能，比如库文件的版本管理。普通文件指的是外部存储器中的文件，比如二进制文件和文本文件。套接字文件指的是本机内进程间通信用的 Unix 域套接字，或称本地域套接字。

3.1.2 标准 I/O

文件 I/O 操作关键技术

对一个文件的操作有两种不同的方式，既可以使用由操作系统直接提供的编程接口（API），即系统调用，也可以使用由标准 C 库提供的标准 I/O 函数，其关系如图 3.1.3 所示。

在 Linux 操作系统中，应用程序的一切行为都依赖于这个操作系统，但是操作系统的内部函数应用层的程序是不能直接访问的，因此操作系统（OS）提供了四五百个接口函数，叫做“系统调用接口”，好让应用程序通过他们使用内核提供的各种服务，上图中系统 I/O 就是这所谓的系统调用接口，这几百个函数是非常精炼的（Windows 系统的接口函数有数千个），他们以功能的简洁单一、健壮稳定为美，但考虑到用户可能需要用到更加丰富的功能，因此就开发了很多库，其中最重要的也是应用程序必备的库就是标准C库，库里面的很多函数，实际上都是对系统调用函数的进一步封装而已，用个比喻来讲就是：操作系统的系统调用接口类似于菜市场，只提供最原始的肉菜，而库的函数接口相当于饭馆，对肉菜进行了加工，可提供风味各异、品种丰富的更方便食用的佳肴。

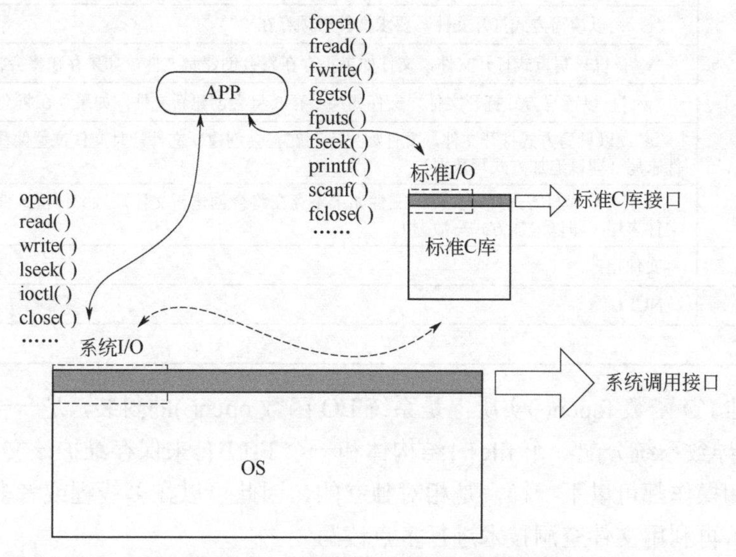

图 3.1.3　标准 I/O 和系统 I/O 的关系

在几百个 Linux 系统调用中，有一组函数是专门针对文件操作的，比如打开文件、关闭文件、读写文件等，这些系统调用接口就被称为“系统I/O”。相应地，在几千个标准C库函数中，有一组函数也是专门针对文件操作的，被称为“标准I/O”。他们工作在不同层次，但都是为应用程序服务的函数接口。

下面对标准I/O函数中最重要最常用的接口进行详细剖析，以便理解他们的异同，进行在程序中恰当地使用他们。

系统I/O的特点：一个是更具通用性，普通文件、管道文件、设备节点文件、套接字文件等都可以使用；另一个是简约性，对文件内数据的读写在任何情况下都是不带任何格式的，而且数据的读写也都没有经过任何缓冲处理，这样做的理由是尽量精简内核API，而将更加丰富的功能交给第三方库去进一步完善。

标准C库是最常用的第三方库，而标准I/O就是标准C库中的一部分接口，这一部分接口实际上是系统I/O的封装，提供了更加丰富的读写方式，比如可以按格式读写、按ASCII码字符读写、按二进制读写、按行读写、按数据块读写等等，还可以提供数据读写缓冲功能，极大地提高了程序读写效率。

所有的系统I/O函数都是围绕所谓的“文件描述符”进行的，这个文件描述符由函数open( )获取，而在这一节中，所有的标准I/O都是围绕所谓的“文件指针”进行的，这个文件指针则是由fopen( )获取的，这是第一个需要掌握的标准I/O函数（表3.1.1）。

表 3.1.1　函数 fopen( )的接口规范

功能	获取指定文件的文件指针	
头文件	#include <stdio.h>	
原型	FILE ***fopen**(const char *path, const char *mode);	
参数	path：即将要打开的文件	
	mode	“r”：以只读方式打开文件，要求文件必须存在
		“r+”：以读写方式打开文件，要求文件必须存在
		“w”：以只写方式打开文件，文件如果不存在将会创建新文件，如果存在将会将其内容清空
		“w+”：以读写方式打开文件，文件如果不存在将会创建新文件，如果存在将会将其内容清空
		“a”：以只写方式打开文件，文件如果不存在将会创建新文件，且文件位置偏移量被自动定位到文件末尾（即以追加方式写数据）
		“a+”：以读写方式打开文件，文件如果不存在将会创建新文件，且文件位置偏移量被自动定位到文件末尾（即以追加方式写数据）
返回值	成功	文件指针
	失败	NULL
备注	无	

注意，标准 I/O 函数 fopen( )实质上是系统 I/O 函数 open( )的封装，是一一对应的，每一次 fopen( )都会导致系统分配一个 file{ }结构体和一个 FILE{}来保存维护该文件的读写信息，每一次的打开和操作都可以不一样，是相对独立的，因此可以在多线程或者多进程中多次打开同一个文件，再利用文件空洞技术进行多点读写。

另外，标准输入/输出设备是默认被打开的，在标准 I/O 中也是一样，他们在程序的一开始就已经拥有相应的文件指针了（表 3.1.2）。

表 3.1.2　缺省打开的三个标准文件

设备	文件描述符（int）		文件指针（FILE *）
标准输入设备（键盘）	0	STDIN_FILENO	stdin
标准输出设备（屏幕）	1	STDOUT_FILENO	stdout
标准出错设备（屏幕）	2	STDERR_FILENO	stderr

跟 fopen( )一起配套使用的是 fclose( )，其接口规范见表 3.1.3。

表 3.1.3　函数 fclose( )的接口规范

功能	关闭指定的文件并释放其资源	
头文件	#include <stdio.h>	
原型	int fclose(FILE *fp);	
参数	fp：即将要关闭的文件	
返回值	成功	0
	失败	EOF
备注	无	

fclose( )函数用于释放由 fopen( )申请的系统资源，包括释放标准 I/O 缓冲区内存，因此 fclose( )不能对一个文件重复关闭。

标准 I/O 函数的读写接口非常多，下面逐一列出最常用的各个函数集合。

第一组，每次一个字符的读写标准 I/O 函数接口（表 3.1.4）。

表 3.1.4　每次读写一个字符的函数接口规范

功能	获取指定文件的一个字符	
头文件	#include <stdio.h>	
原型	int **fgetc**(FILE *stream); int **getc**(FILE *stream); int **getchar**(void);	
参数	stream：文件指针	
返回值	成功	读取到的字符
	失败	EOF
备注	当返回 EOF 时，文件 stream 可能已达末尾，或者遇到错误	
功能	将一个字符写入一个指定的文件	
头文件	#include <stdio.h>	
原型	int **fputc**(int c, FILE *stream); int **putc**(int c, FILE *stream); int **putchar**(int c);	
参数	c：要写入的字符	
	stream：写入的文件指针	
返回值	成功	写入到的字符
	失败	EOF
备注	无	

需要注意以下几点。

① fgetc( )、getc( )和 getchar( )返回值是 int，而不是 char，原因是因为他们在出错或者读到文件末尾的时候需要返回一个值为–1 的 EOF 标记，而 char 型数据有可能因为系统的差异而无法表示负整数。

② 当 fgetc( )、getc( )和 getchar( )返回 EOF 时，有可能是发生了错误，也有可能是读到了文件末尾，这时要用 feof( )和 ferror()两个函数接口来进一步加以判断（表 3.1.5）。

表 3.1.5　feof( )和 ferror()函数的接口规范

功能	feof()：判断一个文件是否到达文件末尾 ferror()：判断一个文件是否遇到了某种错误	
头文件	#include <sys/stdio.h>	
原型	int **feof**(FILE *stream); int **ferror**(FILE *stream);	
参数	stream：进行判断的文件指针	
返回值	feof	如果文件已达末尾则返回真，否则返回假
	ferror	如果文件遇到错误则返回真，否则返回假
备注	无	

③ getchar( )缺省从标准输入设备读取一个字符。

④ putchar( )缺省从标准输出设备输出一个字符。

⑤ fgetc( )和 fputc( )是函数，getc( )和 putc( )是宏定义。

⑥ 两组输入/输出函数一般成对地使用，fgetc( )和 fputc( )，getc( )和 putc( )，getchar( )和 putchar( )。

第二组，每次一行的读写标准 I/O 函数接口（表 3.1.6）。

表 3.1.6 每次读写一行的函数接口规范

功能	从指定文件读取最多一行数据	
头文件	#include <sys/stdio.h>	
原型	char ***fgets**(char *s, int size, FILE *stream); char ***gets**(char *s);	
参数	s：自定义缓冲区指针	
	size：自定义缓冲区大小	
	stream：即将被读取数据的文件指针	
返回值	成功	自定义缓冲区指针 s
	失败	NULL
备注	gets( )缺省从文件 stdin 读入数据； 当返回 NULL 时，文件 stream 可能已达末尾，或者遇到错误	
功能	将数据写入指定的文件	
头文件	#include <sys/ioctl.h>	
原型	int **fputs**(const char *s, FILE *stream); int **puts**(const char *s);	
参数	s：自定义缓冲区指针	
	stream：即将被写入数据的文件指针	
返回值	成功	非负整数
	失败	EOF
备注	puts( )缺省将数据写入文件 stdout	

值得注意的有以下几点。

① fgets( )跟 fgetc( )一样，当其返回 NULL 并不能确定究竟是达到文件末尾还是碰到错误，需要用 feof( )/ferror( )来进一步判断。

② fgets( )每次读取至多不超过 size 个字节的一行，所谓“一行”是指数据至多包含一个换行符'\n'。

③ gets( )是一个已经过时的接口，因为没有指定自定义缓冲区 s 的大小，这样很容易造成缓冲区溢出，导致程序段访问错误。

④ fgets( )和 fputs( )，gets( )和 puts( )一般成对使用，鉴于 gets( )的不安全性，一般建议使用前者。

第三组，每次读写若干数据块的标准 I/O 函数接口（表 3.1.7）。

表 3.1.7 每次读写若干数据块的函数接口规范

功能	从指定文件读取若干个数据块	
头文件	#include <sys/stdio.h>	
原型	size_t **fread**(void *ptr, size_t size, size_t nmemb, FILE *stream);	
参数	ptr：自定义缓冲区指针	
	size：数据块大小	
	nmemb：数据块个数	
	stream：即将被读取数据的文件指针	
返回值	成功	读取的数据块个数等于 nmemb
	失败	读取的数据块个数小于 nmemb 或等于 0
备注	当返回值小于 nmemb 时，文件 stream 可能已达末尾，或者遇到错误	

续表

功能	将若干块数据写入指定的文件	
头文件	#include <sys/stdio.h>	
原型	size_t **fwrite**(const void *ptr, size_t size, size_t nmemb,FILE *stream);	
参数	ptr：自定义缓冲区指针	
	size：数据块大小	
	nmemb：数据块个数	
	stream：即将被写入数据的文件指针	
返回值	成功	写入的数据块个数，等于 nmemb
	失败	写入的数据块个数小于 nmemb 或等于 0
备注	无	

这一组标准 I/O 函数被称为“直接 I/O 函数”或者“二进制 I/O 函数”，因为这组函数对数据的读写严格按照规定的数据块个数和数据块的大小来处理，而不会对数据格式做任何处理，而且当数据块中出现特殊字符（比如换行符'\n'、字符串结束标记'\0'等）时不会受到影响。

需要注意的有以下几点。

① 如果 fread( )返回值小于 nmemb 时，则可能已达末尾，或者遇到错误，需要借助 feof( )/ferror( )来进一步判断。

② 当发生上述第①种情况时，其返回值并不能真正反映其读取或者写入的数据块个数，而只是一个所谓的“截短值”，比如正常读取 5 个数据块，每个数据块 100 个字节，在执行成功的情况下返回值是 5，表示读到 5 个数据块总共 500 个字节，但是如果只读到 499 个数据块，那么返回值就变成 4，而如果读到 99 个字节，那么 fread( )会返回 0。因此当发生返回值小于 nmemb 时，需要仔细确定究竟读取了几个字节，而不能直接根据返回值确定。

第四组，获取或设置文件当前位置偏移量（表 3.1.8）。

表 3.1.8　调整文件位置偏移量的函数接口规范

功能	设置指定文件的当前位置偏移量	
头文件	#include <sys/stdio.h>	
原型	int **fseek**(FILE *stream, long offset, int whence);	
参数	stream：需要设置位置偏移量的文件指针	
	offset：新位置偏移量相对基准点的偏移	
	whence：基准点	SEEK_SET：文件开头处
		SEEK_CUR：当前位置
		SEEK_END：文件末尾处
返回值	成功	0
	失败	–1
备注	无	
功能	获取指定文件的当前位置偏移量	
头文件	#include <sys/ioctl.h>	
原型	long **ftell**(FILE *stream);	
参数	stream：需要返回当前文件位置偏移量的文件指针	
返回值	成功	当前文件位置偏移量
	失败	–1
备注	无	

续表

功能	将指定文件的当前位置偏移量设置到文件开头处
头文件	#include <sys/ioctl.h>
原型	void **rewind**(FILE *stream);
参数	stream：需要设置位置偏移量的文件指针
返回值	无
备注	该函数的功能是将文件 stream 的位置偏移量置位到文件开头处

这一组函数需要注意以下几点。

① fseek( )的用法基本上跟系统 I/O 的 lseek( )是一致的。

② rewind(fp)相等于 fseek(fp, 0L, SEEK_SET);

第五组，标准格式化 I/O 函数（表 3.1.9）。

表 3.1.9 格式化 I/O 函数接口规范

功能	将格式化数据写入指定的文件或者内存	
头文件	#include <stdio.h>	
原型	int **fprintf**(FILE *restrict stream, const char *restrict format, ...); int **printf**(const char *restrict format, ...); int **snprintf**(char *restrict s, size_t n,const char *restrict format, ...); int **sprintf**(char *restrict s, const char *restrict format, ...);	
参数	stream：写入数据的文件指针	
	format：格式控制串	
	s：写入数据的自定义缓冲区	
	n：自定义缓冲区的大小	
返回值	成功	成功写入的字节数
	失败	–1
备注	无	
功能	从指定的文件或者内存中读取格式化数据	
头文件	#include <stdio.h>	
原型	int **fscanf**(FILE *restrict stream, const char *restrict format, ...); int **scanf**(const char *restrict format, ...); int **sscanf**(const char *restrict s, const char *restrict format, ...);	
参数	stream：读出数据的文件指针	
	format：格式控制串	
	s：读出数据的自定义缓冲区	
返回值	成功	正确匹配且赋值的数据个数
	失败	EOF
备注	无	

格式化 I/O 函数中最常用的莫过于 printf( )和 scanf( )了，但从表 3.1.9 中可以看到，这些函数其实各自都有一些功能类似的兄弟函数可用，使用这些函数需要注意以下几点。

① fprintf( )不仅可以像 printf( )一样向标准输出设备输出信息，也可以向由 stream 指定的任何有相应权限的文件写入数据。

② sprintf()和 snprintf()都是向一块自定义缓冲区写入数据，不同的是后者第二个参数提供了这块缓冲区的大小，可避免缓冲区溢出，因此应尽量使用后者。

③ fscanf( )不仅可以像 scanf( )一样从标准输入设备读入信息，也可以从由 stream 指定的任何有相应权限的文件读入数据。

④ sscanf( )从一块由 s 指定的自定义缓冲区中读入数据。

最重要的一条：这些函数的读写都是带格式的，这些所谓的格式由表 3.1.10 规定。

表 3.1.10　格式化 I/O 函数的格式控制符

格式控制符	含义	范例［以 printf( )为例］
%d	有符号十进制整型数	int a=1; printf(“%d”, a);
%u	无符号十进制整型数	int a=1; printf(“%u”, a);
%o	无符号八进制整型数	int a=1; printf(“%o”, a);
%x	无符号十六进制整型数	int a=1; printf(“%x”, a);
%c	字符	char a=100; printf(“%c”, a);
%s	字符串	char *a=“xy”; printf(“%s”, a);
%f	计数法单精度浮点数	float a=1.0; printf(“%f’, a);
%e	科学计数法单精度浮点数	float a=1.0; printf(“%e”, a);
%p	指针	int *a; printf(“%p”, a);
%.5s	取字符串的前 5 个字符	char *a=“abcdefghijk”; printf(“%.5s”, a);
%.5f	取单精度浮点数小数点后 5 位小数	float a=1.0; printf(“%.5f’, a);
%5d	位宽至少为 5 个字符，右对齐	int a=1; printf(“%5d”, a);
%-5d	位宽至少为 5 个字符，左对齐	int a=1; printf(“%-5d”, a);
%hd	半个有符号数十进制整型数	short a=1; printf(“%hd”, a);
%hhd	半半个有符号数十进制整型数	char a=1; printf(“%hhd”, a);
%lf / %le	双精度浮点数	double a=1.0; printf(“%lf’, a);
%Lf / %Le	长双精度浮点数	long double a=1.0; printf(“%Lf’, a);

第六组，获取文件的属性（表 3.1.11）。

表 3.1.11　获取文件控制信息的函数接口规范

功能	获取文件的元数据（类型、权限、大小……）	
头文件	#include <sys/types.h> #include <sys/stat.h> #include <unistd.h>	
原型	int **stat**(const char *path, struct stat *buf); int **fstat**(int fd, struct stat *buf); int **lstat**(const char *path, struct stat *buf);	
参数	path：文件路径	
	fd：文件描述符	
	buf：属性结构体	
返回值	成功	0
	失败	NULL
备注	无	

表 3.1.11 中三个函数的功能完全一样，区别是：stat( )参数是一个文件的名字，而 fstat( )的参数是一个已经被打开了的文件的描述符 fd，而 lstat( )则可以获取链接文件本身的属性。

第七组，目录检索。

Linux 中的目录并不是一种容器，而仅仅是一个文件索引表，如图 3.1.4 所示。

Linux 系统中的目录就是一组由文件名和索引号组成的索引表，目录下文件的真正内容存储在分区中的数据域。目录中索引表的每一项被称为“目录项”，里面至少存放了一个文件的名字（不含路径部分）和索引号（分区唯一）。当访问某一个文件时，就是根据其所在的目录的索引表中的名字，找到其索引号，然后在分区的 i-node 节点域中查找到对应文件的 i 节点。

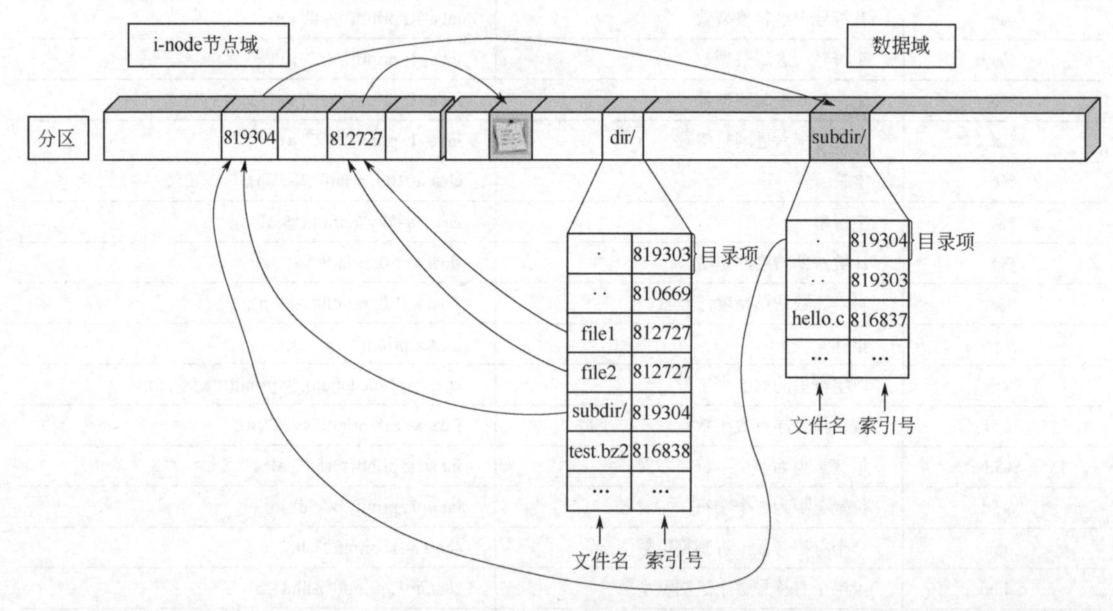

图 3.1.4　Linux 文件系统的组织

对于一个目录而言，操作目录跟标准 I/O 函数操作文件类似，也是先获得“目录指针”，然后读取一个个的“目录项”。函数 opendir( )和 readdir( )的接口规范见表 3.1.12。

表 3.1.12　函数 opendir( )和 readdir( )的接口规范

功能	打开目录以获得目录指针	
头文件	#include <sys/types.h> #include <dirent.h>	
原型	DIR ***opendir**(const char *name);	
参数	name：目录名	
返回值	成功	目录指针
	失败	NULL
备注	无	
功能	读取目录项	
头文件	#include <dirent.h>	
原型	struct dirent ***readdir**(DIR *dirp);	
参数	dirp：读出目录项的目录指针	
返回值	成功	目录项指针
	失败	NULL
备注	无	

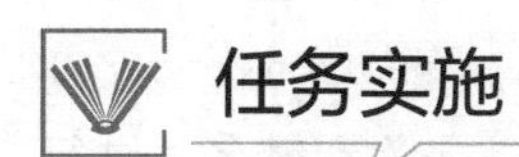

配置文件的动态操作

3.1.3　智能终端用户配置文件的I/O操作实例

智慧农业系统需要读取用户设置的光照强度、空气温度、空气湿度以及土壤湿度等参数，将其用作阈值去控制对应的设备，并且能修改其中的参数以应对不同农作物适宜生长的环境。

（1）INI配置文件

智慧农业系统配置文件采用Windows平台常用的INI配置文件格式，可更大可能地兼容各个平台的使用，INI配置文件主要由节、键和值组成。

INI所包含的最基本的“元素”就是参数（parameter），每个参数都有一个name和一个value，name和value由等号“=”隔开，name在等号的左边。

所有的参数都是以节（section）为单位结合在一起的。所有的section名称都是独占一行的，并且section名字都被方括号包围着（如［和］）。在section声明后的所有parameters都属于该section。一个section没有明显的结束标识符，一个section的开始就是上一个section的结束，或者是文件结束。

注解（comments）使用分号（;）表示，在分号后面的文字，直到该行结尾都全部为注释。

智慧农业系统配置参数的简例如下所示。

```
[Zigbee1]
PanID=0xfffe
SerialPort=/dev/ttySAC1
LightAutoCtrl=50
SoilHumidityAutoCtrl=80
TCPSERVERPORT=8888
```

PanID：每个ZigBee网络ID值。

SerialPort：每个ZigBee网络协调器连接物联网智能终端的串口号。

LightAutoCtrl：光照强度自动控制阈值。

SoilHumidityAutoCtrl：土壤湿度自动控制阈值。

（2）智能终端配置文件I/O操作

本次任务是利用标准I/O编程，对智慧农业系统的配置文件进行创建、读取和修改操作。

① 创建默认配置文件　在智慧农业系统启动时，应当先载入服务器IP地址和端口等配置参数，然后再根据具体参数来常规运行。但第一次启动系统时，需要先创建配置文件，再写入默认参数内容。

```
FILE *fp;
const char *config_buf = "[Zigbee1]\nPanID=0xfffe\nSerialPort=
/dev/ttySAC1\nLightAutoCtrl=50\nSoilHumidityAutoCtrl=70\n";
fp=fopen(conf_path,"w");
fputs(config_buf,fp);
fclose(fp);
```

② 修改配置参数　在系统运行中，用户会根据每种农作物适宜的生长环境，进行参数修改。

```
void changeConfigFile(const char* section, char* key, char* val, const char* file)
```

传入的参数依次是节名称、键、值以及配置文件路径，找出对应的节名称和键名，进行修改。

```
if(strncmp(lineContent, section, strlen(section)) == 0)
{
    while(feof(fp) == 0)
    {
        memset(lineContent, 0, LINE_CONTENT_MAX_LEN);
        fgets(lineContent, LINE_CONTENT_MAX_LEN, fp);
        if(strncmp(lineContent, key, strlen(key)) == 0)
        {
            fseek(fp, (0-strlen(lineContent)),SEEK_CUR);
            err = fputs(strWrite, fp);
         }
    }
}
```

③ 读取修改后的配置参数　智慧农业系统在采集到某个大棚中的光照强度数值后，结合自动控制阈值执行一次光照补给任务，需要比对用户配置中的 LightAutoCtrl 值。下面通过函数 readConfigFile()读取配置文件 file，节 section 中 key 键对应的值。

```
void readConfigFile(char* section, char* key, char* val, const char* file)
```

逐行匹配对应的 section 和 key，匹配成功后复制到 val。

```
if(strncmp(lineContent, section, strlen(section)) == 0)
{
    bFoundSection = true;
    printf("Found section = %s\n", lineContent);
    while(feof(fp) == 0)
    {
     memset(lineContent, 0, LINE_CONTENT_MAX_LEN);
     fgets(lineContent, LINE_CONTENT_MAX_LEN, fp);
     //check key
     if(strncmp(lineContent, key, strlen(key)) == 0)
     {
          bFoundKey = true;
          lineContentLen = strlen(lineContent);
          //find value
          for(i = strlen(key); i < lineContentLen; i++)
          {
               if(lineContent[i] == '=')
               {
                    position = i + 1;
                    break;
               }
          }
          if(i >= lineContentLen) break;
          strncpy(val, lineContent + position,
           strlen(lineContent + position));
      }
}
```

任务实施单

项目名	文件 I/O 程序设计		
任务名	文件 I/O 操作	学时	2
计划方式	实训		
步骤	具体实施		
	操作内容	目的	结论
1	创建默认配置文件		
2	修改配置参数		
3	读取修改后的配置参数		

教学反馈

教学反馈单

项目名	文件 I/O 程序设计		
任务名	文件 I/O 操作	方式	课后
序号	调查内容	是/否	反馈意见
1	知识点是否讲解清楚		
2	操作是否规范		
3	解答是否及时		
4	重难点是否突出		
5	课堂组织是否合理		
6	逻辑是否清晰		
本次任务兴趣点			
本次任务的成就点			
本次任务的疑虑点			

设备文件的访问与控制

任务引入

在物联网智慧农业检测系统的智能终端中，有很多的外围设备，如 LED 指示灯、蜂鸣器以及 SD 卡等。这些设备千差万别，Linux 是如何对它们进行管理的呢？要编写应用程序去访问和控制它们，很难吗？

任务目标

① 理解设备文件的概念。
② 掌握设备文件访问与控制的常用函数。
③ 完成智能终端中设备文件的访问与控制。

任务描述

Linux 系统中一切皆文件。文件为操作系统服务和设备提供了一个简单而一致的接口。在 Linux 操作系统中，所有的外围设备都被当成了文件来对待。

由于设备文件与普通文件有一定的区别，且设备的种类非常多，为了达到在应用层的操作统一，需要为每个设备提供驱动程序。在应用层中访问设备驱动程序时，需要使用系统 I/O 函数。

本任务需要编写程序来完成对智能终端的 LED 灯和蜂鸣器等设备文件的访问与控制，以此掌握对其他设备文件的访问与控制编程技能。

知识准备

设备文件是什么

3.2.1 设备文件概述

在 Linux 下“一切皆是文件”！不仅普通的文件，目录、字符设备、块设备、套接字等在 Unix/Linux 系统中都是以文件被对待的；它们虽然类型不同，但是对其提供的却是同一套操作界面（图 3.2.1）。

设备文件是用来代表物理设备的。多数物理设备是用来进行输出或输入的，所以必须由某种机制使得内核中的设备驱动从进程中得到输出并送给设备。这可以通过打开输出设备文件并且写入做到，就像写入一个普通文件。

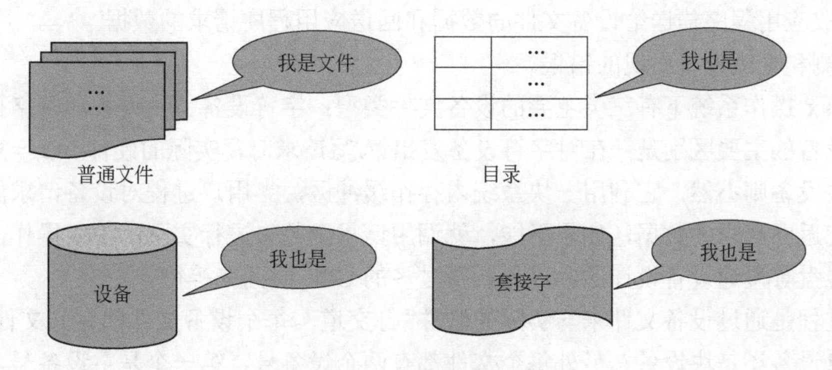

图 3.2.1 设备也是文件

在 Linux 系统下，设备文件是种特殊的文件类型，其存在的主要意义是沟通用户空间程序和内核空间驱动程序。换句话说，用户空间的应用程序要想使用驱动程序提供的服务，需要经过设备文件来达成。Linux 系统所有的设备文件都位于/dev 目录下，可以使用如下命令进行查看。

```
ls /dev -l
```

3.2.2 设备文件的工作原理

设备文件的工作原理如图 3.2.2 所示。

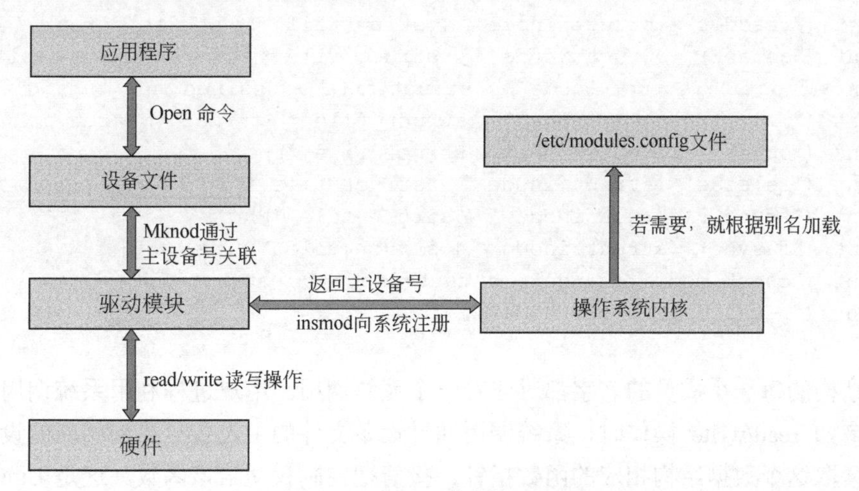

图 3.2.2 设备文件的工作原理

应用程序要访问硬件设备，就要通过设备文件来完成。将硬件设备虚拟成设备文件，主要功臣是驱动模块。

系统调用是操作系统内核和应用程序之间的接口，设备驱动程序是操作系统内核和机器硬件之间的接口。设备驱动程序为应用程序屏蔽了硬件的细节，这样在应用程序看来，硬件设备只是一个设备文件，应用程序可以像操作普通文件一样对硬件设备进行操作。设备驱动程序是内核的一部分，它完成以下的功能。

① 对设备初始化和释放。

② 把数据从内核传送到硬件和从硬件读取数据。

③ 读取应用程序传送给设备文件的数据和回送应用程序请求的数据。

④ 检测和处理设备出现的错误。

在 Linux 操作系统下有三类主要的设备文件类型：字符设备、块设备和网络接口。字符设备和块设备的主要区别是：在对字符设备发出读/写请求时，实际的硬件 I/O 一般就紧接着发生了，块设备则不然，它利用一块系统内存作缓冲区，当用户进程对设备请求能满足用户的要求，就返回请求的数据，如果不能，就调用请求函数来进行实际的 I/O 操作。块设备是主要针对磁盘等慢速设备设计的，以免耗费过多的 CPU 时间来等待。

用户进程是通过设备文件来与实际的硬件“打交道”。每个设备文件都有其文件属性(c/b)，表示是字符设备还是块设备？另外每个文件都有两个设备号，第一个是主设备号，标识驱动程序；第二个是从设备号，标识使用同一个设备驱动程序的不同的硬件设备，比如有两个软盘，就可以用从设备号来区分。设备文件的主设备号必须与设备驱动程序在登记时申请的主设备号一致，否则用户进程将无法访问到驱动程序。

由于用户进程是通过设备文件同硬件“打交道”，对设备文件的操作方式不外乎就是一些系统调用，如 open、read、write、clos 等，注意，不是 fopen、fread，但是如何把系统调用和驱动程序关联起来呢？这需要了解一个非常关键的数据结构。

```
struct file_operations
 {
   int (*seek) (struct inode * , struct file *, off_t , int);
   int (*read) (struct inode * , struct file *, char , int);
   int (*write) (struct inode * , struct file *, off_t , int);
   int (*readdir) (struct inode * , struct file *, struct dirent * , int);
   int (*select) (struct inode * , struct file *, int , select_table *);
   int (*ioctl) (struct inode * , struct file *, unsined int , unsigned long);
   int (*mmap) (struct inode * , struct file *, struct vm_area_struct *);
   int (*open) (struct inode * , struct file *);
   int (*release) (struct inode * , struct file *);
   int (*fsync) (struct inode * , struct file *);
   int (*fasync) (struct inode * , struct file *, int);
   int (*check_media_change) (struct inode * , struct file *);
   int (*revalidate) (dev_t dev);
}
```

这个结构的每一个成员的名字都对应着一个系统调用。用户进程利用系统调用在对设备文件进行诸如 read/write 操作时，系统调用通过设备文件的主设备号找到相应的设备驱动程序，然后读取这个数据结构相应的函数指针，接着把控制权交给该函数。这是 Linux 系统中设备驱动程序工作的基本原理。既然是这样，那么编写设备驱动程序的主要工作就是编写子函数，并填充 file_operations 的各个域。

3.2.3 设备文件的访问与控制

设备文件操作的关键技术

下面逐一对系统 I/O 函数中最重要最常用的接口进行详细剖析，理解它们的异同，以便于在程序中恰当地使用。

要对一个文件进行操作，首先必须“打开”它，打开两个字之所以加上引号，是因为这是代码级别的含义，并非图形界面上所理解的“双击打开”一个文件，代码中打开一个文件意味着获得了这个文件的访问句柄（即 file descriptor，文件描述符 fd），同时规定了之后访问这个文件的限制条件。

使用以下系统 I/O 函数来打开一个文件（表 3.2.1）。

表 3.2.1　函数 open( )的接口规范

功能	打开一个指定的文件并获得文件描述符，或者创建一个新文件		
头文件	#include <sys/types.h> #include <sys/stat.h> #include <fcntl.h>		
原型	int **open**(const char *pathname, int flags); int **open**(const char *pathname, int flags, mode_t mode);		
参数	pathname：即将要打开的文件		
	flags	O_RDONLY：只读方式打开文件	这三个参数互斥
		O_WRONLY：只写方式打开文件	
		O_RDWR：读写方式打开文件	
		O_CREAT：如果文件不存在，则创建该文件	
		O_EXCL：如果使用 O_CREAT 选项且文件存在，则返回错误消息	
		O_NOCTTY：如果文件为终端，那么终端不可以作为调用 open()系统调用的那个进程的控制终端	
		O_TRUNC：如文件已经存在，则删除文件中原有数据	
		O_APPEND：以追加方式打开文件	
	mode	如果文件被新建，指定其权限为 mode（八进制表示法）	
返回值	成功	大于等于 0 的整数（即文件描述符）	
	失败	−1	
备注	无		

使用系统调用 open( )需要注意的问题有以下几个。

① flags 的各种取值可以用位或的方式叠加起来，比如创建文件时需要满足这样的选项：读写方式打开，不存在要新建，如果存在了则清空。那么此时指定的 flags 的取值应该是 O_RDWR | O_CREAT | O_TRUNC。

② mode 是八进制权限，比如 0644，或者 0755 等。

③ 它可以用来打开普通文件、块设备文件、字符设备文件、链接文件和管道文件，但只能用来创建普通文件，每一种特殊文件的创建都有其特定的函数。

④ 其返回值就是一个代表这个文件的描述符，是一个非负整数。这个整数将作为以后任何系统 I/O 函数对其操作的句柄，或称入口。

以下的系统 I/O 函数用来关闭一个文件（表 3.2.2）。

表 3.2.2　函数 close( )的接口规范

功能	关闭文件并释放相应资源	
头文件	#include <unistd.h>	
原型	int **close**(int fd);	
参数	fd：即将要关闭的文件的描述符	
返回值	成功	0
	失败	−1
备注	重复关闭一个已经关闭了的文件或者尚未打开的文件是安全的	

接下来是文件的读写接口（表 3.2.3）。

表 3.2.3　函数 **read( )**和 **write( )**的接口规范

功能	从指定文件中读取数据	
头文件	#include <unistd.h>	
原型	ssize_t **read**(int fd, void *buf, size_t count);	
参数	fd：从文件 fd 中读数据	
	buf：指向存放读到的数据的缓冲区	
	count：想要从文件 fd 中读取的字节数	
返回值	成功	实际读到的字节数
	失败	–1
备注	实际读到的字节数小于等于 count	
功能	将数据写入指定的文件	
头文件	#include <unistd.h>	
原型	ssize_t **write**(int fd, const void *buf, size_t count);	
参数	fd：将数据写入到文件 fd 中	
	buf：指向即将要写入的数据	
	count：要写入的字节数	
返回值	成功	实际写入的字节数
	失败	–1
备注	实际写入的字节数小于等于 count	

这两个函数都非常容易理解，需要特别注意以下几点。

① 实际的读写字节数要通过返回值来判断，参数 count 只是一个“愿望值”。

② 当实际的读写字节数小于 count 时，有以下两种情形。

➢ 读操作时，文件剩余可读字节数小于 count。

➢ 读写操作期间，进程收到异步信号。

③ 读写操作同时对 f_pos 起作用。也就是说，不管是读还是写，文件的位置偏移量（即内核中的 f_pos）都会加上实际读写的字节数，不断地往后偏移。

上面提到，在读写文件的时候有个偏移量的概念，即当前读写的位置，这个位置可以获取，也可以人为调整，用到的系统 I/O 接口见表 3.2.4。

表 3.2.4　函数 **lseek( )**的接口规范

功能	调整文件位置偏移量	
头文件	#include <sys/types.h> #include <unistd.h>	
原型	off_t **lseek**(int fd, off_t offset, int whence);	
参数	fd：要调整位置偏移量的文件的描述符	
	offset：新位置偏移量相对基准点的偏移	
	whence：基准点	SEEK_SET：文件开头处
		SEEK_CUR：当前位置
		SEEK_END：文件末尾处
返回值	成功	新文件位置偏移量
	失败	–1
备注	无	

注意，lseek( )只对普通文件奏效，特殊文件是无法调整偏移量的。首先是 dup( )/dup2( )，这两个函数接口规范见表 3.2.5。

表 3.2.5　函数 dup( )和 dup2( )的接口规范

功能	复制文件描述符	
头文件	#include <unistd.h>	
原型	int **dup**(int oldfd); int **dup2**(int oldfd, int newfd);	
参数	oldfd：要复制的文件描述符	
	newfd：指定的新文件描述符	
返回值	成功	新文件位置偏移量
	失败	–1
备注	无	

ioctl( )是一个历史悠久的函数接口，后来有了规范接口的 fcntl( )。但在设备控制、控制命令与参数都与设备高度相关时，ioctl()不可被替代，其接口和详细情况见表 3.2.6。

表 3.2.6　函数 ioctl( )和 fcntl( )的接口规范

功能	文件控制	
头文件	#include <sys/ioctl.h>	
原型	int **ioctl**(int d, int request, …);	
参数	d：要控制的文件描述符	
	request：针对不同文件的各种控制命令字	
	变参：根据不同的命令字而不同	
返回值	成功	一般情况下是 0，但有些特定的请求将返回非负整数
	失败	–1
备注	无	
功能	文件控制	
头文件	#include <unistd.h> #include <fcntl.h>	
原型	int **fcntl**(int fd, int cmd, …/* arg */);	
参数	fd：要控制的文件描述符	
	cmd：控制命令字	
	变参：根据不同的命令字而不同	
返回值	成功	根据不同的 cmd，返回值不同
	失败	–1
备注	无	

这两个都是变参函数，先来看下 ioctl( )，其 request 是一个由底层驱动提供的命令字，一些通用的命令字被放置在头文件/usr/include/asm-generi/ioctls.h（不同的系统存放位置也许不同）中，后面的变参由前面的 request 命令字决定。比如调整文件为异步工作模式：

```
int on = 1;
ioctl(fd, FIOASYNC, &on);
```

上述代码将 fd 对应的文件的工作模式设置为所谓的异步方式，FIOASYNC 就是其中的一个通用的命令字，而后续的变量 on 则是其所需要的对应的值。这个操作也可以用 fcntl( )来达到：

```
fcntl(fd, F_SETFL, O_ASYNC);
```

最后再介绍一个非常有用的系统 I/O 接口：函数 mmap( )。该函数在进程的虚拟内存空间中映射出一块内存区域，用以对应指定的一个文件，该内存区域上的数据跟对应的文件的数据是一一对应的，并在一开始的时候用文件的内容来初始化这片内存（表 3.2.7）。

表 3.2.7　函数 mmap( )的接口规范

功能	内存映射	
头文件	#include <sys/mman.h>	
原型	void *mmap(void *addr, size_t length, int prot, int flags, int fd, off_t offset);	
参数	addr	映射内存的起始地址 如果该参数为 NULL，则系统将会自动寻找一个合适的起始地址，一般都使用这个值 如果该参数不为 NULL，则系统会以此为依据来找到一个合适的起始地址。在 Linux 中，映射后的内存起始地址必须是页地址的整数倍
	length	映射内存大小
	prot	映射内存的保护权限 PROT_EXEC：可执行 PROT_READ：可读 PROT_WRITE：可写 PROT_NONE：不可访问
	flags	当有多个进程同时映射了这块内存时，该参数可以决定在某一个进程内使映射内存的数据发生变更是否影响其他进程，也可以决定是否影响其对应的文件数据 以下两个选项互斥 MAP_SHARED：所有的同时映射了这块内存的进程对数据的变更均可见，而且数据的变更会直接同步到对应的文件［有时可能还需要调用 msync( )或者 munmap( )才会真正起作用］ MAP_PRIVATE：与 MAP_SHARED 相反，映射了这块内存的进程对数据的变更对别的进程不可见，也不会影响其对应的文件数据 以下选项可以位或累加 MAP_32BIT：在早期的 64 位 x86 处理器上，设置这个选项可以将线程的栈空间设置在最低的 2GB 空间附近，以便于上下文切换时得到更好的表现性能，但现代的 64 位 x86 处理器本身已经解决了这个问题，因此这个选项已经被弃用了 MAP_ANON：等同于 MAP_ANONYMOUS，已弃用 MAP_ANONYMOUS：匿名映射。该选项使得该映射内存不与任何文件关联，一般来讲参数 fd 和 offset 会被忽略（但是可移植性程序需要将 fd 设置为–1）。另外，这个选项必须跟 MAP_SHARED 一起使用 MAP_DENYWRITE：很久以前，这个选项可以使得试图写文件 fd 的进程收到一个 ETXTBUSY 的错误，但是这很快成为所谓“拒绝服务”攻击的来源，因此现在这个选项也被弃用了 MAP_FIXED：该选项使得映射内存的起始地址严格等于参数 addr，而不仅仅将 addr 当做参考值，这必须要求 addr 是页内存大小的整数倍，由于可移植性的关系，这个选项一般不建议设置 MAP_GROWSDOWN：使得映射内存向下增长，即返回的是内存的最高地址，一般用于栈 MAP_HUGETLB：使用“大页”来分配映射内存。关于“大页”请参考内核源代码中的 Documentation/vm/hugetlbpage.txt MAP_NONBLOCK：该选项必须与 MAP_POPULATE 一起使用，表示不进行“预读”操作，这使得选项 MAP_POPULATE 变得毫无意义 MAP_NORESERVE：该选项旨在不为这块映射内存使用“交换分区”，也就是说当物理内存不足时，操作映射内存将会收到 SIGSEGV，而如果允许使用交换分区则可以保证不会因为物理内存不足而出现这个错误 MAP_POPULATE：将页表映射至内存中，如果用于文件映射，该选项会导致“预读”的操作，因而在遇到页错误的时候也不会被阻塞 MAP_STACK：在进程或线程的栈中映射内存 MAP_UNINITIALIZED：不初始化匿名映射内存
	fd	要映射的文件的描述符
	offset	文件映射的开始区域偏移量，该值必须是页内存大小的整数倍，即必须是函数 sysconf(_SC_PAGE_SIZE)返回值的整数倍
返回值	成功	映射内存的起始地址
	失败	(void *) –1
备注	无	

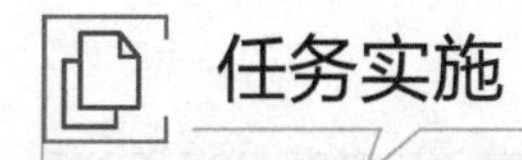

3.2.4　设备文件应用实例

在智慧农业系统中，当二氧化碳或者光照强度到达自动控制的阈值时，需要声光提醒，比如需要点亮 RGB LED 灯和控制蜂鸣器发出提示。而 LED 灯和蜂鸣器是设备文件，且驱动程序提供了自定义的供应用层调用的 API 接口。

（1）LED 灯控制

对 LED 设备的控制，结合硬件电路图以及元器件手册，可以知道最终还是要控制 CPU 对应的引脚输出高电平或者低电平，因此需要对寄存器 GPIO_SWPORTA_DR 的值进行改写。

gec3399_led_write{}函数是驱动程序中负责对 GPIO_SWPORTA_DR 寄存器进行写入的函数，其实现代码如下所示。

```
    static ssize_t gec3399_led_write(struct file *filp, const char __user *buf,
size_t len, loff_t *off)
    {
        switch(buf[0])
        {
            case 8: switch(buf[1])
            {
                case 1:  *((int*)GPIO_SWPORTA_DR) &= ~(1<<12);  break;//灯亮
                case 0:  *((int*)GPIO_SWPORTA_DR) |=(1<<12);    break;//灯灭
            }
            break;
        }
        return len;
    }
```

要点亮 LED 灯，就需要打开 LED 设备文件，然后调用系统 I/O 的 write{}函数，往 GPIO_SWPORTA_DR 寄存器中写入 0，最后还需要关闭该设备文件。

```
    fd_led = open("/dev/led_drv", O_WRONLY);
    buf[0]=8; buf[1]=0;    //LED8 on
    ret = write(fd_led,buf,sizeof(buf));
    close(fd_led);
```

要熄灭 LED 灯，也需要打开 LED 设备文件，然后调用系统 I/O 的 write{}函数，往 GPIO_SWPORTA_DR 寄存器中写入 1，最后也需要关闭该设备文件。

```
    fd_led = open("/dev/led_drv", O_WRONLY);
    buf[0]=8; buf[1]=1;      //LED8 off
    ret = write(fd_led,buf,sizeof(buf));
    close(fd_led);
```

（2）蜂鸣器控制

对蜂鸣器的控制，结合硬件电路图以及元器件手册，可以知道最终也是要控制 CPU 对应的引脚输出高电平或者低电平。

gec3399_buzzer_ioctl{}函数是驱动程序中负责对 GPIO 值进行改写的库函数，其实现代码如下所示。

```
    static long gec3399_buzzer_ioctl(struct file *file, unsigned int cmd, unsigned long arg)
    {
        switch(cmd)
        {
            case BUZZER_START:gpio_set_value(gpio_buz,1);break;
            case BUZZER_STOP :gpio_set_value(gpio_buz,0);break;
        }
        return 0;
    }
```

要让蜂鸣器鸣叫，就需要打开蜂鸣器设备文件，然后调用系统 I/O 的 ioctl{}函数，控制 GPIO 输出低电平，最后还需要关闭该设备文件。

```
    fd_buzzer = open("/dev/buzzer_drv", O_WRONLY);
    if(fd_buzzer < 0)
    {
        perror("open buzzer driver");
        return -1;
    }
    ret = ioctl(fd_buzzer,BUZZER_START);
    close(fd_buzzer);
```

要让蜂鸣器停止鸣叫，也需要打开蜂鸣器设备文件，然后调用系统 I/O 的 ioctl{}函数，控制 GPIO 输出高电平，最后也需要关闭该设备文件。

```
    fd_buzzer = open("/dev/buzzer_drv", O_WRONLY);
    if(fd_buzzer < 0)
    {
        perror("open buzzer driver");
        return -1;
    }
    ret = ioctl(fd_buzzer,BUZZER_STOP);
    if(ret < 0 )
        perror("write buzzer driver ");
    close(fd_buzzer);
```

任务实施单

项目名	文件 I/O 程序设计		
任务名	设备文件的访问与控制	学时	2
计划方式	实训		
步骤	具体实施		
	操作内容	目的	结论
1	打开 LED 灯		
2	关闭 LED 灯		
3	让蜂鸣器鸣叫		
4	蜂鸣器停止鸣叫		

教学反馈

教学反馈单

项目名	文件I/O程序设计		
任务名	设备文件的访问与控制	方式	课后
序号	调查内容	是/否	反馈意见
1	知识点是否讲解清楚		
2	操作是否规范		
3	解答是否及时		
4	重难点是否突出		
5	课堂组织是否合理		
6	逻辑是否清晰		
本次任务兴趣点			
本次任务的成就点			
本次任务的疑虑点			

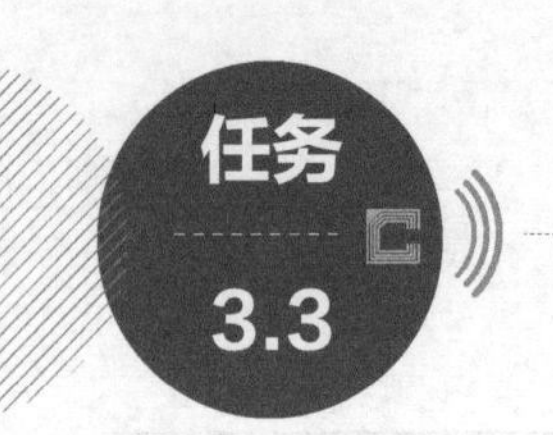

触摸屏的应用编程

任务引入

传统的计算机系统除了主机，还需要有显示器、键盘和鼠标。显示器用来显示数据和图像，键盘和鼠标主要用作信息输入。触摸显示屏可以让使用者只要用手指轻轻地触碰计算机显示屏上的图符或文字就能实现对主机操作，这样摆脱了键盘和鼠标操作，使人机交互更为直截了当。智慧农业智能终端就使用了触摸显示屏来完成人机交互。

触摸显示器的原理其实很简单,就是在显示屏上安装了触摸屏，使之成为带有触摸功能的显示屏，所以它的本质是显示屏和触摸屏两者合二为一。本任务将带你认识触摸屏，并学习如何使用它完成对智能终端的信息输入。

任务目标

① 掌握触摸屏的分类及特点。
② 掌握触摸屏的编程接口应用。

任务描述

触摸屏的驱动程序在系统移植时已经集成进去了，所以在使用时，只需要了解该驱动的编程接口以及调用方式即可。本次任务将在掌握触摸屏应用程序设计的基础上，重点介绍在智慧农业智能终端中通过触摸屏关闭 LED 灯和蜂鸣器。

知识准备

3.3.1 触摸屏的简介

触摸屏作为一种新型的计算机输入设备，是一种简单、方便的人机交互方式，可用以取代机械式的按钮面板。它赋予了多媒体以崭新的面貌，是极富吸引力的全新多媒体交互设备。

触摸屏的本质是传感器，由触摸检测部件和触摸屏控制器组成。触摸检测部件安装在显示器屏幕前面，用于检测用户触摸位置，接收信号后送触摸屏控制器；触摸屏控制器的主要作用是从触摸点检测装置接收触摸信息，并将它转换成触点坐标送给 CPU，同时能接收 CPU 发来的命令并加以执行。

根据传感器的类型，触摸屏大致分为红外式、电阻式、表面声波式和电容式4种。

红外式触摸屏的价格低廉，但其外框易碎，容易产生光干扰，曲面情况下会失真；电阻式触摸屏的定位准确，但其价格偏高，且怕刮易损；表面声波式触摸屏解决了以往触摸屏的各种缺陷，清晰、不容易被损坏，适于各种场合，其缺点是屏幕表面如果有水滴或尘土，会使触摸屏变得迟钝，甚至不工作；电容式触摸屏的设计构思合理，但其图像失真问题很难得到根本解决。

（1）红外式触摸屏

红外式触摸屏在显示器的前面安装一个电路板外框，电路板在屏幕四边排布红外发射管和红外接收管，一一对应形成横竖交叉的红外线矩阵。用户在触摸屏幕时，手指就会挡住经过该位置的横竖两条红外线，因而可以判断出触摸点在屏幕上的位置。任何触摸物体都可改变触点上的红外线而实现触摸操作。

红外式触摸屏不受电流、电压和静电干扰，适合某些恶劣的环境条件。其主要优点是价格低廉，安装方便，不需要卡或任何其他控制器，可以用在各种档次的计算机上。此外，由于没有电容充放电过程，其响应速度比电容式的快，但分辨率较低。

（2）电阻式触摸屏

电阻屏最外层一般使用的是软屏，通过按压使内触点上下相连。内层装有物理材料氧化金属，即N型氧化物半导体——氧化铟锡（Indium Tin Oxides，ITO），也叫氧化铟，透光率为80%，上下各一层，中间隔开。ITO是电阻式触摸屏及电容式触摸屏都用到的主要材料，这些触摸屏的工作面就是ITO涂层，用指尖或任何物体按压外层，使表面膜内凹变形，让内两层ITO相碰导电从而定位到按压点的坐标来实现操控。根据屏的引出线数，又分有4线、5线及多线，门槛低，成本相对价廉，优点是不受灰尘、温度、湿度的影响。电阻式触摸屏的缺点也很明显，外层屏膜很容易刮花，不能使用尖锐的物体点触屏面。这类触摸屏一般不支持多点触控，即只能支持单点触控，若同时按压两个或两个以上的触点，是不能被识别和找到精确坐标的。在电阻屏上要将一幅图片放大，就只能多次点击“+”，使图片逐步进阶式放大，这就是电阻屏的基本技术原理。

当手指触摸屏幕时，两层导电层在触摸点位置就有了接触，电阻发生变化，在X和Y两个方向上产生信号，然后传送到触摸屏控制器。控制器侦测到这一接触并计算出（X，Y）的位置，再根据模拟鼠标的方式运作。电阻式触摸屏不怕尘埃、水及污垢影响，能在恶劣环境下工作。但由于复合薄膜的外层采用塑胶材料，抗爆性较差，使用寿命受到一定影响。

电阻式触摸屏利用压力感应进行控制，其表层是一层塑胶，底层是一层玻璃，能承受恶劣环境因素的干扰，但手感和透光性较差，适合不能用手直接触摸的场合。

（3）表面声波式触摸屏

表面声波是一种沿介质表面传播的机械波。该种触摸屏的角上装有超声波换能器，能发送一种跨越屏幕表面的高频声波，当手指触及屏幕时，触点上的声波即被阻止，由此确定触点的坐标位置。

表面声波式触摸屏不受温度、湿度等环境因素影响，分辨率高，具有防刮性、使用寿命长、透光率高等特点，能保持清晰透亮的图像质量，最适合公共场所使用。但尘埃、水及污垢会严重影响其性能，需要经常维护，保持屏面的光洁。

（4）电容式触摸屏

这种触摸屏是利用人体的电流感应进行工作的，在玻璃表面贴上一层透明的特殊金属导电物质，当有导电物体触碰时，就会改变触点的电容，从而可以探测出触摸的位置。但用戴手套的手或手持不导电的物体触摸时没有反应，这是因为增加了更为绝缘的介质。

电容式触摸屏能很好地感应轻微及快速触摸、防刮擦，不怕尘埃、水及污垢影响，适合恶劣环境下使用。但由于电容随温度、湿度或环境电场的不同而变化，故其稳定性较差，分辨率低，易漂移。

3.3.2 触摸屏访问接口

连接操作系统的输入设备不止一种，也许是一个标准 PS/2 键盘，也许是一个 USB 鼠标，或者是一块触摸屏，甚至是一个游戏机摇杆，Linux 系统在处理这些纷繁各异的输入设备时，采用的办法还是找中间层来屏蔽各种细节，如图 3.3.1 所示。

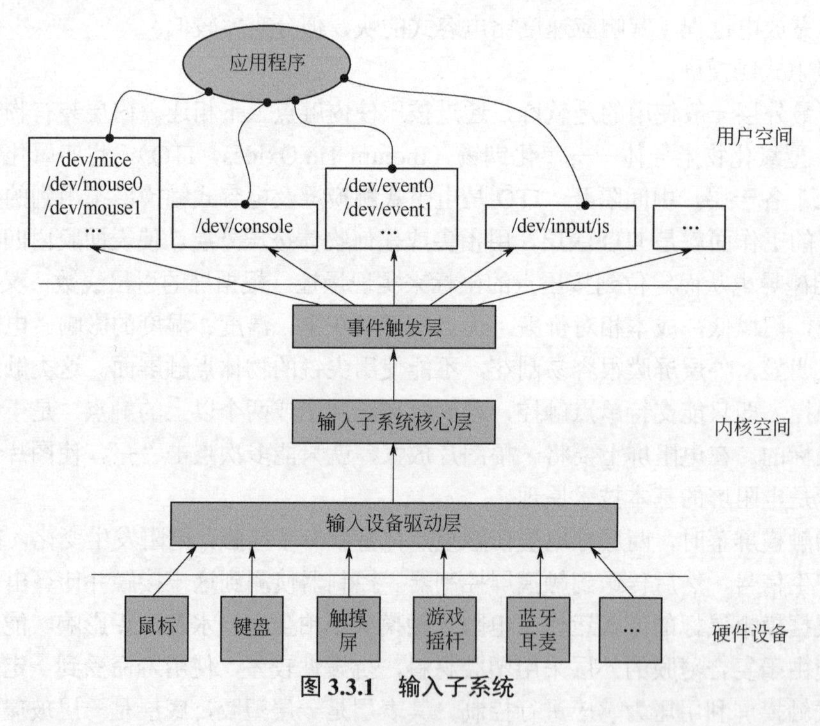

图 3.3.1 输入子系统

在 Linux 系统的内核中，对输入设备的使用实际上运用了三大块来管理，分别是输入设备驱动层、输入子系统核心层以及事件触发层。各自分别执行以下工作。

① 输入设备驱动层 每一种设备都有其特定的驱动程序，驱动程序被妥当地装载到操作系统的设备模型框架内，封装硬件所提供的功能，向上提供规定的接口。

② 输入子系统核心层 此处将收集由设备驱动层发来的数据，整合之后触发某一事件。

③ 事件触发层 这一层是需要关注的，可以通过在用户空间读取相应设备的节点文件来获知某设备的某一个动作。在最靠近应用程序的事件触发层上，内核所获知的各类输入事件，比如键盘被按了一下，触摸屏被滑了一下等，都将被统一封装在一个叫做 input_even 的结构体当中，这个结构体的定义如下所示。

```
struct input_event {
    struct timeval time;
    __u16 type;
    __u16 code;
    __s32 value;
};
```

该结构体有4个成员，其含义分别如下所示。

① time：输入事件发生的时间戳，精确到微秒。

时间结构体的定义如下所示。

```
struct timeval
{
__time_t tv_sec;    // s
long int tv_usec;   // μs (1μs = 10⁻³ms = 10⁻⁶s)
};
```

② type：输入事件的类型。常用的输入事件类型有以下几种。

EV_SYN：事件间的分割标志，有些事件可能会在时间和空间上产生延续，比如持续按住一个按键。为了更好地管理这些持续的事件，EV_SYN 用以将其分割成一个个小的数据包。

EV_KEY：用以描述键盘、按键或者类似键盘的设备的状态变化。

EV_REL：相对位移，比如鼠标的移动，滚轮的转动等。

EV_ABS：绝对位移，比如触摸屏上的坐标值。

EV_MSC：不能匹配现有的类型，这相当于当前暂不识别的事件。比如在 Linux 系统中按下键盘中针对 Windows 系统的“一键杀毒”按键，将会产生该事件。

EV_LED：用于控制设备上的 LED 灯的开关，比如按下键盘上的大写锁定键，会同时产生“EV_KEY”和“EV_LED”两个事件。

③ code：“事件的代码”，用于对事件的类型作进一步的描述。

当发生 EV_KEY 事件时，则可能是键盘被按下了，那么究竟是哪个按键被按下了呢？此时查看 code 就知道了。当发生 EV_REL 事件时，也许是鼠标动了，也许是滚轮动了，这时可以用 code 的值来加以区分。

④ value：当 code 都不足以区分事件的性质的时候，可以用 value 来确认。

比如由 EV_REL 和 REL_WHEEL 确认发生了鼠标滚轮的动作，但是究竟是向上滚还是向下滚呢？再比如由 EV_KEY 和 KEY_F 确认了发生键盘上 F 键的动作，但究竟是按下呢还是弹起呢？这时都可以用 value 值来进一步判断。

以下代码，展示了如何从触摸屏设备节点/dev/event0 中读取数据，并显示当前触摸屏的实时原始数据。

```
1  #include <stdio.h>
2  #include <stdlib.h>
3  #include <stdbool.h>
4  #include <unistd.h>
5  #include <string.h>
6  #include <strings.h>
7  #include <errno.h>
8
9  #include <sys/stat.h>
```

```
10  #include <sys/types.h>
11  #include <fcntl.h>
12  #include <Linux/input.h>
13
14  int main(int argc, char **argv)
15  {
16      int ts = open("/dev/event0", O_RDONLY);
17
18      struct input_event buf;
19      bzero(&buf, sizeof(buf));
20
21      while(1)
22      {
23          read(ts, &buf, sizeof(buf));
24
25          switch(buf.type)
26          {
27          case EV_SYN:
28              printf("------------------- SYN ---------------\n");
29              break;
30          case EV_ABS:
31              printf("time: %u.%u\ttype: EV_ABS\t",
32                  buf.time.tv_sec, buf.time.tv_usec);
33              switch(buf.code)
34              {
35              case ABS_X:
36                  printf("X:%u\n", buf.value);
37                  break;
38              case ABS_Y:
39                  printf("Y:%u\n", buf.value);
40                  break;
41              case ABS_PRESSURE:
42                  printf("pressure:%u\n", buf.value);
43              }
44          }
45      }
46      return 0;
47  }
```

注意，以上代码打印出来的是直接从触摸屏读取的原始数据（raw data），如果是电阻式触摸屏，没有经过任何校正，也没有任何滤波、去抖或消噪，这些数据是不能直接给应用层程序使用的，但是不用担心，因为像 TSLIB 这些很成熟的开源库，它能为触摸屏获得的原始数据提供诸如滤波、去抖、消噪和校正功能。TSLIB 作为触摸屏驱动的适配层，为上层的应用提供了一个统一的编程接口，使得编写基于触摸屏的应用程序更加简便。

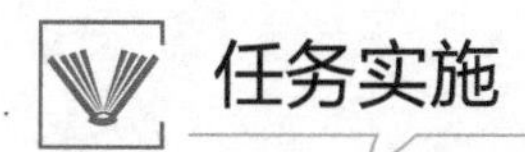

任务实施

3.3.3 触摸屏应用实例

每种农作物都有各自适宜的生长环境，智慧农业系统的重要功能之一就是会根据用户设定好的传感器数据阈值，进行温度、湿度和二氧化碳的调控，时刻为农作物提供适宜的环境。本任务案例是当温度、湿度或二氧化碳跟阈值有所偏离，发出LED和蜂鸣器提示后，用户点击触摸屏相应位置，取消提示。

① 智能终端发出LED和蜂鸣器提示后，当使用者点击触摸屏后，智能终端会通过设备名/dev/input/ event0访问触摸屏。

```
int ts_fd = open_file("/dev/input/event0",O_RDONLY,0);
```

② 打开触摸屏设备后，以阻塞方式读取触摸数据。

```
int x,y;
struct input_event ts;
read(ts_fd,&ts,sizeof(ts));
```

③ 分析触摸点的坐标值和按下、弹起动作，当捕捉到BTN_TOUCH这个事件时，解除提示。

```
switch(ts.type)
{
        case EV_ABS:
           printf("time: %u.%u\ttype: EV_ABS\t",
           ts.time.tv_sec, ts.time.tv_usec);
        switch(ts.code)
        {
           case ABS_X:
              printf("X:%u\n", ts.value);
              break;
           case ABS_Y:
              printf("Y:%u\n", ts.value);
              break;
           case ABS_PRESSURE:
              printf("pressure:%u\n", ts.value);
              buf[0]=8; buf[1]=1;
              ret = write(fd_led,buf,sizeof(buf));//LED熄灭
              close(fd_led);
              ioctl(fd_buzzer,BUZZER_STOP);//蜂鸣器静音
              close(fd_buzzer);
              break;
        }
}
```

④ 任务完成后关闭触摸屏设备。

```
close(ts_fd);
```

任务实施单

项目名	文件 I/O 程序设计		
任务名	触摸屏的应用编程	学时	4
计划方式	实训		
步骤	具体实施		
	操作内容	目的	结论
1	熟悉智能终端触摸屏控制电路		
2	了解触摸屏驱动程序		
3	完成触摸屏按键输入信息采集程序		
4	完成传感器数据显示程序		
5	完成智能终端程序调试及运行		

教学反馈

教学反馈单

项目名	文件 I/O 程序设计		
任务名	触摸屏的应用编程	方式	课后
序号	调查内容	是/否	反馈意见
1	知识点是否讲解清楚		
2	操作是否规范		
3	解答是否及时		
4	重难点是否突出		
5	课堂组织是否合理		
6	逻辑是否清晰		
本次任务兴趣点			
本次任务的成就点			
本次任务的疑虑点			

项目 4 多任务程序设计

任务 4.1 智能终端多线程应用

任务引入

同一时间内运行多个应用程序时，每个应用程序被称作一个任务，Linux 系统就是一个支持多任务的操作系统。为实现多个应用程序的同时运行，开发人员必须对 Linux 系统下的多任务机制有基本的认识，以方便对进程进一步控制与管理。

任务目标

① 掌握任务、进程、线程的基本概念。
② 能进行进程的创建及管理。

任务描述

通过明确任务、进程、线程的基本概念，理清三者间的关系，建立 Linux 系统下的多任务机制的基本认识，梳理进程创建流程，掌握进程创建的原理。

知识准备

LINUX 应用程序的多线程技术

4.1.1 多任务概述

多任务处理是指用户可以在同一时间内运行多个应用程序，当多任务操作系统使用某种任务调度策略允许两个或更多进程并发共享一个处理器时，事实上，处理器在某一时刻只会给一个任务提供服务，但由于任务调度机制保证不同任务之间的切换速度十分迅速，因此会给人多个任务同时运行的错觉。

（1）任务

任务（task）是一个逻辑概念，指由一个软件完成的活动，或者是一系列共同达到某一目的的操作。当用户看到一个“应用”时，实际上在和任务打交道。通常一个任务是一个程序的一次运行，一个任务包含一个或多个完成独立功能的子任务，这个独立的子任务就是进程或是线程。任务、进程、线程之间的关系如图 4.1.1 所示。

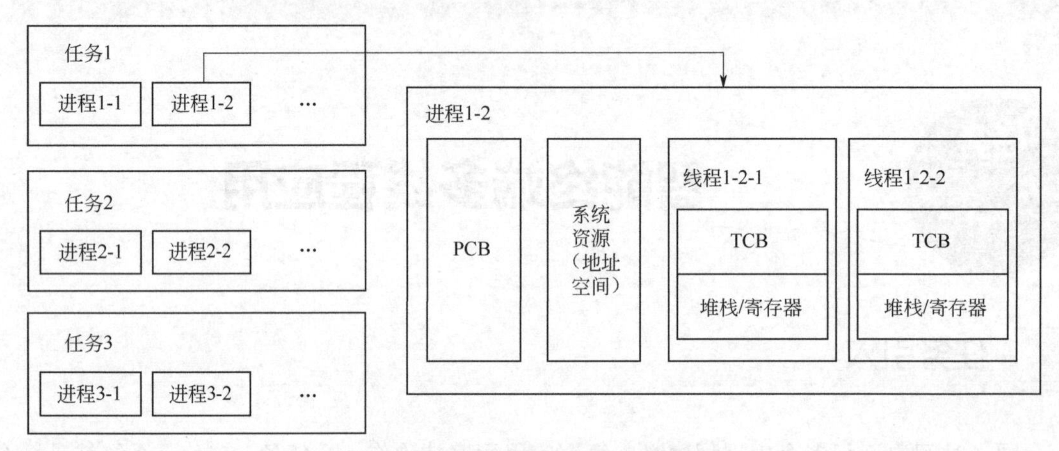

图 4.1.1　任务、进程、线程之间的关系

（2）进程

进程（process），是程序的动态执行过程，可以把一个进程看成一个独立的程序，在内存中有其完备的数据空间和代码空间。一个进程所拥有的数据和变量只属于其自身。进程是系统进行资源分配和调度的基本单元。一次任务的运行可以开发激活多个进程，这些进程相互合作来完成该任务的最终目标。

进程具有并发性、动态性、交互性、独立性和异步性等主要特性。

① 并发性：系统中多个进程可以同时并发执行，相互之间不受干扰。

② 动态性：进程都有完整的生命周期，而且在进程的生命周期内，进程的状态是不断变化的。另外，进程具有动态的地址空间（包括代码、数据和进程控制块等）。

③ 交互性：进程在执行过程中可能会与其他进程发生直接和间接的交互操作，如进程同步和进程互斥等，需要为此添加一定的进程处理机制。

④ 独立性：进程是一个相对完整的资源分配和调度的基本单位，各个进程的地址空间是相互独立的，只有采用某些特定的通信机制才能实现进程间的通信。

⑤ 异步性：每个进程都按照各自独立的、不可预知的速度向前执行。

进程和程序是有本质区别的：程序（program）是指令的有序集合，作为一种软件资料长期存储在存储媒介中，以物理文件的形式存在。程序本身没有任何运行的含义，是一个静态的概念。进程是运行中的程序，只存在于内存中，具有创建其他进程的功能。进程是程序在处理机上的一次执行过程，是一个动态的概念。一个程序可以同时执行多次，产生多个进程。

（3）线程

与进程类似，线程（thread）是允许应用程序并发执行多个任务的一种机制。线程是某一进程中一路单独运行的程序，也就是线程存在于进程之中，是处理器调度的最小单元。线程可以对进程的内存空间和资源进行访问，并与同一进程中的其他线程共享。一个进程可以拥有多个线程，每个线程必须有一个父进程。线程不拥有系统资源，只具有运行所必需的一些数据结构，如堆栈、寄存器与线程控制块（TCB），线程与其父进程的其他线程共享该进程所拥有的全部资源。要注意的是，由于线程共享了进程的资源和地址空间，因此，任何线程对系统资源的操作都会给其他线程带来影响。由此可知，多线程中的同步是非常重要的问题。

在 Linux 系统中，线程可以分为以下 3 种。

① 用户级线程　用户级线程主要解决的是上下文切换的问题，它的调度算法和调度过程全部由用户自行选择决定，在运行时不需要特定的内核支持。在这里，操作系统往往会提供一个用户空间的线程库，该线程库提供了线程的创建、调度和撤销等功能，而内核仍然仅对进程进行管理。如果一个进程中的某一个线程调用了一个阻塞的系统调用函数，那么该进程（包括该进程中的其他所有线程）也同时被阻塞。这种用户级线程的主要缺点是在一个进程的多个线程的调度中无法发挥多处理器的优势。

② 轻量级进程　轻量级进程是内核支持的用户线程，是内核线程的一种抽象对象。每个线程拥有一个或多个轻量级进程，而每个轻量级进程分别被绑定在一个内核线程上。

③ 内核线程　内核线程允许不同进程中的线程按照同一相对优先调度方法进行调度，这样就可以发挥多处理器的并发优势。现在大多数系统都采用用户级线程与核心级线程并存的方法。一个用户级线程可以对应一个或几个核心级线程，也就是“一对一”或“多对一”模型。这样既可以满足多处理器系统的需要，也可以最大限度地减少调度开销。使用线程机制大大加快了上下文的切换速度，而且节省了很多资源。但是因为在用户态和内核态均要实现调度管理，所以会增加实现的复杂度和引起优先级翻转的可能性。同时，一个多线程程序的同步设计与调试也会增加程序实现的难度。

4.1.2 线程的创建及管理

用户级线程由 pthread 库实现，在用户看来，每一个 task_struct 就对应一个线程，而一组线程以及它们所共同引用的一组资源就是一个进程。

线程 ID 数据类型为 pthread_t，线程属性类型为 pthread_attr_t。

```
#include <pthread.h>
//判断 2 个线程 ID 是否相同，若是返回非 0 数值，否则返回 0
int   pthread_equal(pthread_t tid1,pthread_t tid2);
pthread_t  pthread_self(void)  //获得线程 ID
```

（1）线程创建

```
int pthread_create(pthread_t *restrict tidp,
                   const pthread_attr_t * restrict attr,
                   void *(*start_rtn)(void *),
                   void *restrict arg);
```

创建线程，restrict 关键字表明指针所指向的内容，不能通过除此指针之外其他的直接或间接方式修改，attr 参数用来设置线程属性，一般设为 NULL，可创建一个具有默认属性的线程，start_rtn 线程表示调用的函数，arg 表示线程调用的函数的参数，在这个函数返回之前新线程可能已经开始运行了。

（2）线程终止

```
void pthread_exit(void *rval_ptr);
/*终止线程，rval_ptr 用来设置线程退出时的返回值*/
/*等待线程终止并获得线程的退出状态，rval_ptr 一般设为 NULL*/
void pthread_cleanup_pop(int execute); //取消线程并完成清理工作
int pthread_cancel(pthread_t tid);
/*为线程注册清理程序，在线程退出时调用，先注册的后调用，与 atexit 函数类似*/
void pthread_cleanup_push(void (*rtn)(void *),void *arg);
//取消上一个注册的清理程序，一般设为 0
int pthred_join(pthread_t thread,void **rval_ptr);
```

在默认情况下，线程的终止状态会保存，直到对该线程调用 pthread_join，如果线程已经被分离，线程的底层存储资源可以在线程终止时立即被收回。在线程分离后不能调用 pthread_join，可以调用 pthread_detach 分离线程。

```
int pthread_detach(pthread_t tid);
```

代码演示如下所示。

```
#include <stdio.h>
#include <stdlib.h>
#include <string.h>
#include <unistd.h>
#include <pthread.h>
void cleanup(void *arg)
{
    printf("cleanup: %s\n",(char *)arg);
}

void *thr_fn1(void *arg)
{
    printf("thread 1 start \n");
    pthread_cleanup_push(cleanup,"thread 1 first handler");
    pthread_cleanup_push(cleanup,"thread 1 second handler");
    printf("thread 1 push complete\n");
    if(arg)
        return ((void *)1);       //这里是 return，注册的清理函数不会执行

    pthread_cleanup_pop(0);
    pthread_cleanup_pop(0);
    return ((void *)1);
}

void *thr_fn2(void *arg)
{
    printf("thread 2 start \n");
    pthread_cleanup_push(cleanup,"thread 2 first handler");
    pthread_cleanup_push(cleanup,"thread 2 second handler");
    printf("thread 2 push complete\n");
    if(arg)
```

```
        pthread_exit((void *)2);      //这里是pthread_exit，清理函数会执行

    pthread_cleanup_pop(0);
    pthread_cleanup_pop(0);
    pthread_exit((void *)2);
}

int main()
{
    int err;
    pthread_t tid1,tid2;
    void *tret;
    err=pthread_create(&tid1,NULL,thr_fn1,(void *)1);
    if(err!=0)
    {
        perror("pthread_create");
        exit(-1);
    }

    err=pthread_create(&tid2,NULL,thr_fn2,(void *)1);
    if(err!=0)
    {
        perror("pthread_create");
        exit(-1);
    }

    err=pthread_join(tid1,&tret);
    if(err!=0)
    {
        perror("pthread_join");
        exit(-1);
    }
    printf("thread1 exit code is %ld\n",(long)tret);

    err=pthread_join(tid2,&tret);
    if(err!=0)
    {
        perror("pthread_join");
        exit(-1);
    }
    printf("thread2 exit coid is %ld\n",(long)tret);
    exit(0);
}
```

4.1.3 线程的同步与互斥

多任务间的同步技术

（1）互斥量的使用

互斥量（也叫互斥锁）的使用就是为每个线程在对共享资源操作前都要先尝试加锁，成功加锁后才可以对共享资源进行读写操作，操作结束后解锁。

互斥量不是为了消除竞争，实际上，资源还是共享的，线程间也还是竞争的，只不过通过这种“锁”机制将共享资源的访问变成互斥操作，也就是说一个线程操作这个资源时，其他线程无法操作它，从而消除与时间有关的错误。

从互斥量的实现机制可以看出，同一时刻，只能有一个线程持有该锁。如果同时有多个线程持有该锁，那就没有意义了。但是，这种锁机制不是强制的，互斥量实质上是操作系统提供的一把“建议锁”（又称“协同锁”），建议程序中有多线程访问共享资源时使用该机制。因此，即使有了 mutex，其他线程如果不按照这种锁机制来访问共享数据的话，依然会造成数据混乱，所以为了避免出现这种情况，所有访问该共享资源的线程必须采用相同的锁机制。

互斥量的主要应用函数有 pthread_mutex_init，pthread_mutex_destroy，pthread_mutex_lock，pthread_mutex_unlock 和 pthread_mutex_trylock。

以上 5 个函数的返回值都是：成功返回 0，失败返回非零值。

在 Linux 环境下，类型 pthread_mutex_t 的本质是一个结构体。但是为了便于理解，应用时可忽略其实现细节，将其简单当成整数看待。

mutex 一般两种初始化方式。一种是静态初始化，即“pthead_mutex_t muetx = PTHREAD_MUTEX_INITIALIZER;”。变量 mutex 只有 1、0 两种取值。另外一种是动态初始化，使用 pthread_mutex_init 函数初始化，即“pthread_mutex_init (&mutex, NULL);”。

各应用函数的接口规范见表 4.1.1～表 4.1.5。

表 4.1.1　函数 pthread_mutex_init( )的接口规范

功能	初始化互斥量	
头文件	#include <pthread.h>	
原型	int pthread_mutex_init(pthread_mutex_t *restrict mutex, const pthread_mutexattr_t *restrict attr);	
参数	mutex：传出参数，调用时应传 &mutex 给该函数	
	attr：互斥量属性，是一个传入参数，通常传 NULL，表示使用默认属性（即线程间共享）	
返回值	成功	0
	失败	非零值
备注	这里有个关键字比较特殊：restrict。其作用只用于限制指针，告诉编译器所有修改该指针指向内存中内容的操作，只能通过本指针完成，不能通过除本指针以外的其他变量或指针修改。再比如说，定义 pthread_mutex_t 的指针，将其赋值为 mutex 的值，想要用它来修改 mutex 所指向的内存，这是不允许的	

表 4.1.2　函数 pthread_mutex_destroy( )的接口规范

功能	销毁互斥量	
头文件	#include <pthread.h>	
原型	int pthread_mutex_destroy(pthread_mutex_t *mutex);	
参数	mutex：传出参数，调用时应传 &mutex 给该函数	
返回值	成功	0
	失败	非零值
备注	无	

表 4.1.3 函数 pthread_mutex_lock( )的接口规范

功能	给共享资源加锁	
头文件	#include <pthread.h>	
原型	int pthread_mutex_lock(pthread_mutex_t *mutex);	
参数	mutex：传出参数，调用时应传 &mutex 给该函数	
返回值	成功	0
	失败	非零值
备注	可理解为将 mutex－－（或−1）；如果加锁不成功，则该线程将被阻塞，直到持有该互斥量的其他线程解锁为止。注意：在访问共享资源前加锁，访问结束后立即解锁。锁的“粒度”越小越好	

表 4.1.4 函数 pthread_mutex_unlock( )的接口规范

功能	给共享资源解锁	
头文件	#include <pthread.h>	
原型	int pthread_mutex_unlock(pthread_mutex_t *mutex);	
参数	mutex：传出参数，调用时应传 &mutex 给该函数	
返回值	成功	0
	失败	非零值
备注	可理解为将 mutex ++（或+1）；在解锁的同时，会将阻塞在该锁上的所有线程全部唤醒，至于哪个线程先被唤醒，取决于优先级、调度。默认情况下：先阻塞的线程会先被唤醒	

表 4.1.5 函数 pthread_mutex_trylock( )的接口规范

功能	尝试给共享资源加锁	
头文件	#include <pthread.h>	
原型	int pthread_mutex_trylock(pthread_mutex_t *mutex);	
参数	mutex：传出参数，调用时应传 &mutex 给该函数	
返回值	成功	0
	失败	非零值
备注	对共享资源尝试加锁。它与 pthread_mutex_lock 函数的区别是，使用 lock 函数对共享资源进行加锁时，如果加锁不成功，则线程就被阻塞；而如果使用 trylock 函数，加锁不成功时不会阻塞当前线程，而是立即返回一个值来描述互斥锁的状况	

下面是一个应用示例：

```
#include <stdio.h>
#include <unistd.h>
#include <stdlib.h>
#include <pthread.h>

pthread_mutex_t mutex;

void *tfn(void *arg)
{
    srand(time(NULL));
    while(1)
        {
        pthread_mutex_lock(&mutex);
        printf("hello ");            // 标准输出为共享资源
        sleep(rand() % 3);           // 在此时会失去 CPU
        printf("world!\n");
        pthread_mutex_unlock(&mutex);
```

```
        sleep(rand() % 3);
    }
    return NULL;
}
int main()
{
    pthread_t tid;
    int n = 5;
    srand(time(NULL));
    pthread_mutex_init(&mutex, NULL);
    pthread_create(&tid, NULL, tfn, NULL);
    while(n--) {
        pthread_mutex_lock(&mutex);
        printf("HELLO ");
        sleep(rand() % 3);
        printf("WORLD!\n");
        pthread_mutex_unlock(&mutex);
        sleep(rand() % 3);
    }
    pthread_cancel(tid);
    pthread_join(tid, NULL);
    pthread_mutex_destroy(&mutex);
    return 0;
}
```

（2）信号量的使用

互斥量可以用于线程间的同步，但每次只能有一个线程抢到互斥量，这样限制了程序的并发执行。如果希望允许多个线程同时访问同一个资源，使用互斥量是没有办法实现的，只能将整个共享资源锁住，只允许一个线程访问。这样线程只能依次轮流运行，也就是线程从并行执行变成了串行执行，这样与直接使用单进程无异。

于是，Linux 系统提出了信号量的概念。这是一种相对比较折中的处理方式，既能保证线程间同步，数据不混乱，又能提高线程的并发性。注意，这里提到的是信号量。

信号量的主要应用函数有 sem_init( )，sem_destroy( )，sem_wait( )，sem_trywait( )，sem_timedwait ( )，sem_post( )。

以上 6 个函数的返回值都是：成功返回 0，失败返回-1，同时设置 errno。注意，它们没有 pthread 前缀，这说明信号量不仅可以用在线程间，也可以用在进程间。

sem_t 数据类型的本质仍是结构体。但是类似于文件描述符一样，在应用期间可简单将它看作整数，而忽略其实现细节。

使用方法：sem_t sem: 约定信号量 sem 不能小于 0。使用时，注意包含头文件 <semaphore.h>。

类似于互斥锁，信号量也有类似加锁和解锁的操作，加锁使用 sem_wait 函数，解锁使用 sem_post 函数。这两个函数有如下特性。

调用 sem_post 时，如果信号量大于 0，则信号量自动减一；当信号量等于 0 时，调用 sem_post 时将造成线程阻塞。

调用 sem_post 时，将信号量自动加一，同时唤醒阻塞在信号量上的线程。

各应用函数的接口规范见表 4.1.6～表 4.1.11。

表 4.1.6 函数 sem_init( )的接口规范

<table>
<tr><td>功能</td><td colspan="2">初始化信号量</td></tr>
<tr><td>头文件</td><td colspan="2">#include <semaphore.h></td></tr>
<tr><td>原型</td><td colspan="2">int sem_init(sem_t *sem, int pshared, unsigned int value);</td></tr>
<tr><td rowspan="3">参数</td><td colspan="2">sem：已定义的信号量</td></tr>
<tr><td colspan="2">pshared：取 0 时，信号量用于线程间同步；取非 0（一般为 1）时，则用于进程间同步</td></tr>
<tr><td colspan="2">value：指定信号量初值，而信号量的初值决定了允许同时占用信号量的线程个数</td></tr>
<tr><td rowspan="2">返回值</td><td>成功</td><td>0</td></tr>
<tr><td>失败</td><td>–1</td></tr>
<tr><td>备注</td><td colspan="2">无</td></tr>
</table>

表 4.1.7 函数 sem_destroy( )的接口规范

<table>
<tr><td>功能</td><td colspan="2">销毁一个信号量</td></tr>
<tr><td>头文件</td><td colspan="2">#include <semaphore.h></td></tr>
<tr><td>原型</td><td colspan="2">int sem_destroy(sem_t *sem);</td></tr>
<tr><td>参数</td><td colspan="2">sem：已定义的信号量</td></tr>
<tr><td rowspan="2">返回值</td><td>成功</td><td>0</td></tr>
<tr><td>失败</td><td>–1</td></tr>
<tr><td>备注</td><td colspan="2">无</td></tr>
</table>

表 4.1.8 函数 sem_wait( )的接口规范

<table>
<tr><td>功能</td><td colspan="2">等待信号量</td></tr>
<tr><td>头文件</td><td colspan="2">#include <semaphore.h></td></tr>
<tr><td>原型</td><td colspan="2">int sem_wait(sem_t *sem);</td></tr>
<tr><td>参数</td><td colspan="2">sem：已定义的信号量</td></tr>
<tr><td rowspan="2">返回值</td><td>成功</td><td>0</td></tr>
<tr><td>失败</td><td>–1</td></tr>
<tr><td>备注</td><td colspan="2">给信号量值减一</td></tr>
</table>

表 4.1.9 函数 sem_post( )的接口规范

<table>
<tr><td>功能</td><td colspan="2">投递信号量</td></tr>
<tr><td>头文件</td><td colspan="2">#include <semaphore.h></td></tr>
<tr><td>原型</td><td colspan="2">int sem_post(sem_t *sem);</td></tr>
<tr><td>参数</td><td colspan="2">sem：已定义的信号量</td></tr>
<tr><td rowspan="2">返回值</td><td>成功</td><td>0</td></tr>
<tr><td>失败</td><td>–1</td></tr>
<tr><td>备注</td><td colspan="2">给信号量值加一</td></tr>
</table>

表 4.1.10 函数 sem_trywait( )的接口规范

<table>
<tr><td>功能</td><td colspan="2">尝试等待信号量</td></tr>
<tr><td>头文件</td><td colspan="2">#include <semaphore.h></td></tr>
<tr><td>原型</td><td colspan="2">int sem_trywait(sem_t *sem);</td></tr>
<tr><td>参数</td><td colspan="2">sem：已定义的信号量</td></tr>
<tr><td rowspan="2">返回值</td><td>成功</td><td>0</td></tr>
<tr><td>失败</td><td>–1</td></tr>
<tr><td>备注</td><td colspan="2">尝试对信号量加锁，与 pthread_mutex_trylock 类似</td></tr>
</table>

表 4.1.11 函数 sem_timedwait( )的接口规范

<table>
<tr><td>功能</td><td colspan="2">尝试等待信号量</td></tr>
<tr><td>头文件</td><td colspan="2">#include <semaphore.h></td></tr>
<tr><td>原型</td><td colspan="2">int sem_timedwait(sem_t *sem, const struct timespec *abs_timeout);</td></tr>
<tr><td rowspan="2">参数</td><td colspan="2">sem：已定义的信号量</td></tr>
<tr><td colspan="2">abs_timeout 等待的最长时间</td></tr>
<tr><td rowspan="2">返回值</td><td>成功</td><td>0</td></tr>
<tr><td>失败</td><td>–1</td></tr>
<tr><td>备注</td><td colspan="2">与 pthread_cond_timedwait 一样，采用的是绝对时间</td></tr>
</table>

下面是一个应用示例。

```
#include <stdlib.h>
#include <unistd.h>
#include <pthread.h>
#include <stdio.h>
#include <semaphore.h>
#define NUM 5

int queue[NUM]; //全局数组实现环形队列
sem_t blank_number, product_number;     //空格子信号量，产品信号量

void *producer(void *arg){
   int i = 0;

   while (1) {
      sem_wait(&blank_number);          //生产者将空格子数--,为 0 则阻塞等待
      queue[i] = rand() % 1000 + 1;     //生产一个产品
      printf("----Produce---%d\n", queue[i]);
      sem_post(&product_number);        //将产品数++

      i = (i+1) % NUM;                  //借助下标实现环形
      sleep(rand()%3);
   }
}

void *consumer(void *arg){
   int i = 0;

   while (1) {
      sem_wait(&product_number);        //消费者将产品数--,为 0 则阻塞等待
      printf("-Consume---%d\n", queue[i]);
      queue[i] = 0;                     //消费一个产品
      sem_post(&blank_number);          //消费掉以后,将空格子数++

      i = (i+1) % NUM;
      sleep(rand()%3);
   }
}

int main(int argc, char *argv[]){
```

```
    pthread_t pid, cid;

    sem_init(&blank_number, 0, NUM);      //初始化空格子信号量为5
    sem_init(&product_number, 0, 0);      //产品数为0

    pthread_create(&pid, NULL, producer, NULL);
    pthread_create(&cid, NULL, consumer, NULL);

    pthread_join(pid, NULL);
    pthread_join(cid, NULL);

    sem_destroy(&blank_number);
    sem_destroy(&product_number);

    return 0;
}
```

任务实施

4.1.4 多线程应用实例

智慧农业系统中的智能网关运行着一个 TCP 服务器，它可以同时接收多个远程终端的 TCP 客户端连接，获取底层设备的运行状态。比如在 TCP 服务器需要对所有在线客户端发送数据时，要掌握所有 TCP 连接，然后逐个发送。

① 在程序开始之前，先声明一个结构体存储每个连接的文件描述符。

```
typedef struct
{
    int fd[1024];
    int num;
} tcpclient;
```

然后定义并初始化结构体。

```
tcpclient tcp_client= {
    tcp-client.num = 0
};
```

② 定义一个全局变量线程互斥锁 mutex，方便多个线程在访问变量 tcp_client 公共资源时，加以保护。

```
pthread_mutex_t mutex;
```

③ 在所有线程开始工作前，先初始化互斥锁。

```
pthread_mutex_init(&mutex, NULL);
```

④ 主线程在有新 TCP 客户端连接时，先锁住 tcp_client，把文件描述符保存到 tcp_client 里，最后释放 tcp_client。

```
int Listfd_add(int fd)
{
```

```
    int have_same = 0, ret = -1;
    pthread_mutex_lock(&mutex);
    for (int i = 0; i < tcp_client.num; i++)
    {
        if (tcp_client.fd[i] == fd)
        {
            have_same = 1;
        }
    }
    if (have_same == 0)
    {
        tcp_client.fd[tcp_client.num++] = fd;
        printf("add fd %d\r\n", fd);
        ret = 0;
    }
    pthread_mutex_unlock(&mutex);
    return ret;
}
```

⑤ 主线程在某 TCP 客户端断开时，先锁住 tcp_client，把文件描述符从 tcp_client 中删除，最后释放 tcp_client。

```
int Listfd_del(int fd)
{
    pthread_mutex_lock(&mutex);
    int i = 0;
    int num = tcp_client.num;
    for (i = 0; i < num; i++)
    {
        if (tcp_client.fd[i] == fd)
        {
            tcp_client.num--;
            printf("delete fd [%d]\r\n", fd);
            break;
        }
    }
    for (; i < num; i++)
    {
        tcp_client.fd[i] = tcp_client.fd[i + 1];
    }
    pthread_mutex_unlock(&mutex);
    return 0;
}
```

⑥ 在读串口线程读到 ZigBee 协调器的数据后，转发给所有 TCP 客户端。同样地，先锁住 tcp_client，遍历所有文件描述符以发送数据，发送完毕后释放 tcp_client。

```
void comRec_thread(void *arg)
{
    int uart_fd=*(int*)arg;

    char buffer[1024] = {0}; // 接收缓冲区
    int len=0;
    while (1)
```

```
        {
            //收到串口数据后遍历已经保存的描述符，并向描述符发送串口数据
            len=read(uart_fd,buffer,1024);
            printf("sss\n");
            if(len>0)
            {
                if (tcp_client.num > 0)
                {
                    pthread_mutex_lock(&mutex);
                    printf("Lists num[%d] =>", tcp_client.num);
                    for (int i = 0; i < tcp_client.num; i++)
                    {
                        printf("send data to socketfd[%d]", tcp_client.fd[i]);
                        write(tcp_client.fd[i], buffer, len);
                    }
                    printf("\r\n");
                    pthread_mutex_unlock(&mutex);
                }
            }
        }

    }
```

⑦ 最后，在程序退出前销毁互斥锁。

```
    close(serverSocket);
    pthread_mutex_destroy(&mutex);
    return 0;
```

任务实施单

项目名	多任务程序设计		
任务名	智能终端多线程应用	学时	2
计划方式	实训		
步骤	具体实施		
	操作内容	目的	结论
1	分析序的功能和架构，创建多线程		
2	创建互斥量，解决多线程资源访问冲突的问题		
3	使用互斥量，完成多线程间数据的读写		
4	释放互斥量，遵循多线程相应的规则		

教学反馈

教学反馈单

项目名	多任务程序设计		
任务名	智能终端多线程应用	学时	课后
序号	调查内容	是/否	反馈意见
1	知识点是否讲解清楚		
2	操作是否规范		
3	解答是否及时		
4	重难点是否突出		
5	课堂组织是否合理		
6	逻辑是否清晰		
本次任务兴趣点			
本次任务的成就点			
本次任务的疑虑点			

智能终端多进程应用

任务引入

进程是一个运行着一个或多个线程的地址空间和这些线程所需要的系统资源。一般来说，Linux 系统会在进程之间共享程序代码和系统函数库，所以在任何时刻，内存中都只有代码的一份副本。当 Linux 系统的资源快要用尽时，是否能够找出最耗资源的那个程序，然后删除该程序，让系统恢复正常？如果某个程序由于写得不好而驻留在内存中，又该如何找出它，然后将其移除？一个智能终端应用程序开发人员必须学会解决以上问题。

任务目标

① 掌握基本的进程控制命令。
② 了解进程的编程基础。
③ 能进行基本的进程互斥管理。

任务描述

以智慧农业感知识别子系统应用程序开发为例，实现感知识别子系统中 RFID、温湿度传感器以及 ZigBee 等多应用进程管理，能利用 fork( )、exec( )、wait( )等函数编写多进程程序，在进程间使用互斥量实现进程的同步。

知识准备

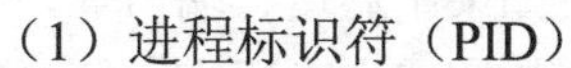

4.2.1　进程概述

嵌入式 Linux 应用程序的多进程技术

（1）进程标识符（PID）

当运行一个程序或命令时，就可以触发一个事件而取得一个进程的标志号（PID）。进程号 PID（Process Identity）是内核分配给每一个进程的唯一编号，大多数命令和系统调用都需要用 PID 来标识操作目标。

PID 按照创建进程的顺序来从小到大分配，PID 达到最大值时，就再次从 1 开始分配，并跳过所有正在使用的 PID。程序的执行者，即进程的 UID，一个程序可同时执行多次，产生多个进程，彼此可以通过 PID 区分。通过 UID 用来标识进程的执行者。进程及进程执行者的关系示例如图 4.2.1 所示。

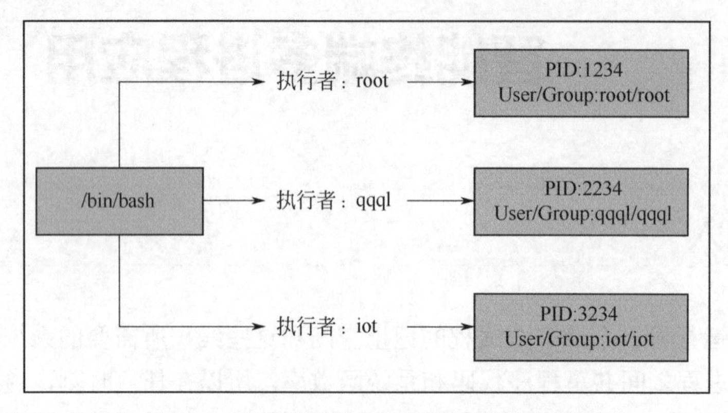

图 4.2.1 进程及进程执行者的关系示例

父进程（PPID）/子进程：由已存在的进程产生另一个进程，以便使新程序以并发运行的方式完成特定任务。当一个进程生成另一个进程时，生成进程称为父进程，而被生成进程称为子进程。除了 PID 为 1 的进程 init 是内核创建的外，其他每一个进程都是由别的进程所创建的。

例如，终端里输入 touch 命令，bash 会做以下事情。

① bash 按照命令查找顺序，找到了 touch 的可执行程序/bin/touch。

② bash 创建了一个新进程，在新进程里执行 touch 命令。

这里因新进程是由进程 bash 创建的，称进程 bash 为新进程的父进程（PPID），新进程为进程 bash 的子进程。

（2）进程的基本状态

① 运行态（Running） 进程占有 CPU，并在 CPU 上运行。在单 CPU 系统中，最多只有一个进程处于运行态。

② 就绪态（Ready） 是指一个进程已经具备运行条件，但由于无 CPU 而暂时不能运行的状态（当调度给其 CPU 时，立即可以运行）。处于就绪状态的进程可以有多个。队列的排列次序一般按优先级大小来排列。

③ 阻塞态（Blocked） 指进程因等待某种事件的发生而暂时不能运行的状态，即使 CPU 空闲，该进程也不可运行。处于阻塞状态的进程可以有多个。

进程状态之间的转换关系如图 4.2.2 所示。

（3）Linux 进程状态表示

① R：运行（runnable），正在运行或在运行队列中等待。

② S：中断（sleeping），休眠中，受阻，在等待某个条件的形成或接收信号。

③ D：不可中断（uninterruptible sleep），因等待硬件资源，如某个通道、端口等，在任何情况下都不能被打断，直到资源满足。资源满足后只能用特定的方式来唤醒它，例如唤醒函数 wake_up 等。

④ Z：僵死［a defunct（“zombie”）process］，进程已终止，但进程描述符存在，直到父进程调用 wait4()系统调用后释放。

⑤ T：停止（traced or stopped），进程收到 SIGSTOP、SIGSTP、SIGTIN、SIGTOU 信号后停止运行。

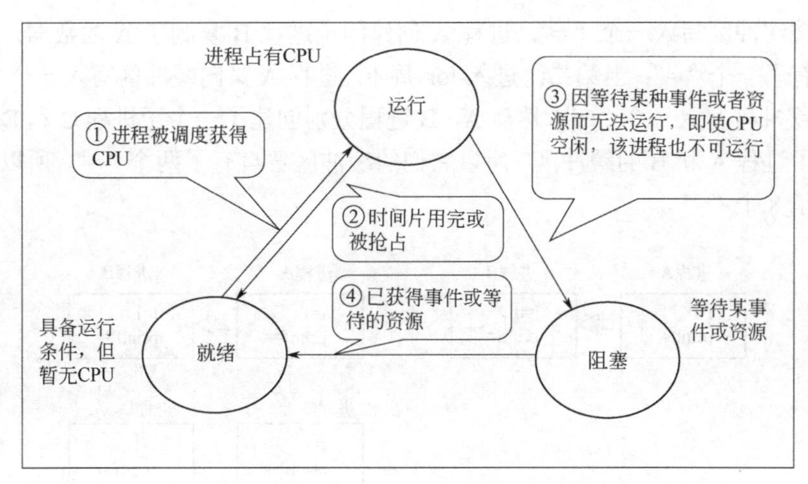

图 4.2.2 进程状态之间的转换

4.2.2 进程的创建及管理

（1）fork( )函数

在 Linux 系统中创建一个新进程的唯一方法是使用 fork( )函数。一个进程，包括代码、数据和分配给进程的资源。fork( )函数通过系统调用创建一个与原来进程几乎完全相同的进程，也就是两个进程可以做完全相同的事，但如果初始参数或者传入的变量不同，两个进程也可以做不同的事。一个进程调用 fork( )函数后，系统先给新的进程分配资源，例如存储数据和代码的空间，然后把原来的进程的所有值都复制到新的进程中，只有少数值与原来的进程的值不同，这相当于克隆了一个自己。正因如此，由于 fork( )函数复制了父进程中的代码段、数据段和堆栈段中的大部分内容，导致调用 fork( )函数的系统开销比较大，相应的执行速度比较慢。

fork( )函数简单示例如下所示。进程关系见图 4.2.3。

```
/* fork.c */
#include<stdio.h>
#include<unistd.h>
int main()
{
     int i=0;
     for(i=0;i<2;++i)
     {
          fork();
          printf("=");
          //fflush(stdout);
     }
     return 0;
}
```

由图 4.2.3 可知，进程 A，B，C，D 的关系是进程 A 是进程 B 和进程 C 的父进程，进程 B 又是进程 D 的父进程。

未加 fflush 结果：当函数刚进入第一次进入 for 循环，i=0 时，执行 fork( )函数便有了父进程 A，A 向缓冲区写入一个“=”，进程 A 创建的子进程 B 复制了 A 的数据，因此进程 B 的缓冲区也有了一个“=”；当第二次进入 for 循环，进程 A 又向缓冲区写入一个“=”，同样，进程 B 也向缓冲区写入一个“=”；然后 A、B 进程分别创建了一个子进程 C 和 D。进程 C 和 D 分别复制了进程 A 和 B 的缓冲区，所以它们的缓冲区各自有了两个“=”，所以最后函数结束总共打印了 8 个“=”。

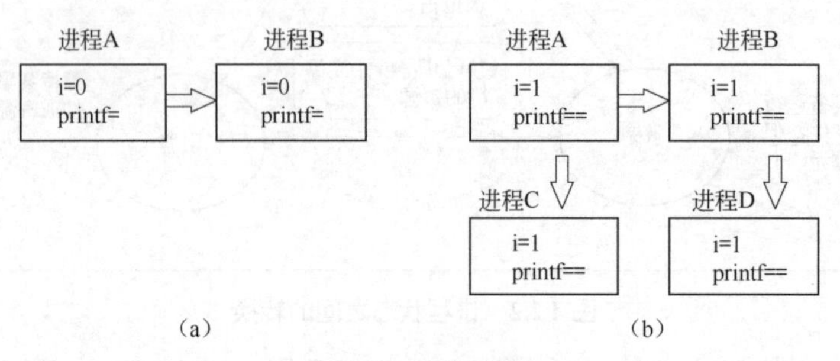

图 4.2.3　进程关系

加上 fflush 结果：首先明确一个问题，也是之前在命令行进度条那篇讲过的问题，刷新缓冲区问题。

① 缓冲区满了就会把缓冲区的内容放到显示器。

② 如果遇到\n，就会把缓冲区的内容放到显示器；如果是把数据写到文件上，\n 就不会刷新缓冲区。

③ 程序结束的时候也可能会刷新缓冲区。

④ fflush 手动刷新缓冲区。

当函数刚进入第一次进入 for 循环，i=0 时，执行 fork( )函数便有了父进程 A，A 向缓冲区写入一个“=”，进程 A 创建的子进程 B 复制了 A 的数据，因此进程 B 的缓冲区也有了一个“=”；接下来执行 fflush(stdout)；刷新缓冲区，把进程 A 和 B 缓冲区的内容打印到显示器并清空缓冲区；当第二次进入 for 循环，进程 A 向缓冲区写入一个“=”，同样，进程 B 也向缓冲区写入一个“=”；然后 A、B 进程分别创建了一个子进程 C 和 D。进程 C 和 D 分别复制了进程 A 和 B 的缓冲区（由于之前已经刷新过缓冲区，所以进程 A 和 B 缓冲区各有一个“=”），所以它们的缓冲区各自只有一个“=”，所以最后函数结束总共打印了 6 个“=”。

（2）exec 函数族

fork( )函数用于创建一个子进程，该子进程复制了其父进程的几乎全部内容，但是当创建的子进程并不想继续与父进程进行相关的操作时，那些复制的内容就纯粹属于浪费，那么一个子进程怎样变成一个全新的进程呢？此时 exec 函数族的函数就派上用场了。exec 函数族提供了一种在进程中启动另一个程序执行的方法。它可以根据指定的文件名或目录名找到可执行文件，并用它来取代原调用进程的数据段、代码段和堆栈段。在执行完之后，原调用进程的内容除了进程号外，其他全部都被替换了。另外，这里的可执行文件既可以是二进制文件，也可以是 Linux 系统下任何可执行的脚本文件。

在 Linux 系统中使用 exec 函数族主要有两种情况。

① 当进程认为自己不能再为系统和用户作出任何贡献时，就可以调用 exec 函数族中的任意一个函数让自己重生。

② 如果一个进程想执行另一个程序，那么它就可以调用 fork( )函数新建一个进程，然后

再调用 exec 函数族中的任意一个函数，这样看起来就像通过执行应用程序而产生了一个新讲程（这种情况非常普遍）。

实际上在 Linux 系统中，并不存在一个 exec( )的函数形式，exec 指的是一组函数，一共有 6 个。与一般情况不同，exec 函数族的函数执行成功后不会返回，因为调用进程的实体，包括代码段、数据段和堆栈等都已经被新的内容取代，只留下进程 ID 等一些表面上的信息仍保持原样，只有调用失败了，它们才会返回一个–1，从原程序的调用点接着往下执行。

在使用 exec 函数族时，一定要加上错误判断语句。Exec 函数族很容易执行失败，其中最常见的原因如下所示。

① 找不到文件或路径，此时 errno 被置为 ENOENT。

② 数组 argv 与 envp 忘记用 NULL 结束，此时 errno 被置为 EFAULT。

③ 没有对应执行文件的执行权限，此时 errno 被置为 EACCES。

现以 exec 函数族中的 execl( )为例说明如何用完整文件名方式查找可执行文件，同时使用参数列表。

```
/* execl.c */
#include<stdio.h>
#include<unistd.h>
#include<stdlib.h>
int main()
{
   if (fork()==0);
   {
      if (excel("/bin/ps", "/bin/ps", "ps", "aux", NULL)<0);
      printf("excel error\n");
   }
}
```

在该程序中，首先使用 fork( )函数创建了一个子进程，然后在子进程中使用 execl( )函数。需要注意的是，execl( )函数的参数需将 ps 程序所在的完整路径(/bin/ps)列出，再列出程序名称和调用参数。该程序的运行结果与直接在 shell 中输入命令“ps aux”是一样的，读者可将编译后结果下载到目标板上进行运行验证。

（3）exit( )函数和_exit( )函数

创建进程使用 fork()函数，执行进程使用 exec 函数族，终止进程则使用 exit( )函数和_exit( )函数。当进程执行到 exit( )或_exit( )函数时，进程会无条件地停止剩下的所有操作，清除各种数据结构，并终止本进程的运行（图 4.2.4）。

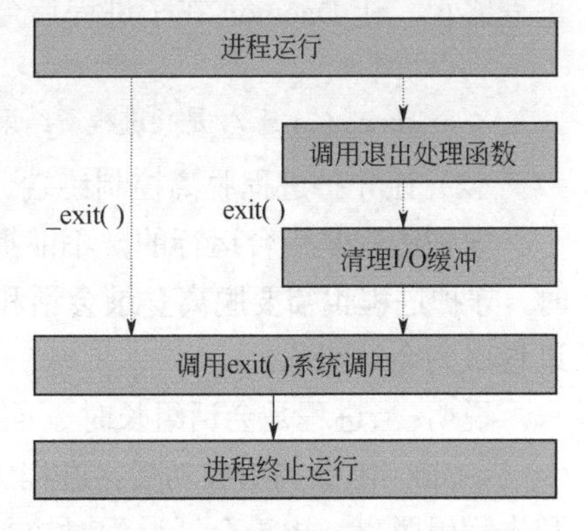

图 4.2.4 exit( )函数和_exit( )函数

_exit( )函数的作用是：直接使进程停止运行，清除其使用的内存空间，并清除其在内核中的各种数据结构。exit( )函数和_exit( )函数的最大区别就在于 exit( )函数在终止当前进程之前要检查该进程打开过哪些文件，把文件缓冲区中的内容写回文件，也就是图 4.2.4 中的“清理 I/O 缓冲”一项，若想保证数据的完整性，最好使用 exit( )函数。

（4）wait( )函数

进程一旦调用了 wait( )函数（表 4.2.1），就立即阻塞自己，由 wait( )函数自动分析是否当前进程的某个子进程已经退出，如果让它找到了这样一个已经变成僵尸的子进程，wait( )函数就会收集这个子进程的信息，并把它彻底销毁后返回；如果没有找到这样一个子进程，wait( )函数就会一直阻塞在这里，直到有一个出现为止。

表 4.2.1 **wait( )函数**

所需头文件	#include<sys/types.h> #include<sys/wait.h>
函数原型	pid_t wait (int * status)
函数说明	wait( )函数会暂时停止目前进程的执行，直到有信号来到或子进程结束。如果在调用 wait( )函数时子进程已经结束，则 wait( )函数会立即返回子进程结束状态值。子进程的结束状态值会由参数 status 返回，而子进程的进程识别码也会一起返回。如果不在意结束状态值，则参数 status 可以设成 NULL
函数返回值	如果执行成功则返回子进程识别码（PID），如果有错误发生则返回–1

任务实施

4.2.3 多进程应用实例

守护进程（Daemon）是运行在后台的一种特殊进程。它独立于控制终端并且周期性地执行某种任务或等待处理某些发生的事件。守护进程是一种很有用的进程。Linux 的大多数服务器就是用守护进程实现的，比如 Internet 服务器 inetd、Web 服务器 httpd 等。同时，守护进程可完成许多系统任务，比如作业规划进程 crond、打印进程 lpd 等。

创建守护进程的要点如下所示。

（1）在后台运行

为避免挂起，控制终端将 Daemon 放入后台执行，方法是在进程中调用 fork( )函数使父进程终止，让 Daemon 在子进程后台执行。

```
if(pid=fork())
    exit(0); //是父进程，结束父进程，子进程继续
```

（2）让守护进程脱离控制终端、登录会话和进程组

守护进程是后台运行的，不能拥有控制终端，则无法实现通过终端进行输入和输出；同时，守护进程也需要脱离登录会话和进程组。方法是在第一点的基础上，调用 setsid( )函数使进程成为会话组长。

说明：当进程是会话组长时 setsid( )函数调用失败，但第一点已经保证进程不是会话组长。

setsid( )函数调用成功后，进程成为新的会话组长和新的进程组长，并与原来的登录会话和进程组脱离。由于会话过程对控制终端的独占性，进程同时与控制终端脱离。

（3）禁止进程重新打开控制终端

现在，进程已经成为无终端的会话组长，但它可以重新申请打开一个控制终端，可以通过使进程不再成为会话组长来禁止进程重新打开控制终端。

```
if(pid=fork())     exit(0); //结束第一子进程，第二子进程继续
```

（4）关闭打开的文件描述符

进程从创建它的父进程那里继承了打开的文件描述符，如不关闭，将会浪费系统资源，造成进程所在的文件系统无法卸下以及引起无法预料的错误，按如下方法关闭它们：

```
for(i=0;i<max_fd;i++)    close(i); //关闭打开的文件描述符 close(i)
```

（5）改变当前工作目录

进程活动时，其工作目录所在的文件系统不能卸下，一般需要将工作目录改变到根目录。对于需要转储核心，写运行日志的进程将工作目录改变到特定目录如 /tmpchdir("/")。

（6）重设文件创建掩码

进程从创建它的父进程那里继承了文件创建掩码，它可能修改守护进程所创建的文件的存取位。为防止这一点，将文件创建掩模清除。

下面以智慧农业系统为例进行介绍。

开机启动守护进程，每隔 10s 检测智慧农业系统程序是否已运行，如没有则用 system( ) 运行。如果系统运行期间，守护进程检测到农业系统异常退出，则重启系统。

① 生成守护进程。

```
pid=fork();
if(pid<0)
    exit(1);  //创建错误，退出
else if(pid>0) //父进程退出
    exit(0);
setsid(); //使子进程成为组长
pid=fork();
if(pid>0)
    exit(0); //再次退出，使进程不是组长，这样进程就不会打开控制终端
else if(pid<0)
    exit(1);
for(i=0;i<NOFILE;i++)
    close(i);
chdir("/root/test");  //改变目录
umask(0);//重设文件创建的掩码
```

② 守护进程需要检测智慧农业进程，在 processExists( )函数中实现检测。

```
//函数功能：判断某个进程是否存在/运行
bool processExists(char * process_name) {
    FILE *ptr;
    int RE_BUF_SIZE = 32;
    char rebuff[RE_BUF_SIZE];
    char ps[128];
    //查看运行的进程中是否有 process_name 的命令
    snprintf(ps, sizeof(ps), "ps | grep %s |grep -v grep| wc -l", process_name);
    //执行命令
      if((ptr = popen(ps, "r")) != NULL) {
            int count = 0;
            //读取结果
            fgets(rebuff, RE_BUF_SIZE, ptr);
            if(rebuff != NULL) {
                //如果检查的进程正在运行，结果是大于 0 的整数
                count = atoi(rebuff);
            }
            pclose(ptr);
            return count >= 1;
      }
```

```
        return false;
    }
```

③ 守护进程每隔 10s 检测智慧农业进程是否存活。

```
    while(1)
    {
        if(processExists("mozart")==true && processExists("bitbox")==true&&
        processExists("mplayer")==true)
        {
            printf("Both mozart and bitbox and mplayer are exists!!!!!\n");
        }
        else
        {
            printf(" mozart or  bitbox or mplayer is  not exist, Reboot!!!!! \n");
            system("nongyeqidong.sh &");
        }
      sleep(10);
    }
```

任务实施单

项目名	多任务程序设计		
任务名	智能终端多进程应用	学时	2
计划方式	实训		
步骤	实施步骤		
	操作内容	目的	结论
1	生成守护进程		
2	检测智慧农业进程		
3	定时检测智慧农业进程是否存活		

教学反馈

教学反馈单

项目名	多任务程序设计		
任务名	智能终端多进程应用	学时	课后
序号	调查内容	是/否	反馈意见
1	知识点是否讲解清楚		
2	操作是否规范		
3	解答是否及时		
4	重难点是否突出		
5	课堂组织是否合理		
6	逻辑是否清晰		
本次任务兴趣点			
本次任务的成就点			
本次任务的疑虑点			

智能终端进程间通信

任务引入

进程是程序的执行过程，是系统资源分配调度的基本单元。各进程间的通信要怎样实现，是智能终端应用程序开发人员必须要解决的问题。

任务目标

① 了解进程间通信的几种方式。
② 掌握管道通信的方法。
③ 能进行进程间通信基础管理。

任务描述

通过了解进程间通信的基础知识，学习掌握进程间管道通信的方法，参照任务实例完成物联网智慧农业智能感知识别子系统进程间的通信管理任务，并在实验箱上验证。

知识准备

4.3.1 进程间通信基础

通过前面的学习，已经知道进程是程序的一次执行，是系统资源分配的最小单元。这里所说的进程一般是指运行在用户态的进程，而处于用户态的不同进程间是彼此隔离的，就像处于不同城市的人们，因此必须通过某种方式使进程间进行通信。本任务将讲述如何建立这些不同的通信方式，就像人们有多种通信方式一样。

进程通信的目的主要体现在数据传输、共享数据、通知事件、资源共享以及进程控制等方面。数据传输：一个进程需要将其数据发送给另一个进程，发送的数据量在一个字节到几兆字节之间。共享数据：多个进程想要操作共享数据，可以通过共享内存来实现。通知事件：一个进程需要向另一个或另一组进程发送消息，通知它（它们）发生了某种事件（如进程终止时要通知父进程）。资源共享：多个进程之间共享同样的资源，为了做到这一点，需要内核提供锁和同步机制。进程控制：有些进程希望完全控制另一个进程的执行（如 Debug 进程），此时控制进程希望能够拦截另一个进程的所有陷入和异常，并能够及时知道它的状态改变。

（1）Linux 系统支持的进程间通信标准

Linux 系统下的进程通信手段基本上是从 Unix 系统平台上的进程通信手段继承而来的。而对 Unix 系统发展作出重大贡献的两大主力 AT&T 的贝尔实验室及 BSD（加州大学伯克利分校的伯克利软件发布中心）在进程间通信方面的侧重点有所不同。前者对 Unix 系统早期的进程间通信手段进行了系统的改进和扩充，形成了“system V IPC”，通信进程局限在单个计算机内；后者则跳过了该限制，形成了基于套接口（socket）的进程间通信机制。Linux 系统则把两者都继承了下来。

- 早期 Unix 进程间通信。
- 基于 System V 进程间通信。
- 基于 Socket 进程间通信。
- POSIX 进程间通信。

Unix 系统下的进程间通信方式包括管道、FIFO 以及信号。System V 进程间通信方式包括 System V 消息队列、System V 信号灯以及 System V 共享内存。POSIX 进程间通信包括 POSIX 消息队列、POSIX 信号灯以及 POSIX 共享内存。由于 Unix 系统版本的多样性，电子电气工程协会（IEEE）开发了一个独立的 Unix 标准，这个新的 ANSI Unix 标准被称为计算机环境的可移植性操作系统界面（Portable Operating System Interface of UNIX, POSIX）。现有大部分 Unix 系统和流行版本都是遵循 POSIX 标准的，而 Linux 系统从一开始就遵循 POSIX 标准。

（2）进程间通信方式

基于上述讲到的四种进程间通信标准，Linux 系统中常见进程间通信方式主要分为管道、信号、消息队列、信号量、共享内存和套接字，如图 4.3.1 所示。

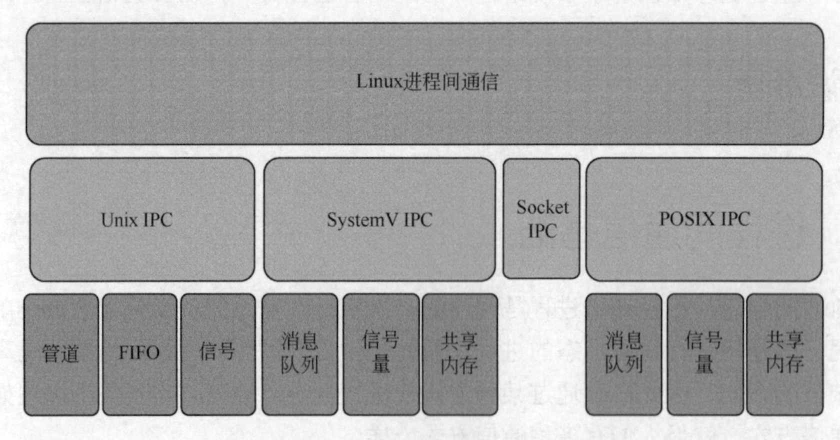

图 4.3.1 Linux 系统进程间通信方式

① 管道（pipe） 管道这种通信方式有两种限制，一是半双工的通信，数据只能单向流动，另一种只能在具有亲缘关系的进程间使用。进程的亲缘关系通常是指父子进程关系。

管道可用于具有亲缘关系进程间的通信，有名管道（named pipe）克服了管道没有名字的限制，因此，除具有管道所具有的功能外，还允许无亲缘关系进程间的通信。

② 信号量（semaphore） 信号量是一个计数器，可以用来控制多个进程对共享资源的访问。信号量常作为一种锁机制，防止某进程正在访问共享资源时，其他进程也访问该资源。

因此，主要作为进程间以及同一进程内不同线程之间的同步手段。

信号是比较复杂的通信方式，用于通知接收进程有某种事件发生，除了用于进程间通信外，进程还可以发送信号给进程本身。

③ 消息队列（message queue）　消息队列是消息的链表，存放在内核中并由消息队列标识符标识。消息队列克服了信号传递信息少、管道只能承载无格式字节流以及缓冲区大小受限等缺点。

消息队列是消息的链接表，包括 POSIX 消息队列、System V 消息队列。有足够权限的进程可以向队列中添加消息，被赋予读权限的进程则可以读取队列中的消息。

④ 信号（singal）　信号是在软件层次上对中断机制的一种模拟，是一种比较复杂的通信方式，用于通知接收进程某个事件已经发生，主要作为进程间以及同一进程不同线程之间的同步手段。一个进程收到一个信号与处理器收到一个中断请求在效果上是一致的。

⑤ 共享内存（shared memory）　共享内存是一种高效的进程间通信方式。所谓共享内存就是映射一段能被其他进程所访问的内存，这段共享内存由一个进程创建，但其他多个进程都可以访问。共享内存是最快的 IPC 方式，使得多个进程可以访问同一块内存空间，是针对其他进程间通信方式运行效率低而专门设计的。共享内存往往与其他通信机制（如信号量）配合使用，来实现进程间的同步和通信。

⑥ 套接字（socket）　套接字也是一种进程间通信机制，与其他通信机制不同的是，它可用于不同机器间的进程通信，是一种更为一般的进程间通信机制。起初是由 Unix 系统的 BSD 分支开发出来的，但现在一般可以移植到其他类 Unix 系统上，Linux 和 System V 的变种都支持套接字。关于 socket 的详细信息，将在项目 5 进行介绍。

（3）部分通信方式的优缺点

① 管道　速度慢，容量有限，只有父子进程能通信。

② 消息队列　容量受到系统限制，且要注意第一次读的时候，要考虑上一次没有读完数据的问题。

③ 信号量　不能传递复杂消息，只能用来同步。

④ 共享内存　能够很容易控制容量，速度快，但要保持同步，比如一个进程在写的时候，另一个进程要注意读写的问题，相当于线程中的线程安全，当然，共享内存区同样可以用作线程间通信，不过没这个必要，线程间本来就已经共享了同一进程内的一块内存。

各通信方式各有其优缺点，可根据不同的通信需求进行选择。

4.3.2 管道通信技术

管道通信的实现步骤

所谓管道，就像生活中的煤气管道、下水管道等传输气体和液体的工具，而在进程通信意义上的管道就是传输信息或数据的工具。以下水管道为例，当从管道一端输送水流到另一端时，只有一个传输方向，不可能同时出现两个传输方向。在 Linux 系统中的进程通信中，管道这个概念也是如此，某一时刻只能按单一方向传递数据，不能双向传递数据，这种工作模式就叫做半双工模式。半双工工作模式的管道通信是只能从一端写数据，从另一端读数据。

管道是 Linux 系统中进程间通信的一种方式，它把一个程序的输出直接连接到另一个程序的输入。Linux 系统的管道主要包括无名管道和有名管道两种。

无名管道是 Linux 系统中管道通信的一种原始方法，只能用于具有亲缘关系的进程之间的通信（也就是父子进程或者兄弟进程之间），是一个半双工的通信模式，具有固定的读端和写端。管道也可以被看成一种特殊的文件，对于它的读写也可以使用普通的 read( )、write( )等函数。但是它不是普通的文件，并不属于其他任何文件系统，并且只存在于内存中。

有名管道是对无名管道的一种改进，它具有如下特点。

- 可以使互不相关的两个进程实现彼此通信。
- 该管道可以通过路径名来指出，并且在文件系统中是可见的。在建立了管道之后，两个进程就可以把它当作普通文件进行读写操作，使用非常方便。
- 严格地遵循先进先出规则，对管道及 FIFO 的读总是从开始处返回数据，对它们的写则是把数据添加到末尾。它们不支持文件定位操作，如 lseek( )函数等。

（1）无名管道

无名管道，无名管道是一种特殊类型的文件，完全由操作系统管理和维护，因为其存储位置只有亲缘关系的进程知道，所以只能用于亲缘关系的进程之间通信，而且，其内核资源会在两个通信进程退出后自动释放，无名管道创建函数为 pipe( )。pipe( )函数的语法要点如表 4.3.1 所示。

表 4.3.1　pipe( )函数的语法要点

所需头文件	#include <unistd.h>
函数原型	int pipe(int fd[2])
函数传入值	fd[2]：管道的两个文件描述符，可直接对两个文件描述符进行操作
函数返回值	成功：0
	出错：–1

pipe( )函数返回两个文件描述符，其中 fd[0]用来完成读操作，fd[1]完成写操作，默认阻塞方式。

以阻塞方式读管道时有以下情况。

① 有读进程，无写进程。

- 管道内无数据时，立即返回；
- 管道内数据不足时，读出所有数据；
- 管道内数据充足时，读出期望数据。

② 有读进程，有写进程。

- 管道内无数据时，读进程阻塞；
- 管道内数据不足时，读出所有数据；
- 管道内数据充足时，读出期望数据。

以阻塞方式写管道时有以下情况。

① 有写进程，无读进程。写进程将收到 SIGPIPE 信号，wirte( )函数返回–1。

② 有写进程，有读进程。管道内有写空间：写入成功。

另外可以使用 fcntl( )函数中 O_NDELAY 或 O_NONBLOCK 属性，设置管道为非阻塞模式。

pipe( )函数的示例如下所示。

```
#include<stdio.h>
```

```
#include<unistd.h>
#include<string.h>
#include<errno.h>
int main()
{
    int fd[2];
    int ret=pipe(fd);
    if(ret==-1)
    {
        perror("pipe error\n");
        return -1;
    }
    pid_t id=fork();
    if(id==0)
    {
        int i=0;
        close(fd[0]);
        char* child="I am child!";
        while(i<5)
        {
            write(fd[1],child,strlen(child)+1);
            sleep(2);
            i++;
        }
    }
    else if(id>0)
    {
        close(fd[1]);
        char msg[100];
        int j=0;
        while(j<5)
        {
            memset(msg,'\0',sizeof(msg));
            ssize_t s=read(fd[0],msg,sizeof(msg));
            if(s>0)
            {
                msg[s-1]='\0';
            }
            printf("%s\n",msg);
            j++;
        }
    }
    else
    {
        perror("fork error\n");
        return -1;
    }
    return 0;
}
```

运行结果：每隔 2s 打印一次“I am child!”并且打印 5 次（图 4.3.2）。

```
root@host:~# vi pipe.c
root@host:~# gcc pipe.c -o pipe
root@host:~# ./pipe
I am child!
I am child!
I am child!
I am child!
I am child!
```

图 4.3.2 运行结果

管道读取数据有以下 4 种情况。

① 读端不读（fd[0]未关闭），写端一直写（图 4.3.3）。

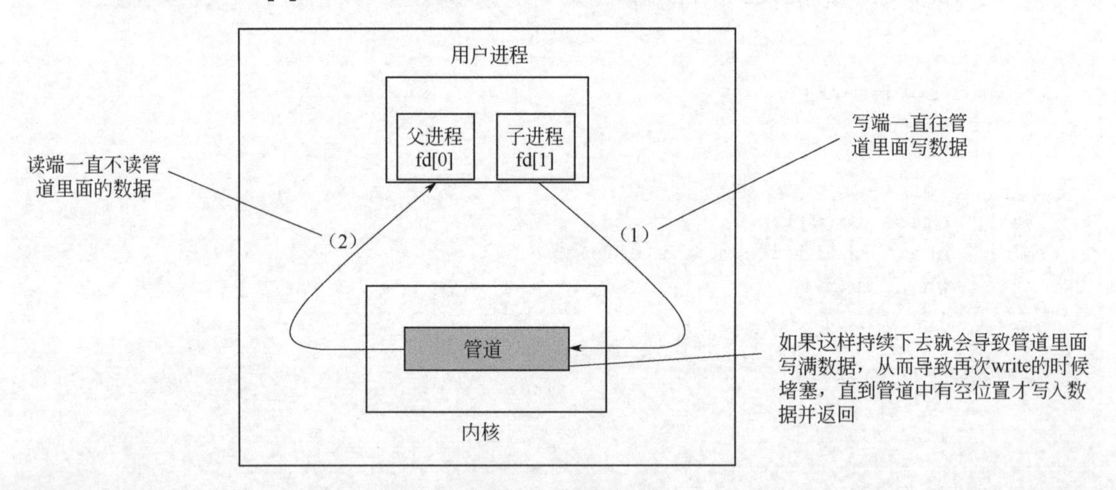

图 4.3.3 读端不读

② 写端不写（fd[1]未关闭），但是读端一直读（图 4.3.4）。

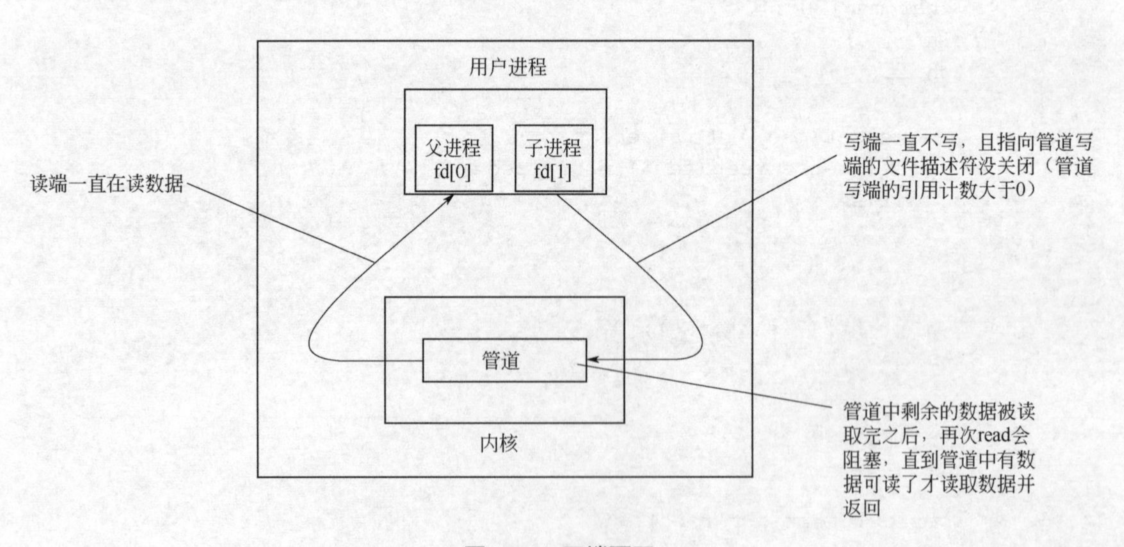

图 4.3.4 写端不写

③ 读端一直读，且 fd[0]保持打开，而写端写了一部分数据不写了，并且关闭 fd[1]（图 4.3.5）。

如果一个管道读端一直在读数据，而管道写端的引用计数决定管道是否会堵塞，引用计数大于 0，只读不写会导致管道堵塞。

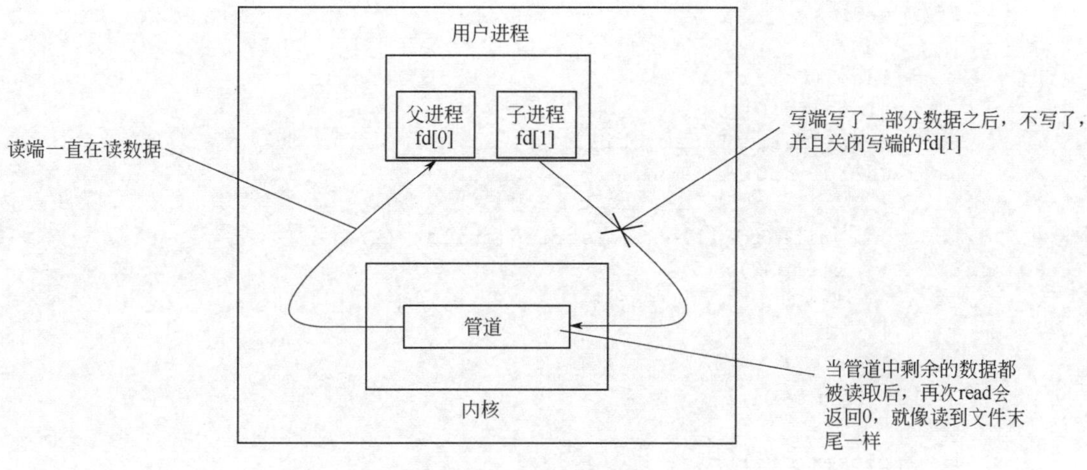

图 4.3.5　读端一直读

④ 读端读了一部分数据，不读了且关闭 fd[0]，写端一直在写且 f[1]还保持打开状态（图 4.3.6）。

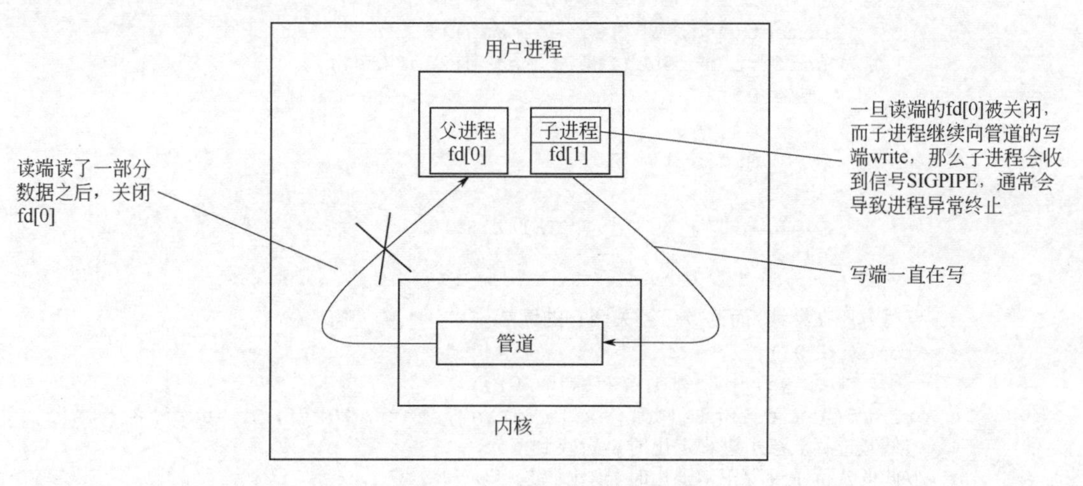

图 4.3.6　读端读了一部分数据

管道读取的示例如下所示。

```
#include<stdio.h>
#include<unistd.h>
#include<string.h>
#include<errno.h>
int main()
{
    int fd[2];
    int ret=pipe(fd);
    if(ret==-1)
    {
       perror("pipe error\n");
       return -1;
    }
    pid_t id=fork();
```

```
        if(id==0)
        {
            int i=0;
            close(fd[0]);
            char *child="I am child!";
            while(i<10)
            {
               write(fd[1],child,strlen(child)+1);
               sleep(2);
               i++;
            }
         }
         else if(id>0)
         {
            close(fd[1]);
            char msg[100];
            int status=0;
            int j=0;
            while(j<5)
            {
                memset(msg,'\0',sizeof(msg));
                ssize_t s=read(fd[0],msg,sizeof(msg));
                if(s>0)
                {
                    msg[s-1]='\0';
                }
                printf("%s %d\n",msg,j);
                j++;
            }
         //写方还在继续,而读方已经关闭它的读端
         close(fd[0]);
         pid_t ret=waitpid(id,&status,0);
         printf("exitsingle(%d),exit(%d)\n",status&0xff,(status>>8)&0xff);
         //低八位存放该子进程退出时是否收到信号
         //此低八位子进程正常退出时,退出码是多少
     }
     else
     {
         perror("fork error\n");
         return -1;
     }
     return 0;
}
```

运行结果如图 4.3.7 所示。

```
root@host:~# ./pipe1
I am child! 0
I am child! 1
I am child! 2
I am child! 3
I am child! 4
exitsingle(13),exit(0)
```

图 4.3.7 管道读取的运行结果

使用 kill -l 查看 13 号信号，可以知道 13 号信号代表 SIGPIPE（图 4.3.8）。

```
root@host:~# kill -l
 1) SIGHUP       2) SIGINT       3) SIGQUIT      4) SIGILL       5) SIGTRAP
 6) SIGABRT      7) SIGBUS       8) SIGFPE       9) SIGKILL     10) SIGUSR1
11) SIGSEGV     12) SIGUSR2     13) SIGPIPE     14) SIGALRM     15) SIGTERM
16) SIGSTKFLT   17) SIGCHLD     18) SIGCONT     19) SIGSTOP     20) SIGTSTP
21) SIGTTIN     22) SIGTTOU     23) SIGURG      24) SIGXCPU     25) SIGXFSZ
26) SIGVTALRM   27) SIGPROF     28) SIGWINCH    29) SIGIO       30) SIGPWR
31) SIGSYS      34) SIGRTMIN    35) SIGRTMIN+1  36) SIGRTMIN+2  37) SIGRTMIN+3
38) SIGRTMIN+4  39) SIGRTMIN+5  40) SIGRTMIN+6  41) SIGRTMIN+7  42) SIGRTMIN+8
43) SIGRTMIN+9  44) SIGRTMIN+10 45) SIGRTMIN+11 46) SIGRTMIN+12 47) SIGRTMIN+13
48) SIGRTMIN+14 49) SIGRTMIN+15 50) SIGRTMAX-14 51) SIGRTMAX-13 52) SIGRTMAX-12
53) SIGRTMAX-11 54) SIGRTMAX-10 55) SIGRTMAX-9  56) SIGRTMAX-8  57) SIGRTMAX-7
58) SIGRTMAX-6  59) SIGRTMAX-5  60) SIGRTMAX-4  61) SIGRTMAX-3  62) SIGRTMAX-2
63) SIGRTMAX-1  64) SIGRTMAX
root@host:~#
```

图 4.3.8　查看结果

（2）有名管道（FIFO）

有名管道是一种特殊类型的文件，有名管道可以用于不具有血缘关系的进程，除此之外与无名管道基本相似。有名管道可以通过 mknod 命令创建，也可以使用 mkfifo( )函数创建，可以使用在系统中任意两个进程之间进行通信，且创建的管道文件存储在硬盘上，不会随着进程结束而消失。mknod 命令的使用结果如图 4.3.9 所示。

```
root@host:~# mknod fifo p
root@host:~# ls -l
总用量 36
-rw-------  1 root root    0 3月  17  2019 abcdo1.sh.save
prw-r--r--  1 root root    0 2月  18 20:15 fifo
-rwxr-xr-x  1 root root 9120 2月  18 19:46 pipe
-rwxr-xr-x  1 root root 9176 2月  18 20:01 pipe1
-rw-r--r--  1 root root 1251 2月  18 20:01 pipe1.c
-rw-r--r--  1 root root  890 2月  18 19:45 pipe.c
drwxr-xr-x 13 root root 4096 6月  17  2019 tslib
root@host:~#
```

图 4.3.9　mknod 命令的使用结果

由图 4.3.9 可以看出已经创建了管道文件 fifo。mkfifo( )函数的语法要点如表 4.3.2 所示。

表 4.3.2　mkfifo( )函数的语法要点

所需头文件	#include <sys/state.h> #include <sys/types.h>
函数原型	int mkfifo(char* path,mode_t mode);
函数返回值	成功：0
	出错：–1

函数的第一个参数为有名管道文件，函数调用时，必须不存在，执行成功返回 0，失败返回–1。

① 当进程以写或读的方式打开管道文件，必须有另一个进程以相对应的读或写方式也打开该文件，否则该进程将阻塞在 open( )函数位置。

② 若两个进程都已打开，但中途某进程退出，则有以下两种情况。

➢ 读进程退出，返回 SIGPIPE 信号；

➢ 写进程退出，读进程将不再阻塞，直接返回 0。

以下为有名管道代码实现，写进程不断获取终端输入，并写到有名管道上，读进程阻塞读取管道中数据，并将数据打印出来。

写进程的代码实现如下所示。

```
#include <stdio.h>
#include <unistd.h>
#include <fcntl.h>
#include <stdlib.h>
#include <string.h>
#include <limits.h>
#include <sys/types.h>
#include <sys/stat.h>
#define FIFO_NAME "fifo"
int main()
{
     int fd = 0;
     int ret = 0;
     char buffer[1024] = {0};

     if(access(FIFO_NAME,F_OK) == -1)
     {
          ret = mkfifo(FIFO_NAME,0755);
          if(ret != 0)
          {
               printf("mkfifo err!\n");
               return -1;
          }
     }

     printf("mkfifo success,open O_WRONLY!\n");

     fd = open(FIFO_NAME,O_WRONLY);
     if(fd < 0)
     {
          printf("open FIFO_NAME fail!\n");
          return -1;
     }
     else
     {
          while(1)
          {
               gets(buffer);
               //strcpy(buffer,"hello nihao\n");
               ret = write(fd,buffer,strlen(buffer));
               if(-1 == ret )
               {
                    printf("write buffer fail!\n");
                    return -1;
               }
          }
          memset(buffer,0,sizeof(buffer));
          sleep(1);
     }

}
```

```
        close(fd);
        return 0;
}
```

运行结果如图 4.3.10 所示。

```
root@host:~# ./w
mkfifo success,open O_WRONLY!
```

图 4.3.10　写进程的运行结果

读进程的代码实现如下所示。

```
#include <stdio.h>
#include <unistd.h>
#include <fcntl.h>
#include <stdlib.h>
#include <string.h>
#include <limits.h>
#include <sys/types.h>
#include <sys/stat.h>
#define FIFO_NAME "fifo"
int main()
{
     int fd = 0;
     int ret = 0;
     char buffer[1024] = {0};

     unlink(FIFO_NAME);
     ret = mkfifo(FIFO_NAME,0755);
     if(ret != 0)
     {
          printf("mkfifo err!\n");
          return -1;
     }

     printf("mkfifo success,open O_RDONLY!\n");

     fd = open(FIFO_NAME,O_RDONLY);
     printf("zusissiiii\n");
     if(fd < 0)
     {
          printf("open FIFO_NAME fail!\n");
          return -1;
     }
     else
     {
          while(1)
```

```
            {
                ret = read(fd,buffer,sizeof(buffer));
                if(-1 == ret )
                {
                    printf("write buffer fail!\n");
                    return -1;
                }
                printf("FIFO read buffer:%s\n",buffer);
                memset(buffer,0,sizeof(buffer));
                sleep(1);
            }

        }
        close(fd);
        return 0;
    }
```

运行结果如图 4.3.11 所示。

```
root@host:~# ./w
mkfifo success,open O_WRONLY!
```

图 4.3.11 读进程的运行结果

任务实施

4.3.3 进程间的通信应用实例

通过多进程重新实现对 Mplayer 的控制，相当于开发一个没有界面的媒体播放器。在智能农业系统应用中，需要 Mplayer 来播放媒体文件进行语音播报，并通过通道发送命令进行控制。

Mplayer 是一款开源的多功能多媒体播放器，支持几乎任何媒体格式，在 Ubuntu 系统中可通过命令"sudo apt install mplayer"来安装。当然，现在的智能网关已经内置了 Mplayer，直接运行命令"#mpalyer 媒体文件"即可进行播放。

Mplayer 有键盘模式和 slave 模式两种控制模式。

① 键盘模式。从控制台启动 Mplayer 播放一个媒体文件，默认使用的是键盘模式。

```
# mplayer -ac mad -vf scale=800:480 媒体文件
```

通过键盘按键来控制 Mplayer 播放。控制键示例如下所示。

left or right	向后/向前搜索 10s
up or down	向后/向前搜索 1min
pageup or pagedown	向后/向前搜索 10min
p or SPACE	暂停播放（按任意键继续）

q　or　ESC　　　　　　　停止播放并退出

0　or　9　　　　　　　　音量控制（音量循环模式）

但是，这样不利于在大的系统应用场景中。在不具备键盘和控制台条件输入控制时，一般使用的是更为灵活的 slave 模式来控制 Mplayer。

② slave 模式。在 slave 模式下，Mplayer 为后台运行其他程序，不再截获键盘事件，Mplayer 会从标准输入读一个换行符（\n）分隔开的命令。可通过命令“mplayer -input cmdlist”打印出一份当前 Mplayer 所支持的所有 slave 模式的命令，常用的 Mplayer 指令如下所示。

```
loadfile  string        //参数 string 为 歌曲名字
volume 100 1            //设置音量中间的为音量的大小
mute1/0                 //静音开关
pause                   //暂停/取消暂停
get_time_length         //返回值是播放文件的长度，以秒为单位
seek value              //向前查找到文件的位置播放参数 value
get_percent_pos         //返回文件的百分比（0～100）
get_time_pos            //打印出在文件的当前位置，用秒表示，采用浮点数
volume <value> [abs]    //增大/减小音量，或将其设置为<value>，如果[abs]不为零
get_file_name           //打印出当前文件名
get_meta_album          //打印出当前文件的'专辑'的元数据
get_meta_artist         //打印出当前文件的'艺术家'的元数据
get_meta_comment        //打印出当前文件的'评论'的元数据
get_meta_genre          //打印出当前文件的'流派'的元数据
get_meta_title          //打印出当前文件的'标题'的元数据
get_meta_year           //打印出当前文件的'年份'的元数据
```

比如，运行命令“mplayer -slave　<movie>”，启用 slave 模式，接着就可在控制台窗口输入 slave 命令进行控制了。

下面为具体应用。

a. 主进程创建一个无名管道和一个有名管道后，用 fork( )函数创建一个子进程。

b. 在子进程中，启动 Mplayer。

参数规定通过命名管道进行通信，并且把子进程的标准输出重定向为无名管道的写端。这样，Mplayer 就能从有名管道中读到主进程发送的命令。而 Mplayer 发出的内容发送到无名管道中，父进程通过读管道就可以读到 Mplayer 发出的信息。

```
    if(pid==0)                  //子进程播放 Mplayer
    {
    close(fd_pipe[0]);
    dup2(fd_pipe[1],1);         //将子进程的标准输出重定向到管道的写端
    fd_fifo=open("/tmp/my_fifo",O_RDWR);
    execlp("mplayer","mplayer","-slave","-quiet","-input","file=/tmp/my_fifo",
"juhuatai.mpg",NULL);
    }
```

c. 在父进程中，启动两个线程。

get_pthread 线程，不断使用 fgets 从键盘获取一个字符串命令，并写入有名管道中。

```
void *get_pthread(void *arg)
{
    char buf[100];
    while(1)
    {
        printf("please input you cmd: ");
        fflush(stdout);
        fgets(buf,sizeof(buf),stdin);       //从标准输入获取数据
        buf[strlen(buf)]='\0';
        printf("*%s*\n",buf);
        if(write(fd_fifo,buf,strlen(buf))!=strlen(buf))
            perror("write");                //将命令写入命名管道
    }
}
```

print_pthread 线程，循环检测无名管道是否有信息可读，有信息将其打印。

```
void *print_pthread(void *arg)
{
    char buf[100];
    close(fd_pipe[1]);
    int size=0;
    while(1)
    {
        size=read(fd_pipe[0],buf,sizeof(buf));
        //从无名管道的写端读取信息打印在屏幕上
        buf[size]='\0';
        printf("th msg read form pipe is %s\n",buf);
    }
}
```

任务实施单

项目名	多任务程序设计		
任务名	智能终端进程间通信	学时	2
计划方式	实训		
步骤	具体实施		
	操作内容	目的	结论
1	创建子进程		
2	启动 Mplayer		
3	在父进程中，启动两个线程		

教学反馈

教学反馈单

项目名	多任务程序设计		
任务名	智能终端进程间通信	方式	课后
序号	调查内容	是/否	反馈意见
1	知识点是否讲解清楚		
2	操作是否规范		
3	解答是否及时		
4	重难点是否突出		
5	课堂组织是否合理		
6	逻辑是否清晰		
本次任务兴趣点			
本次任务的成就点			
本次任务的疑虑点			

项目5 网络通信程序设计

认识网络通信

任务引入

智能终端作为物联网的关键组成部分，其重要的功能之一便是要能接入网络，通过网络进行通信，那么什么是网络通信呢？网络通信有怎样的特点？本任务将带领大家一起认识网络通信，学习网络通信的基础知识并进行简单的通信程序设计。

任务目标

① 理解网络通信的概念。
② 了解网络通信的方式和特点。
③ 理解 TCP/IP 协议。

任务描述

为进一步完善智慧农业监测系统功能，需实现系统中的一台智能终端通过云端服务器与另一台智能终端进行远程通信，实现信息交互。网络通信便是实现远程终端及应用通信的方式。TCP/IP 是一个网络通信模型，这一模型是 Internet 最基本的协议，也是国际互联网络的基础。本任务通过网络通信基础知识的学习，理解 TCP/IP 协议，为下一步传感器应用开发工作打下基础。

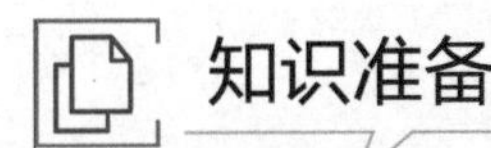

知识准备

5.1.1 网络通信基础

通信，是指人与人、人与物、物与物之间通过某种媒介和行为进行的信息传递与交流。网络通信，是指终端设备之间通过计算机网络进行的通信。

信息传递过程：虚拟的信息传递与真实的物品传递过程有许多相似之处（图 5.1.1）。

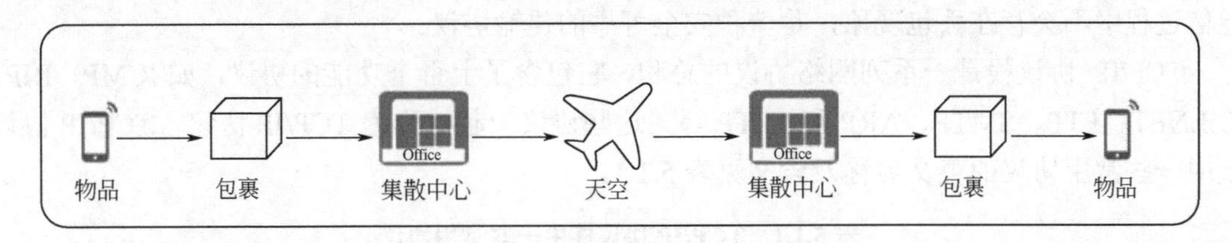

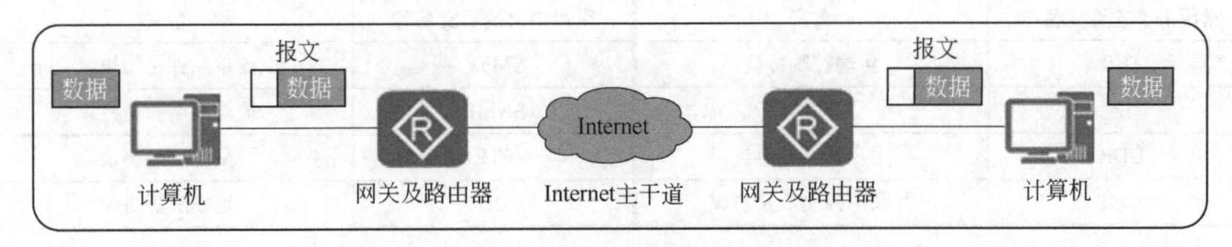

图 5.1.1 物品传递过程与网络通信过程的对比

- 物品传递：准备需要快递的物品。信息传递：应用程序生成需要传递的信息（或数据）。
- 物品传递：物品被包装起来形成包裹，并粘贴含有收货人姓名、地址的快递单。信息传递：应用程序将数据打包成原始的“数据载荷”，并添加“头部”和“尾部”形成报文，报文中的重要信息是接收者的地址信息，即“目的地址”。信息传递：在一个信息单元的基础上，增加一些新的信息段，使其形成一个新的信息单元，这个过程称为“封装”。
- 物品传递：包裹被送到集散中心，集散中心对包裹上的目的地址进行分检，去往同一个城市的物品被放入同一架飞机，并飞向天空。信息传递：报文通过网线到达“网关”，网关收到报文后，对其“解封装”，读取目的地址，再重新封装，并根据目的地址不同，送往不同的“路由器”，通过网关及路由器的传递，报文最终离开本地网络，进入 Internet 主干道进行传输。其中，网线所起的作用跟公路一样，是信息传输的介质。
- 物品传递：飞机抵达目的机场后，包裹被取出进行分检，去往同一地区的包裹，被送到了同一集散中心。信息传递：报文经过 Internet 主干道的传输，到达目的地址所在的本地网络，本地网络的网关或路由器对报文进行解封装和封装，并根据目的地址决定发往相应的下一台路由器，最终到达目的计算机所在网络的网关。
- 物品传递：集散中心根据包裹上的目的地址进行分检，快递员送包裹上门，收件人拆开包裹，确认物品完好无损后收下。整个快递过程完成。信息传递：计算机收到报文后，对报文进行校验处理，校验无误后，收下报文，并将其中的数据载荷交由相应的应用程序进行处理。一次完整的网络通信过程就结束了。

为了把全世界的所有不同类型的计算机终端都连接起来，就必须规定一套全球通用的协议，为了实现互联网这个目标，诞生了互联网协议簇（Internet Protocol Suite），就是通用协议标准。通用协议标准里有上百种协议，不过最重要的还是 TCP/IP 协议。

5.1.2 TCP/IP 分层模型

TCP/IP（Transmission Control Protocol/ Internet Protocol）协议叫做传输控制/网际协议，又称网络通信协议。在 TCP 通信模型中，在通信开始之前，一定要先建立相关的连接，才能发送数据，类似于生活中的“打电话”。通信连接必须是双向的，有明显的客户端与服务器，只能在完全接收到服务器给的响应后才能发起下一次请求，并在超时之后还有重发机制，在通信过程中不会存在丢包现象，是一种安全可靠的传输协议。

TCP/IP 协议栈是一系列网络协议的总和，它包含了上百个功能的协议，如 ICMP、RIP、TELNET、FTP、SMTP、ARP 和 TFTP 等，这些协议一起被称为 TCP/IP 协议。TCP/IP 协议族中一些常用协议的英文名称及含义见表 5.1.1。

表 5.1.1 TCP/IP 协议族中一些常用协议

常用协议的英文名称	含义	常用协议的英文名称	含义
TCP	传输控制协议	SMTP	简单邮件传输协议
IP	网际协议	SNMP	简单网络管理协议
UDP	用户数据报协议	FTP	文件传输协议
ICMP	互联网控制信息协议	ARP	地址解析协议

通俗而言：TCP 负责发现传输的问题，一有问题就发出信号，要求重新传输，直到所有数据安全正确地传输到目的地；而 IP 则是给因特网的每一台计算机规定一个地址。

TCP/IP 协议栈是构成网络通信的核心骨架，它定义了电子设备如何连入因特网，以及数据如何在它们之间进行传输。TCP/IP 协议采用 4 层结构，分别是应用层、传输层、网络层和链路层，每一层都呼叫它的下一层所提供的协议来完成自己的需求。由于用户大部分时间都工作在应用层，下层的事情不用用户操心；其次网络协议体系本身就很复杂庞大，入门门槛高，因此很难搞清楚 TCP/IP 的工作原理。通俗一点讲就是，一个主机的数据要经过哪些过程才能发送到对方的主机上比较难搞清。下面就来探索一下这个过程（图 5.1.2）。

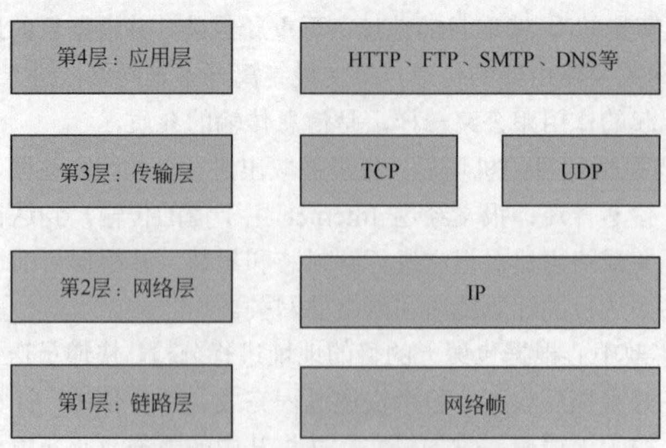

图 5.1.2 TCP/IP 体系结构的关系

应用层：向用户提供一组常用的应用程序，比如电子邮件、文件传输访问以及远程登录等。文件传输访问使用 FTP 协议来提供网络内机器间的文件复制功能。

传输层：提供应用程序间的通信。其功能包括：①格式化信息流；②提供可靠传输。为实现后者，传输层协议规定接收端必须发回确认，并且假如分组丢失，必须重新发送，即耳熟能详的“三次握手”过程，从而提供可靠的数据传输。

网络层：负责相邻计算机之间的通信。其功能包括以下三方面。①处理来自传输层的分组发送请求，收到请求后，将分组装入IP数据报，填充报头，选择去往信宿机的路径，然后将数据报发往适当的网络接口。②处理输入数据报：首先检查其合法性，然后进行寻径——假如该数据报已到达信宿机，则去掉报头，将剩下部分交给适当的传输协议；假如该数据报尚未到达信宿机，则转发该数据报。③处理路径、流控、拥塞等问题。

链路层：TCP/IP协议的最底层，负责接收IP数据报和把数据报通过选定的网络发送出去。

TCP/IP协议数据流示意图如图5.1.3所示。

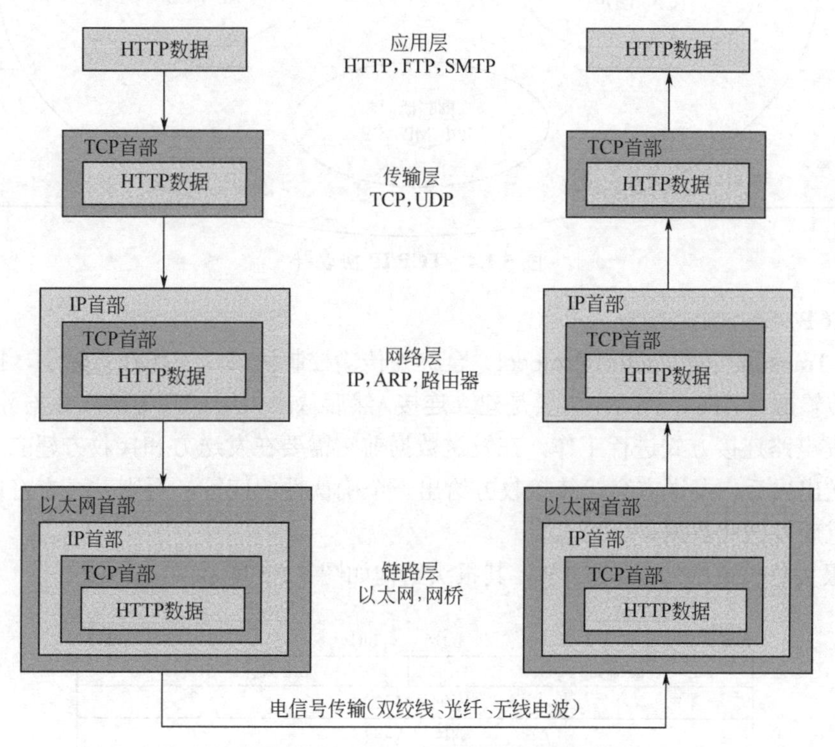

图5.1.3 TCP/IP协议数据流示意图

当通过HTTP发起一个请求时，应用层、传输层、网络层和链路层的相关协议依次对该请求进行包装并携带对应的首部，最终在链路层生成以太网数据包，以太网数据包通过物理介质传输给对方主机，对方接收到数据包以后，然后再一层一层采用对应的协议进行拆包，最后把应用层数据交给应用程序处理。

网络通信就好比送快递，商品外面的一层层包裹就是各种协议，协议包含了商品信息、收货地址、收件人以及联系方式等，然后还需要配送车、配送站和快递员，商品才能最终到达用户手中。一般情况下，快递是不能直达的，需要先转发到对应的配送站，然后由配送站再进行派件。配送车就是物理介质，配送站就是网关，快递员就是路由器，收货地址就是IP地址，联系方式就是MAC地址。快递员负责把包裹转发到各个配送站，配送站根据收货地址的省市区，确认是否需要继续转发到其他配送站，当包裹到达了目标配送站以后，配送站再根据联系方式找到收件人进行派件。

在 TCP/IP 协议族中，有很多种协议，如图 5.1.4 所示。TCP/IP 协议族中的核心协议被设计运行在网络层和传输层，为网络中的各主机提供通信服务，也为模型的最高层——应用层中的协议提供服务。在此主要介绍在网络编程中涉及的传输层 TCP 和 UDP 协议。

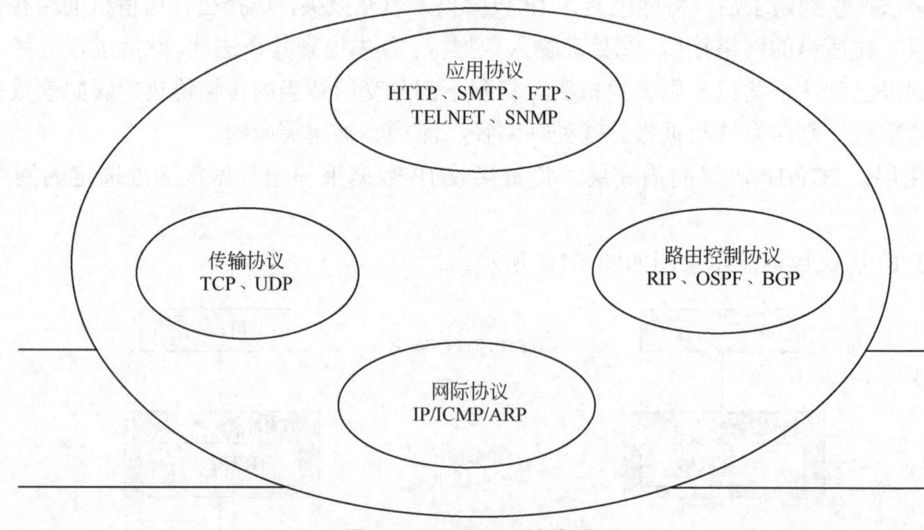

图 5.1.4　TCP/IP 协议群

（1）TCP

TCP（Transmission Control Protocol）全称为传输控制协议，工作在传输层，提供面向连接的可靠传输服务。TCP 的工作主要是建立连接，然后从应用层程序中接收数据并进行传输。TCP 采用虚电路连接方式进行工作，在发送数据前它需要在发送方和接收方建立一个连接，数据在发送出去后，发送方会等待接收方给出一个确认性的应答，否则发送方将认为此数据丢失，并重新发送此数据。

TCP 报头总长最小为 20 个字节，其报头结构如图 5.1.5 所示。

bit0		bit15	bit16 　　　　bit31
源端口（16）			目的端口（16）
序列号（32）			
确认号（32）			
TCP偏移量（4）	保留(6)	标志(6)	窗口(16)
校验和(16)			紧急(16)
选项(0 或 32)			
数据(可变)			

图 5.1.5　TCP 报头结构

源端口：指定了发送端的端口。

目的端口：指定了接收端的端口号。

序列号：指明了段在即将传输的段序列中的位置。

确认号：规定成功收到段的序列号，确认序列号包含发送确认的一端所期望收到的下一个序列号。

TCP 偏移量：指定了段头的长度。段头的长度取决于段头选项字段中设置的选项。

保留：指定了一个保留字段，以备将来使用。

标志：SYN、ACK、PSH、RST、URG、FIN。

- SYN：表示同步。
- ACK：表示确认。
- PSH：表示尽快将数据送往接收进程。
- RST：表示复位连接。
- URG：表示紧急指针。
- FIN：表示发送方完成数据发送。

窗口：指定关于发送端能传输的下一段的大小的指令。

校验和：校验和包含TCP段头和数据部分，用来校验段头和数据部分的可靠性。

紧急：指明段中包含紧急信息，只有当URG标志置1时紧急指针才有效。

选项：指定了公认的段大小、时间戳、选项字段的末端，以及指定了选项字段的边界选项。

（2）UDP

UDP（User Data Protocol，用户数据报协议）是一个非连接的协议，传输数据之前源端和终端不建立连接，当它想传送时就简单地去抓取来自应用程序的数据，并尽可能快地把它扔到网络上。在发送端，UDP传送数据的速度仅仅受应用程序生成数据的速度、计算机的能力和传输带宽的限制；在接收端，UDP把每个消息段放在队列中，应用程序每次从队列中读一个消息段。

由于传输数据不建立连接，因此也就不需要维护连接状态，包括收发状态等，因此一台服务机可同时向多个客户机传输相同的消息。

- UDP信息包的标题很短，只有8个字节，相对于TCP的20个字节信息包，其额外开销很小。
- 吞吐量不受拥挤控制算法的调节，只受应用软件生成数据的速率、传输带宽、源端和终端主机性能的限制。
- UDP使用“尽最大努力”交付，即不保证可靠交付，因此主机不需要维持复杂的连接状态表（这里面有许多参数）。
- UDP是面向报文的。发送方的UDP层对应用程序交下来的报文，在添加首部后就向下交付给IP层，既不拆分，也不合并，只是保留这些报文的边界，因此，应用程序需要选择合适的报文大小。

通常使用ping命令来测试两台主机之间的TCP/IP通信是否正常。其实ping命令的原理就是向对方主机发送UDP数据包，然后对方主机确认收到数据包。如果数据包是否到达的消息能及时反馈回来，那么网络就是通的。

ping命令是用来探测主机到主机之间是否可通信，如果不能ping到某台主机，表明不能和这台主机建立连接。ping命令只是使用IP和网络控制信息协议（ICMP），没有涉及任何传输协议（UDP/TCP）和应用程序。它发送ICMP回送请求消息给目的主机。ICMP协议规定：目的主机必须返回ICMP回送应答消息给源主机；如果源主机在一定时间内收到应答，则认为主机可达。

（3）协议的选择

协议的选择应该考虑到数据的可靠性、应用的实时性和网络的可靠性。

➢ 对数据可靠性要求高的应用需选择 TCP，对数据的可靠性要求不那么高的应用可选择 UDP 传送。
➢ TCP 中的三次握手、重传确认等手段可以保证数据传输的可靠性，但使用 TCP 会有较大的时延，因此不适合实时性要求较高的应用；而 UDP 则有很好的实时性。
➢ 网络状况不是很好的情况下（如为广域网时）需选用 TCP，网络状况很好的情况下选择 UDP 可以减少网络负荷。

任务实施

5.1.3 TCP 通信过程

TCP 在传输之前会进行三次沟通，一般称为“三次握手”；传完数据断开的时候要进行四次沟通，一般称为“四次挥手”。两个序号和六个标志位如下。

① 序号：seq 序号，占 32 位，用来标识从 TCP 源端向目的端发送的字节流，发起方发送数据时对此进行标记。

② 确认序号：ack 序号，占 32 位，只有 ACK 标志位为 1 时，确认序号字段才有效，ack=seq+1。

③ 标志位：共 6 个，即 URG、ACK、PSH、RST、SYN、FIN 等，具体含义如下所示。

➢ URG：紧急指针（urgent pointer）有效。
➢ ACK：确认序号有效。
➢ PSH：接收方应该尽快将这个报文交给应用层。
➢ RST：重置连接。
➢ SYN：发起一个新连接。
➢ FIN：释放一个连接。

TCP 通信过程中有三次握手，是指建立一个 TCP 连接时，需要客户端和服务器总共发送 3 个包。三次握手的目的是连接服务器指定端口，建立 TCP 连接，同步连接双方的序列号和确认号，并交换 TCP 窗口大小信息。TCP 三次握手示意图见图 5.1.6。

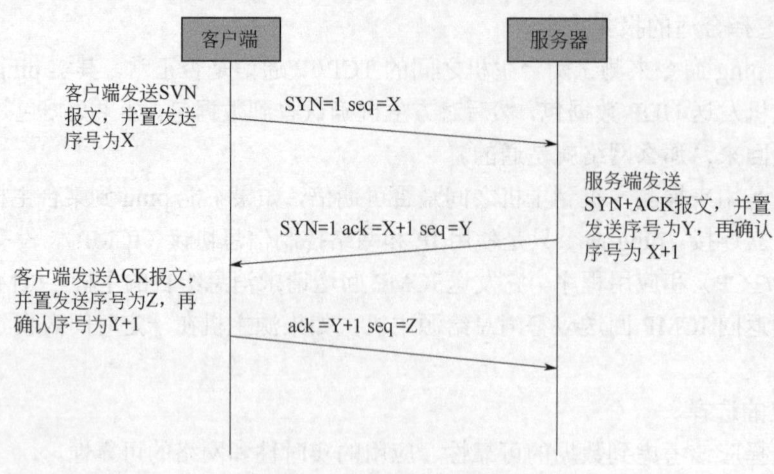

图 5.1.6 TCP 三次握手

源端口
目标端口
X
接收顺序号
偏置值
保留
URG
ACK
PSH
RST
1
FIN
窗口
校验和
紧急指针
任选项+补丁
用户数据

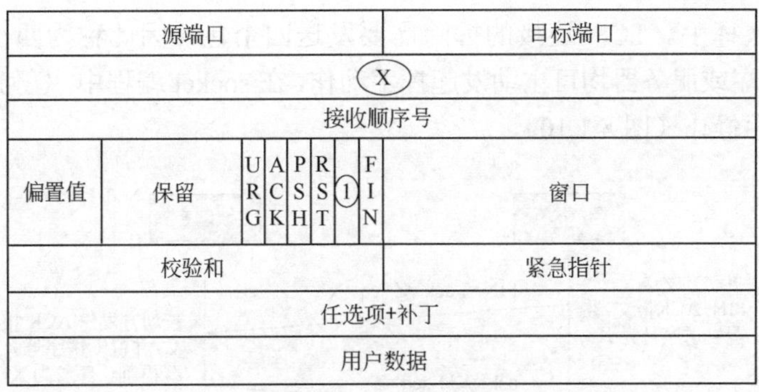

图 5.1.7 第一次握手

① 第一次握手。客户端发送一个 TCP 的 SYN 标志位置 1 的包指明客户打算连接的服务器的端口，以及初始序号 X，保存在包头的序列号（Sequence Number）字段里（图 5.1.7）。

② 第二次握手。服务器发回确认包（ACK）应答，即 SYN 标志位和 ACK 标志位均为 1 同时，将确认序号设置为客户的 I S N 加 1，即 X+1（图 5.1.8）。

源端口
目标端口
Y
X+1
偏置值
保留
URG
1
PSH
RST
1
FIN
窗口
校验和
紧急指针
任选项+补丁
用户数据

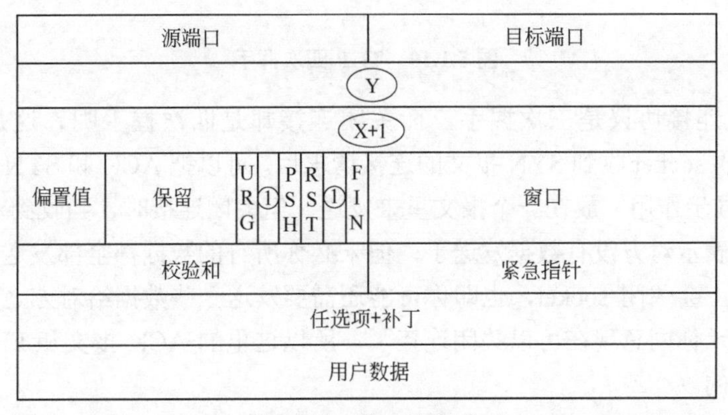

图 5.1.8 第二次握手

③ 第三次握手。客户端再次发送确认包（ACK），SYN 标志位为 0，ACK 标志位为 1。并且把服务器发来 ACK 的序号字段+1，放在确定字段中发送给对方，并且在数据段放写 ISN 的+1（图 5.19）。

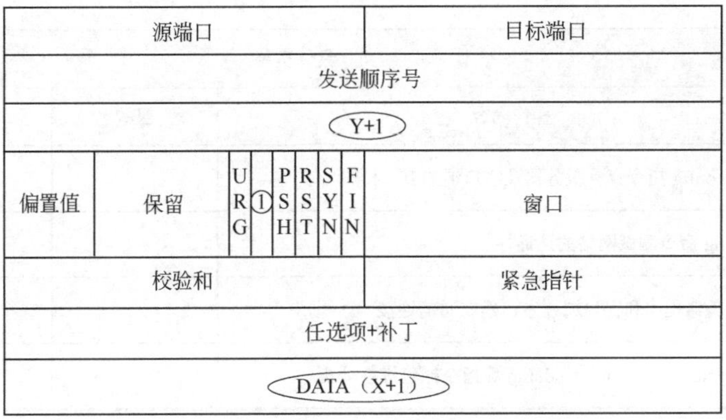

源端口
目标端口
发送顺序号
Y+1
偏置值
保留
URG
1
PSH
RST
SYN
FIN
窗口
校验和
紧急指针
任选项+补丁
DATA（X+1）

图 5.1.9 第三次握手

④ TCP 四次挥手。TCP 连接的拆除需要发送四个包，因此称为四次挥手（four-way handshake）。客户端或服务器均可主动发起挥手动作，在 socket 编程中，任何一方执行 close( ) 操作即可产生挥手操作（图 5.1.10）。

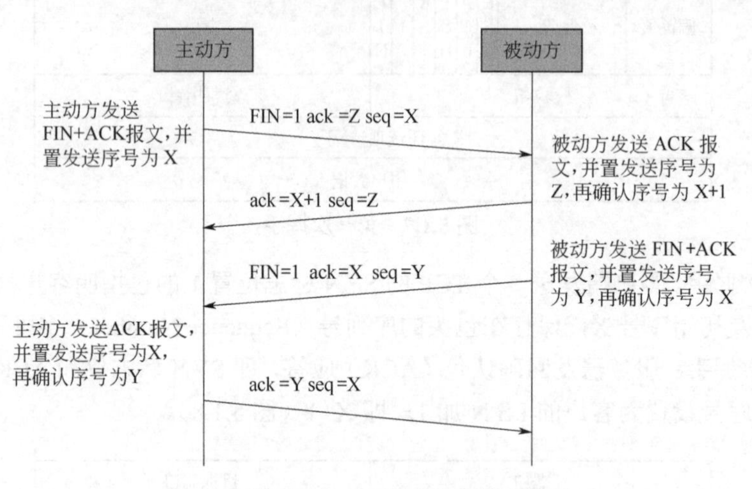

图 5.1.10 TCP 四次挥手

为什么建立连接协议是三次握手，而关闭连接却是四次握手呢？这是因为服务端的 LISTEN 状态下的 socket 收到 SYN 报文的连接请求后，可以把 ACK 和 SYN（ACK 起应答作用，而 SYN 起同步作用）放在一个报文里来发送。但关闭连接时，当收到对方的 FIN 报文通知时，它仅仅表示对方没有数据发送了，但未必你所有的数据都全部发送给对方了，所以你可能未必会马上会关闭 socket，也即你可能还需要发送一些数据给对方之后，再发送 FIN 报文给对方来表示你同意现在可以关闭连接了，所以这里的 ACK 报文和 FIN 报文多数情况下都是分开发送的。

任务实施单

项目名	网络通信程序设计		
任务名	认识网络通信	学时	2
计划方式	实训		
步骤	具体实施		
	操作内容	目的	结论
1	通过 ipconfig 指令查看服务器及客户端的 IP 信息		
2	使用 ping 命令测试网络的连通性		
3	运行服务器程序和客户端程序，建立通信连接		
4	使用 netstat、ss、lsof、tcpdump 等指令抓包进行分析		

教学反馈

教学反馈单

项目名	网络通信程序设计		
任务名	认识网络通信	方式	课后
序号	调查内容	是/否	反馈意见
1	知识点是否讲解清楚		
2	操作是否规范		
3	解答是否及时		
4	重难点是否突出		
5	课堂组织是否合理		
6	逻辑是否清晰		
本次任务兴趣点			
本次任务的成就点			
本次任务的疑虑点			

任务5.2 套接字（socket）编程

任务引入

应用层通过传输层进行数据通信时，TCP 和 UDP 会遇到同时为多个应用程序进程提供并发服务的问题。多个 TCP 连接或多个应用程序进程可能需要通过同一个 TCP 协议端口传输数据。怎样区别不同的应用程序进程和连接呢？本任务将一起学习应用程序与 TCP/IP 协议交互的接口——套接字（socket）。

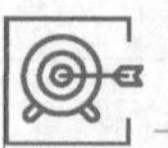

任务目标

① 理解套接字的基本概念。
② 掌握套接字的地址及顺序处理。
③ 认识常见的套接字编程函数。

任务描述

Linux 系统中的网络编程是通过套接字（socket）接口进行的。socket 是一种特殊的 I/O 接口，也是一种文件描述符。socket 不仅能实现本地机器上的进程之间的通信，而且通过网络能在不同机器上的进程之间进行通信。本任务将通过学习套接字基本概念及常见套接字编程函数，初步掌握套接字编程基础。

知识准备

5.2.1 套接字（socket）概述

（1）套接字的定义

为了区别不同的应用程序进程和连接，许多计算机操作系统为应用程序与 TCP/IP 协议交互提供了称为套接字（socket）的接口。区分不同应用程序进程间的网络通信和连接，主要有 3 个参数：通信的目的 IP 地址、使用的传输层协议（TCP 或 UDP）和使用的端口号。socket 的原意是“插座”。通过将这 3 个参数结合起来，与一个“插座”socket 绑定，应用层就可以和传输层通过套接字接口，区分来自不同应用程序进程或网络连接的通信，实现数据传输的并发服务。我们把插头插到插座上就能从电网获得电力供应，同样，为了与远程终端进行数据传输，需要连接到因特网，而socket就是用来连接到因特网的工具。

每一个socket都用一个半相关描述{协议，本地地址、本地端口}来表示；一个完整的套接字则用一个相关描述{协议，本地地址、本地端口、远程地址、远程端口}来表示。socket也有一个类似于打开文件的函数调用，该函数返回一个整型的socket描述符，随后的连接建立、数据传输等操作都是通过socket来实现的。

（2）套接字类型

常见的套接字有以下3种类型。

① 流式 socket（SOCK_STREAM） 流式套接字提供可靠的、面向连接的通信流；流式socket使用TCP协议，从而保证了数据传输的正确性和顺序性。

② 数据报 socket（SOCK_DGRAM） 数据报套接字定义了一种无连接的服务，数据通过相互独立的报文进行传输，是无序的，并且不保证是可靠、无差错的。数据报socket使用数据报协议UDP。

③ 原始 socket 原始套接字允许对底层协议如IP或ICMP进行直接访问，虽然原始套接字的功能强大，但是使用却较为不便，主要用于一些协议的开发。

（3）Linux系统中的套接字与Windows系统中的套接字

Linux 系统中的套接字是什么？在 Linux 系统中，为了统一对各种硬件的操作，简化接口，不同的硬件设备也都被看成一个文件。对这些文件的操作，等同于对磁盘上普通文件的操作，即 Linux 系统中的一切都是文件！为了表示和区分已经打开的文件，Linux 系统会给每个文件分配一个 ID，这个 ID 就是一个整数，被称为文件描述符（File Descriptor）。

① 通常用0来表示标准输入文件（stdin），它对应的硬件设备就是键盘；

② 通常用1来表示标准输出文件（stdout），它对应的硬件设备就是显示器。

UNIX/Linux 程序在执行任何形式的I/O操作时，都是在读取或者写入一个文件描述符。一个文件描述符只是一个和打开的文件相关联的整数，它的背后可能是一个硬盘上的普通文件、FIFO、管道、终端、键盘或显示器，甚至是一个网络连接。

网络连接也是一个文件，也有文件描述符，可以通过socket()函数来创建一个网络连接，或者说打开一个网络文件，socket( )函数的返回值就是文件描述符。有了文件描述符，就可以使用普通的文件操作函数来传输数据了。

① 用read( )函数读取从远程计算机传来的数据；

② 用write( )函数向远程计算机写入数据。

只要用socket( )函数创建了连接，剩下的就是文件操作了，网络编程原来就是如此简单。

Windows 系统也有类似“文件描述符”的概念，但通常被称为“文件句柄”。因此，本教程一般涉及 Windows 平台将使用“句柄”，如果涉及 Linux 平台则使用“描述符”。与UNIX/Linux系统不同的是，Windows系统会区分套接字和文件，Windows就把套接字当做一个网络连接来对待，因此需要调用专门针对套接字而设计的数据传输函数，针对普通文件的输入/输出函数就无效了。

任务实施

套接字编程

5.2.2 套接字（socket）编程基础

（1）套接字的数据结构

C 程序进行套接字编程时，常会使用到 sockaddr 和 sockaddr_in 数据类型。这两种数据类型是系统中定义的结构体，用于保存套接字信息，如 IP 地址、通信端口等，下面首先重点介绍两个数据类型：sockaddr 和 sockaddr_in。

```
struct sockaddr
{
    unsigned short sa_family; //地址族
    char sa_data[14];
    //14 字节的协议地址，包含该 socket 的 IP 地址和端口号
};
struct sockaddr_in
{
    short int sa_family; //地址族
    unsigned short int sin_port; //端口号
    struct in_addr sin_addr; //IP 地址
    unsigned char sin_zero[8];
    //填充 0 以保持与 struct sockaddr 同样大小
};
```

这两个数据类型是等效的，可以相互转化，通常 sockaddr_in 数据类型使用更为方便。在建立 sockaddr 或 sockaddr_in 后，就可以对该 socket 进行适当的操作了。

sa_family 字段可选的常见值见表 5.2.1。

表 5.2.1 sa_family 字段可选的常见值

结构定义头文件	#include <netinet/in.h>
sa_family	AF_INET：IPv4 协议
	AF_INET6：IPv6 协议
	AF_LOCAL：UNIX 域协议
	AF_LINK：链路地址协议
	AF_KEY：密钥套接字（socket）

（2）主机名与 IP 地址转换

由于 IP 地址比较长，特别到了 IPv6，IP 地址的长度多达 128 位，使用起来不方便，因此，使用主机名将会是很好的选择。在 Linux 系统中，同样有一些函数可以实现主机名和地址的转化，最为常见的有 gethostbyname( )、gethostbyaddr( )、getaddrinfo( )等，它们都可以实现 IPv4 和 IPv6 的地址和主机名之间的转化。其中 gethostbyname( )是将主机名转化为 IP 地址，gethostbyaddr( )则是逆操作，将 IP 地址转化为主机名，另外 getaddrinfo( )还能实现自动识别 IPv4 地址和 IPv6 地址的功能。

gethostbyname( )函数语法要点见表 5.2.2，getaddrinfo( )函数语法要点见表 5.2.3。

表 5.2.2 gethostbyname( )函数语法要点

所需头文件	#include <netdb.h>
函数原型	struct hostent *gethostbyname(const char *hostname)
函数传入值	hostname：主机名
函数返回值	成功：hostent 类型指针
	出错：–1

调用该函数时可以首先对 addrinfo 结构体中的 h_addrtype 和 h_length 进行设置，若为 IPv4 可设置为 AF_INET 和 4；若为 IPv6 可设置为 AF_INET6 和 16；若不设置则默认为 IPv4 地址类型。

表 5.2.3 getaddrinfo( )函数语法要点

所需头文件	#include <netdb.h>
函数原型	int getaddrinfo(const char *hostname,const char *service, const struct addrinfo *hints,struct addrinfo **result)
函数传入值	hostname：主机名
	service：服务名或十进制的串口号字符串
	hints：服务线索
	result：返回结果
函数返回值	成功：0
	出错：–1

在调用之前，首先要对 hints 服务线索进行设置。它是一个 addrinfo 结构体，该结构体常见的选项值见表 5.2.4。

表 5.2.4 addrinfo 结构体的常见选项值

结构体头文件	#include <netdb.h>
ai_flags	AI_PASSIVE：该套接口用于被动地打开
	AI_CANONNAME：通知 getaddrinfo 函数返回主机的名字
family	AF_INET：IPv4 协议
	AF_INET6：IPv6 协议
	AF_UNSPE：IPv4 或 IPv6 均可
ai_socktype	SOCK_STREAM：字节流套接字 socket（TCP）
	SOCK_DGRAM：数据报套接字 socket（UDP）
ai_protocol	IPPROTO_IP：IP 协议
	IPPROTO_IPV4：IPv4 协议
	IPPROTO_IPV6：IPv6 协议
	IPPROTO_UDP：UDP
	IPPROTO_TCP：TCP

（3）地址格式转换

通常用户在表达地址时采用的是点分十进制表示的数值（或者是以冒号分开的十进制 IPv6 地址），而在通常使用的 socket 编程中所使用的则是二进制值，因此需要将这两个数值进行转换。IPv4 中用到的函数有 inet_aton( )、inet_addr( )和 inet_ntoa( )，而 IPv4 和 IPv6 兼容的函数有 inet_pton( )和 inet_ntop( )。inet_pton( )函数是将点分十进制地址映射为二进制地址，而 inet_ntop( )是将二进制地址映射为点分十进制地址。

inet_pton( )函数语法要点如表 5.2.5 所示，inet_ntop( )函数语法要点见表 5.2.6。

表 5.2.5 inet_pton( )函数语法要点

所需头文件	#include <arpa/inet.h>	
函数原型	int inet_pton(int family, const char *strptr, void *addrptr)	
函数传入值	family	AF_INET（IPv4 协议）
		AF_INET6（IPv6 协议）
	strptr：要转化的值	
	addrptr：转化后的地址	
函数返回值	成功：0	
	出错：–1	

表 5.2.6 inet_ntop( )函数语法要点

所需头文件	#include <arpa/inet.h>	
函数原型	int inet_ntop(int family, void *addrptr, char *strptr, size_t len)	
函数传入值	family	AF_INET：IPv4 协议
		AF_INET6：IPv6 协议
	addrptr：转化后的地址	
	strptr：要转化的值	
	len：转化后值的大小	
函数返回值	成功：0	
	出错：–1	

（4）数据存储优先顺序

计算机数据存储有两种字节优先顺序：高位字节优先和低位字节优先。Internet 上数据以高位字节优先顺序在网络上传输，因此需要对这两个字节存储优先顺序进行相互转化。数据存储用到的函数有 htons( )、ntohs( )、htonl( )和 ntohl( )。这四个地址分别实现网络字节序和主机字节序的转化，这里的 h 代表 host，n 代表 network，s 代表 short，l 代表 long。通常 16 位的 IP 端口号用 s 代表，而 IP 地址用 l 来代表。

htons( )等函数的语法要点见表 5.2.7。

表 5.2.7 htons( )等函数的语法要点

所需头文件	#include <netinet/in.h>
函数原型	uint16_t htons(unit16_t host16bit)
	uint32_t htonl(unit32_t host32bit)
	uint16_t ntohs(unit16_t net16bit)
	uint32_t ntohl(unit32_t net32bit)
函数传入值	host16bit：主机字节序的 16bit 数据
	host32bit：主机字节序的 32bit 数据
	net16bit：网络字节序的 16bit 数据
	net32bit：网络字节序的 32bit 数据
函数返回值	成功：返回要转换的字节序
	出错：–1

调用该函数只是使其得到相应的字节序，用户不需清楚该系统的主机字节序和网络字节序是否真正相等。如果是相同不需要转换的话，该系统的这些函数将会被定义成空宏定义。

任务实施单

项目名	网络通信程序设计		
任务名	套接字（socket）编程	学时	2
计划方式	实训		
步骤	具体实施		
	操作内容	目的	结论
1	梳理套接字（socket）类型、IP 转换方式		
2	整理套接字（socket）常用函数		

教学反馈

教学反馈单

项目名	网络通信程序设计		
任务名	套接字（socket）编程	方式	课后
序号	调查内容	是/否	反馈意见
1	知识点是否讲解清楚		
2	操作是否规范		
3	解答是否及时		
4	重难点是否突出		
5	课堂组织是否合理		
6	逻辑是否清晰		
本次任务兴趣点			
本次任务的成就点			
本次任务的疑虑点			

TCP/UDP 套接字编程

任务引入

网络通信传输层主要靠 TCP 和 UDP 两大协议实现数据传输，在上一个任务中对应用程序与 TCP/IP 协议交互的接口——套接字有了基本的认识，本任务将一起学习怎样利用套接字实现 TCP 及 UDP 编程。

任务目标

① 掌握 TCP 客户服务器程序设计。
② 掌握 UDP 客户服务器程序设计。
③ 理解单播、广播、组播。
④ 能进行套接字编程综合应用。

任务描述

网络编程从大的方面说就是通过调用相应的 API 来操作计算机网络硬件资源，并利用传输管道（网线）进行数据交换的过程。网络编程最主要的工作就是在发送端把信息通过规定好的协议进行组包，在接收端按照规定好的协议把包进行解析，从而提取出对应的信息，达到通信的目的。本任务基于对套接字基础认识，分别进行 TCP 套接字编程及 UDP 套接字编程，实现智慧农业监测系统中 ZigBee 设备串口与 TCP/IP 网络协议转换。

知识准备

5.3.1 TCP 客户服务器程序设计

网络编程的目的就是指直接或间接地通过网络协议与其他计算机进行通信。网络编程中有两个主要的问题，一个是如何准确地定位网络上一台或多台主机，另一个就是找到主机后如何可靠高效地进行数据传输。在 TCP/IP 协议中 IP 层主要负责网络主机的定位、数据传输的路由，由 IP 地址可以唯一地确定因特网上的一台主机。而 TCP 层则提供面向应用的可靠的或非可靠的数据传输机制，这是网络编程的主要对象，一般不需要关心 IP 层是如何处理数据的。

目前较为流行的网络编程模型是客户机/服务器（C/S）结构，即通信双方一方作为服务器等待客户提出请求并予以响应。客户则在需要服务时向服务器提出申请。服务器一般作为守护进程始终运行，监听网络端口，一旦有客户请求，就会启动一个服务进程来响应该客户，同时自己继续监听服务端口，使后来的客户也能及时得到服务。在因特网上IP地址和主机名是一一对应的，通过域名解析可以由主机名得到机器的IP，由于机器名更接近自然语言，容易记忆，所以使用比IP地址广泛，但是对机器而言只有IP地址才是有效的标识符。

通常一台主机上总是有很多个进程需要网络资源进行通信。网络通信的对象准确地讲不是主机，而应该是主机中运行的进程。这时候光有主机名或IP地址来标识这么多个进程显然是不够的。端口号就是为了在一台主机上提供更多的网络资源而采用的一种手段，也是TCP层提供的一种机制。只有通过主机名或IP地址和端口号的组合才能唯一地确定网络通信中的对象进程。

通常应用程序通过打开一个套接字来使用 TCP 服务，TCP 管理到其他套接字的数据传递。可以说，通过IP的源或目的可以准确区分网络中两个设备的关联，通过套接字的源或目的可以准确区分网络中两个应用程序的关联。下面介绍基于TCP协议的编程函数及功能，见表5.3.1。

表5.3.1 基于TCP协议编程的相关函数

函 数	作 用
socket	用于建立一个套接字连接
bind	将套接字与本机上的一个端口绑定，随后就可以在该端口监听服务请求
connect	面向连接的客户程序使用connect()函数来配置套接字，并与远端服务器建立一个TCP连接
listen	listen()函数使套接字处于被动的监听模式，并为该套接字建立一个输入数据队列，将达到的服务器请求保存在此队列中，直到程序处理他们
accept	accept()函数让服务器接收客户的连接请求
close	停止在该套接字上的任何数据操作
send	数据发送函数
recv	数据接收函数

socket()函数语法要点见表5.3.2，bind( )、listen( )、accept( )、connect( )、send( )和recv( )函数语法要点分别见表5.3.3～表5.3.8。

表5.3.2 socket( )函数语法要点

所需头文件	#include <sys/socket.h>	
函数原型	int socket(int family, int type, int protocol)	
函数传入值	family：协议族	AF_INET：IPv4 协议
		AF_INET6：IPv6 协议
		AF_LOCAL：UNIX 域协议
		AF_ROUTE：路由套接字（socket）
		AF_KEY：密钥套接字（socket）
	type：套接字类型	SOCK_STREAM：字节流套接字
		SOCK_DGRAM：数据报套接字
		SOCK_RAW：原始套接字
	protocol：0（原始套接字除外）	
函数返回值	成功：非负套接字描述符	
	出错：–1	

表 5.3.3　bind( )函数语法要点

所需头文件	#include <sys/socket.h>
函数原型	int bind(int sockfd, struct sockaddr *my_addr, int addrlen)
函数传入值	sockfd：套接字描述符
	my_addr：本地地址
	addrlen：地址长度
函数返回值	成功：0
	出错：–1

端口号和地址在 my_addr 中给出了，若不指定地址，则内核随意分配一个临时端口给该应用程序。

表 5.3.4　listen( )函数语法要点

所需头文件	#include <sys/socket.h>
函数原型	int listen(int sockfd，int backlog)
函数传入值	sockfd：套接字描述符
	backlog：请求队列中允许的最大请求数，大多数系统缺省值为 20
函数返回值	成功：0
	出错：–1

表 5.3.5　accept( )函数语法要点

所需头文件	#include <sys/socket.h>
函数原型	int accept(int sockfd, struct sockaddr *addr, socklen_t *addrlen)
函数传入值	sockfd：套接字描述符
	addr：客户端地址
	addrlen：地址长度
函数返回值	成功：0
	出错：–1

表 5.3.6　connect( )函数语法要点

所需头文件	#include <sys/socket.h>
函数原型	int connect(int sockfd, struct sockaddr *serv_addr, int addrlen)
函数传入值	sockfd：套接字描述符
	serv_addr：服务器端地址
	addrlen：地址长度
函数返回值	成功：0
	出错：–1

表 5.3.7　send( )函数语法要点

所需头文件	#include <sys/socket.h>
函数原型	int send(int sockfd, const void *msg, int len, int flags)
函数传入值	sockfd：套接字描述符
	msg：指向要发送数据的指针
	len：数据长度
	flags：一般为 0
函数返回值	成功：0
	出错：–1

表 5.3.8　recv( )函数语法要点

所需头文件	#include <sys/socket.h>
函数原型	int recv(int sockfd, void *buf, int len, unsigned int flags)
函数传入值	sockfd：套接字描述符
	buf：存放接收数据的缓冲区
	len：数据长度
	flags：一般为 0
函数返回值	成功：接收的字节数
	出错：−1

使用示例如下所示。

程序功能：该实例分为客户端和服务器端，其中服务器端首先建立起 socket，然后调用本地端口的绑定，接着就开始与客户端建立联系，并接收客户端发送的消息。客户端则在建立 socket 之后调用 connect( )函数来建立连接。

（1）基于 TCP 协议流程图（图 5.3.1）

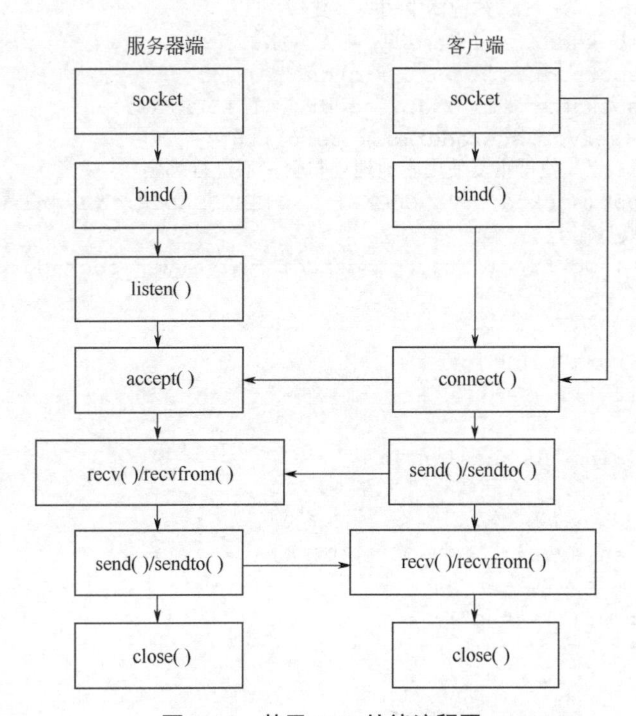

图 5.3.1　基于 TCP 协议流程图

（2）服务器端的代码

```
/*server.c*/
#include <sys/types.h>
#include <sys/socket.h>
#include <stdio.h>
#include <stdlib.h>
#include <string.h>
#include <sys/ioctl.h>
#include <unistd.h>
#include <netinet/in.h>
```

```
#define PORT                4321
#define BUFFER_SIZE         1024
#define MAX_QUE_CONN_NM     5

int main()
{
     struct sockaddr_in server_sockaddr, client_sockaddr;
     int sin_size, recvbytes;
     int sockfd, client_fd;
     char buf[BUFFER_SIZE];
     /*建立套接字连接*/
     if ((sockfd = socket(AF_INET,SOCK_STREAM,0))== -1)
     {
          perror("socket");
          exit(1);
     }
     printf("Socket id = %d\n",sockfd);
     /*设置 sockaddr_in 结构体中相关参数*/
     server_sockaddr.sin_family = AF_INET;
     server_sockaddr.sin_port = htons(PORT);
     server_sockaddr.sin_addr.s_addr = INADDR_ANY;
     bzero(&(server_sockaddr.sin_zero), 8);
     int i = 1;/* 使得重复使用本地地址与套接字进行绑定 */
     setsockopt(sockfd, SOL_SOCKET, SO_REUSEADDR, &i, sizeof(i));
     /*绑定函数 bind( )*/
     if (bind(sockfd, (struct sockaddr *)&server_sockaddr, sizeof(struct
sockaddr))== -1)
     {
          perror("bind");
          exit(1);
     }
     printf("Bind success!\n");

     /*调用 listen()函数*/
     if (listen(sockfd, MAX_QUE_CONN_NM) == -1)
     {
          perror("listen");
          exit(1);
     }
     printf("Listening...\n");
     /*调用 accept()函数，等待客户端的连接*/
     if ((client_fd = accept(sockfd, (struct sockaddr *)&client_sockaddr,
&sin_size)) == -1)
     {
          perror("accept");
          exit(1);
     }
     /*调用 recv()函数接收客户端的请求*/
     memset(buf , 0, sizeof(buf));
     if ((recvbytes = recv(client_fd, buf, BUFFER_SIZE, 0)) == -1)
     {
```

```
            perror("recv");
            exit(1);
        }
        printf("Received a message: %s\n", buf);
        close(sockfd);
        exit(0);
}
```

（3）客户端的代码

```
/*client.c*/
#include <sys/types.h>
#include <sys/socket.h>
#include <stdio.h>
#include <stdlib.h>
#include <string.h>
#include <sys/ioctl.h>
#include <unistd.h>
#include <netdb.h>
#include <netinet/in.h>

#define PORT    4321
#define BUFFER_SIZE 1024

int main(int argc, char *argv[])
{
    int sockfd, sendbytes;
    char buf[BUFFER_SIZE];
    struct hostent *host;
    struct sockaddr_in serv_addr;

    if(argc < 3)
    {
        fprintf(stderr,"USAGE: ./client Hostname(or ip address) Text\n");
        exit(1);
    }
    /*地址解析函数*/
    if ((host = gethostbyname(argv[1])) == NULL)
    {
        perror("gethostbyname");
        exit(1);
    }
    memset(buf, 0, sizeof(buf));
    sprintf(buf, "%s", argv[2]);
    /*创建socket*/
    if ((sockfd = socket(AF_INET,SOCK_STREAM,0)) == -1)
    {
        perror("socket");
        exit(1);
    }

    /*设置sockaddr_in 结构体中相关参数*/
    serv_addr.sin_family = AF_INET;
```

```
        serv_addr.sin_port = htons(PORT);
        serv_addr.sin_addr = *((struct in_addr *)host->h_addr);
        bzero(&(serv_addr.sin_zero), 8);
        /*调用 connect()函数主动发起对服务器端的连接*/
        if( connect(sockfd, (struct sockaddr *)&serv_addr, sizeof(struct
sockaddr)) == -1)
        {
             perror("connect");
             exit(1);
        }
        /*发送消息给服务器端*/
        if ((sendbytes = send(sockfd, buf, strlen(buf), 0)) == -1)
        {
             perror("send");
             exit(1);
        }
        close(sockfd);
        exit(0);
    }
```

在运行时需要先启动服务器端程序，再启动客户端程序。这里可以把服务器端下载到开发板上，客户端在宿主机上运行，然后配置双方的 IP 地址，在确保双方可以通信的情况下运行程序即可。

服务器输出如下：

```
    # ./server
    Socket id = 3
    Bind success!
    Listening ...
    Received a message: Hello!
```

客户端信息如下：

```
    # ./client localhost(或者 IP 地址) Hello!
```

5.3.2 UDP 客户服务器程序设计

UDP 是面向无连接的通信协议，UDP 数据包括目的端口号和源端口号信息，因此其主要特点是在客户端，不需要用函数 bind 把本地 IP 地址与端口号进行绑定也能进行相互通信。

基于 UDP 通信相关函数见表 5.3.9。

表 5.3.9　无连接的套接字通信相关函数

函　数	作　　用
bind	将套接字与本机上的一个端口绑定，随后就可以在该端口监听服务请求
close	停止在该套接字上的任何数据操作
sendto	数据发送函数
recvfrom	数据接收函数

sendto( )函数语法要点如表 5.3.10 所示，recvfrom( )函数语法要点如表 5.3.11 所示。

表 5.3.10　sendto( )函数语法要点

所需头文件	#include <sys/socket.h>
函数原型	int sendto(int sockfd, const void *msg,int len,unsigned int flags,const struct sockaddr *to, int tolen)
函数传入值	sockfd：套接字描述符
	msg：指向要发送数据的指针
	len：数据长度
	flags：一般为 0
	to：目地机的 IP 地址和端口号信息
	tolen：地址长度
函数返回值	成功：发送的字节数
	出错：–1

表 5.3.11　recvfrom( )函数语法要点

所需头文件	#include <sys/socket.h>
函数原型	int recvfrom(int sockfd,void *buf,int len, unsigned int flags, struct sockaddr *from, int *fromlen)
函数传入值	sockfd：套接字描述符
	buf：存放接收数据的缓冲区
	len：数据长度
	flags：一般为 0
	from：源机的 IP 地址和端口号信息
	tolen：地址长度
函数返回值	成功：接收的字节数
	出错：–1

使用示例如下所示。

程序功能：该实例分为服务器端和客户端，其中服务器端首先建立起套接字，然后调用本地端口的绑定，并接收客户端发送的消息，客户端则在建立套接字之后直接发送信息。

（1）基于 UDP 协议流程图（图 5.3.2）

因为 UDP 是面向无连接的 socket 通信，所以服务器端并不需要 listen( )函数和 accept( )函数。

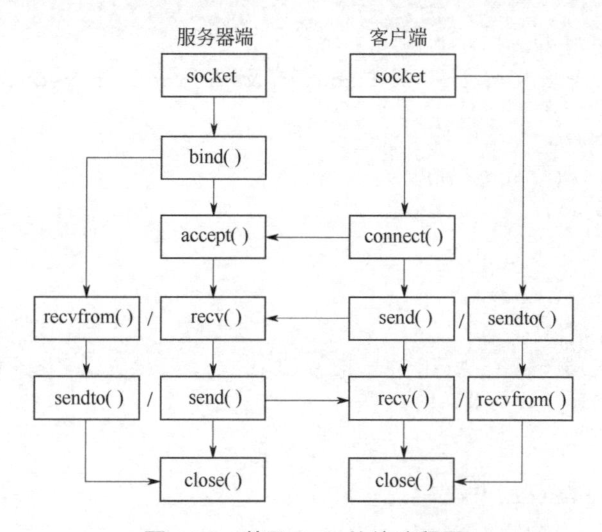

图 5.3.2　基于 UDP 协议流程图

（2）服务器端代码

```
/*udpserver.c*/
#include<stdio.h>
#include<stdlib.h>
#inlcude<unistd.h>
#include<string.h>
#include<sys/socket.h>
#include<netinet/in.h>
#include<arpa/inet.h>
#include<netdb.h>
#include<errno.h>
#include<sys/types.h>
int port=8888;
int main()
{
     int sockfd;
     int len;
     int z;
     char buf[256];
     struct sockaddr_in adr_inet;
     struct sockaddr_in adr_clnt;
     printf("等待客户端....\n");
     /* 建立IP地址 */
     adr_inet.sin_family=AF_INET;
     adr_inet.sin_port=htons(port);
     adr_inet.sin_addr.s_addr =htonl(INADDR_ANY);
     bzero(&(adr_inet.sin_zero),8);
     len=sizeof(adr_clnt);
     /* 建立套接字 */
     sockfd=socket(AF_INET,SOCK_DGRAM,0);
     if(sockfd==-1)
     {
          perror("socket 出错");
          exit(1);
     }
     /* 绑定套接字 */
     z=bind(sockfd,(struct sockaddr *)&adr_inet, sizeof(adr_inet));
     if(z==-1)
     {
          perror("bind 出错");
          exit(1);
     }
     while(1)
     {
     /* 接收传来的信息 */
         z=recvfrom(sockfd,buf,sizeof(buf),0,(struct sockaddr *)
           &adr_clnt,&len);
         if(z<0)
         {
              perror("recvfrom 出错");
              exit(1);
         }
```

```
        buf[z]=0;
        printf("接收:%s", buf);
    /* 收到 stop 字符串，终止连接*/
        if(strncmp(buf,"stop",4)==0)
        {
            printf("结束....\n");
            break;
        }
    }
    close(sockfd);
    exit(0);
}
```

（3）客户端代码

```
/*udpclient.c*/
#include<stdio.h>
#include<stdlib.h>
#include<unistd.h>
#include<string.h>
#include<sys/socket.h>
#include<netinet/in.h>
#include<arpa/inet.h>
#include<netdb.h>
#include<errno.h>
#include<sys/types.h>
int port=8888;
int main()
{
    int sockfd;
    int i=0;
    int z;
    char buf[80],str1[80];
    struct sockaddr_in adr_srvr;
    FILE *fp;
    printf("打开文件......\n");
    /*以只读的方式打开 liu 文件*/
    fp=fopen("liu","r");
    if(fp==NULL)
    {
        perror("打开文件失败");
        exit(1);
    }
    printf("连接服务端...\n");
    /* 建立 IP 地址 */
    adr_srvr.sin_family=AF_INET;
    adr_srvr.sin_port=htons(port);
    adr_srvr.sin_addr.s_addr = htonl(INADDR_ANY);
    bzero(&(adr_srvr.sin_zero),8);
    sockfd=socket(AF_INET,SOCK_DGRAM,0);
    if(sockfd==-1)
    {
        perror("socket 出错");
```

```
            exit(1);
        }
        printf("发送文件 ....\n");
        /* 读取三行数据，传给 udpserver*/
        for(i=0;i<3;i++)
        {
            fgets(str1,80,fp);
            printf("%d:%s",i,str1);
            sprintf(buf,"%d:%s",i,str1);
            z=sendto(sockfd,buf,sizeof(buf),0,(struct sockaddr *)&adr_srvr,
            sizeof(adr_srvr));
            if(z<0)
            {
                perror("recvfrom 出错");
                exit(1);
            }
        }
        printf("发送.....\n");
        sprintf(buf,"stop\n");
        z=sendto(sockfd,buf,sizeof(buf),0,(struct sockaddr *)&adr_srvr,
        sizeof(adr_srvr));
        if(z<0)
        {
            perror("sendto 出错");
            exit(1);
        }
        fclose(fp);
        close(sockfd);
        exit(0);
    }
```

注意：在客户端的当前目录下需要有名为 liu 的文件，没有则需要自己创建。

5.3.3 广播与组播

广播与组播

（1）广播

数据包发送方式只有一个接收方，是一对一的通信，称为单播。如果同时发给局域网中的所有主机，即一对多的通信，则称为广播。

广播：在一个局域网内部，所有的终端都能够收到数据包。使用广播发送数据，会使处于同一个局域网内部的所有用户都必须接收到数据，用户不能拒绝。

原理：发送方发送广播包到交换机/路由器，交换机识别到是一个广播包，于是由交换机转发 N 份到局域网中的每一个终端。IP 地址=网络号+主机号，主机号全部为 1 的 IP 地址称为广播地址。发送方将 IP 包的目的地址改为广播地址，路由器收到数据包发现其目的地址是广播地址，于是就将广播包转发给局域网内部的每一台电脑。

在广播中，只有发送端（send）和接收端（receive）一律使用 UDP 传送数据。编写广播程序的步骤如下所示。

① 设置允许发送；

② 将目的地址改为广播地址；

③ 端口号和接收方一致。

广播的缺点：如果有大量广播包存在于交换机/路由器中，会造成网络风暴，因为交换机要将一个广播包发给局域网下的每一个终端，如果有大量广播包拥塞在网络中，就会造成网络延迟大、卡顿、网速慢等问题。所以为了解决这一问题，产生了组播。广播只需要发送端进行相关设定后就可以向局域网其他终端发送数据包，其他的终端只需要打开接收数据的程序即可。

示例：发送一个广播包到局域网内的其他终端上。

① 头文件

```
/*com.h*/
#ifndef UDP_STRUCT_TEST_H
#define UDP_STRUCT_TEST_H
#define PORT 5549
struct mesdata
{
     int temp;
     int hum;
     short cnt;
     char des[64];
}_attribute_((packed));
#endif
```

② 发送端程序

```
/*send.c*/
#include <stdio.h>
#include <stdlib.h>
#include <sys/types.h>          /* See NOTES */
#include <sys/socket.h>
#include <netinet/in.h>
#include <netinet/ip.h> /* superset of previous */
#include <string.h>
#include "com.h"
int main(void)
{
     int sock_cli;
     struct sockaddr_in cliaddr;
     int res;
     int recv;
     struct mesdata clidata;
     socklen_t clilen;
     int enable = 1;
     sock_cli = socket(AF_INET,SOCK_DGRAM,0);
     if(sock_cli < 0)
     {
          perror("socket()");
          exit(-1);
     }

     //允许发送广播数据
     setsockopt(sock_cli,SOL_SOCKET,SO_BROADCAST,&enable,sizeof(enable));
```

```
    cliaddr.sin_family = AF_INET;
    cliaddr.sin_port = PORT;
    cliaddr.sin_addr.s_addr = inet_addr("192.168.3.255");
    clidata.temp = 28;
    clidata.hum = 64;
    clidata.cnt = 0;
    strcpy(clidata.des,"the imformation is");
    while(1)
    {
        clidata.temp = htonl(clidata.temp);
        clidata.hum = htonl(clidata.hum);
        clidata.cnt = htons(clidata.cnt);
        res = sendto(sock_cli,&clidata,sizeof(clidata),0,\
                (struct sockaddr *)&cliaddr,sizeof(cliaddr));
        if(res < 0)
        {
                perror("sendto()");
                exit(-5);
        }
        clidata.cnt = ntohs(clidata.cnt);
        clidata.cnt++;
        clidata.temp = ntohl(clidata.temp);
        clidata.hum = ntohl(clidata.hum);
        sleep(1);
    }
    close(sock_cli);
    exit(0);
}
```

③ 接收端程序

```
/*rec.c*/
#include <stdio.h>
#include <stdlib.h>
#include <sys/types.h>          /* See NOTES */
#include <sys/socket.h>
#include <netinet/in.h>
#include <netinet/ip.h> /* superset of previous */
#include <string.h>
#include "com.h"
int main(void)
{
    int sock_serv;
    struct sockaddr_in servaddr;
    int res;
    struct mesdata data;
    struct sockaddr_in cliaddr;
    int recv;
    socklen_t clilen;
    int enable = 1;
    sock_serv = socket(AF_INET,SOCK_DGRAM,0);
    if(sock_serv < 0)
    {
```

```
            perror("socket()");
            exit(-1);
        }
        setsockopt(sock_serv,SOL_SOCKET,SO_REUSEADDR,&enable,sizeof(enable));
        servaddr.sin_family = AF_INET;
        servaddr.sin_port = PORT;
        servaddr.sin_addr.s_addr = INADDR_ANY;
        res = bind(sock_serv,(struct sockaddr *)&servaddr,sizeof(servaddr));
        if(res < 0)
        {
            perror("bind()");
            exit(-2);
        }
        while(1)
        {
            clilen = sizeof(cliaddr);
            memset(&data,0,sizeof(data));
            recv = recvfrom(sock_serv,&data,sizeof(data),0,\
                        (struct sockaddr *)&cliaddr,&clilen);
            if(recv < 0)
            {
                perror("recvfrom()");
                exit(-3);
            }
            else if(recv == 0)
            {
                printf("closed!\n");
                exit(0);
            }
            data.cnt = ntohs(data.cnt);
            data.temp = ntohl(data.temp);
            data.hum = ntohl(data.hum);
            printf("[%d] %s temp=%d,hum=%d\n",\
                  data.cnt,data.des,data.temp,data.hum);
        }
        close(sock_serv);
        exit(0);
}
```

（2）组播

组播：在路由器中建立一个分组，让感兴趣的成员加入该组，往该组发送组播包，路由器识别到组播包，就转发给组内的每一个成员。通过组播 IP 识别每一个分组。将数据包的目的 IP 地址改为该分组的 IP 地址，就可以将数据包发送给该组内的成员。

注意：在使用广播和组播时，发送方和接收方都要处于同一个局域网内。因为广播和组播只能在一个局域网内部发送数据。广播和组播与一般网络通信有所不同，网络通信传输的是数据包，广播传输的数据叫广播包，组播传输的数据叫组播包。

以下示例是发送一个组播包到局域网中的一个组。

①头文件

```
/*com.h*/
#ifndef UDP_STRUCT_TEST_H
```

```
#define UDP_STRUCT_TEST_H
#define PORT 5549
struct mesdata
{
     int temp;
     int hum;
     short cnt;
     char des[64];
}__attribute__((packed));
#endif
```

② 发送端程序

```
/*send.c*/
#include <stdio.h>
#include <stdlib.h>
#include <sys/types.h>          /* See NOTES */
#include <sys/socket.h>
#include <netinet/in.h>
#include <netinet/ip.h> /* superset of previous */
#include <string.h>
#include "com.h"
int main(void)
{
     int sock_cli;
     struct sockaddr_in cliaddr;
     int res;
     int recv;
     struct mesdata clidata;
     socklen_t clilen;
     int enable = 1;
     sock_cli = socket(AF_INET,SOCK_DGRAM,0);
     if(sock_cli < 0)
     {
          perror("socket()");
          exit(-1);
     }
     cliaddr.sin_family = AF_INET;
     cliaddr.sin_port = PORT;
     cliaddr.sin_addr.s_addr = inet_addr("239.7.21.12");//改为组播地址
     clidata.temp = 28;
     clidata.hum = 64;
     clidata.cnt = 0;
     strcpy(clidata.des,"the imformation is");
     while(1)
     {
          clidata.temp = htonl(clidata.temp);
          clidata.hum = htonl(clidata.hum);
          clidata.cnt = htons(clidata.cnt);
          res = sendto(sock_cli,&clidata,sizeof(clidata),0,\
                  (struct sockaddr *)&cliaddr,sizeof(cliaddr));
          if(res < 0)
          {
```

```
                perror("sendto()");
                exit(-5);
            }
            clidata.cnt = ntohs(clidata.cnt);
            clidata.cnt++;
            clidata.temp = ntohl(clidata.temp);
            clidata.hum = ntohl(clidata.hum);
            sleep(1);
        }
        close(sock_cli);
        exit(0);
}
```

③ 接收端程序

```
/*rec.c*/
#include <stdio.h>
#include <stdlib.h>
#include <sys/types.h>          /* See NOTES */
#include <sys/socket.h>
#include <netinet/in.h>
#include <netinet/ip.h> /* superset of previous */
#include <string.h>
#include "com.h"
int main(void)
{
    int sock_serv;
    struct sockaddr_in servaddr;
    int res;
    struct mesdata data;
    struct sockaddr_in cliaddr;
    int recv;
    socklen_t clilen;
    int enable = 1;
    struct ip_mreqn  multi_castaddr;
    sock_serv = socket(AF_INET,SOCK_DGRAM,0);
    if(sock_serv < 0)
    {
        perror("socket()");
        exit(-1);
    }
    /*允许重用 IP 地址和端口号*/
    setsoc kopt(sock_serv,SOL_SOCKET,SO_REUSEADDR,&enable,sizeof(enable));
    servaddr.sin_family = AF_INET;
    servaddr.sin_port = PORT;
    servaddr.sin_addr.s_addr = INADDR_ANY;
    res = bind(sock_serv,(struct sockaddr *)&servaddr,sizeof(servaddr));
    if(res < 0)
    {
        perror("bind()");
        exit(-2);
    }
    multi_castaddr.imr_multiaddr.s_addr = inet_addr("239.7.21.12");
```

```
        //要加入的组播地址
        multi_castaddr.imr_address.s_addr = INADDR_ANY;//本机 IP 地址
        multi_castaddr.imr_ifindex = 0;//网卡号，ifconfig 命令显示的 eth0 就是网卡号
        setsockopt(sock_serv,IPPROTO_IP,IP_ADD_MEMBERSHIP,\
                &multi_castaddr,sizeof(multi_castaddr));//加入组播
        while(1)
        {
            clilen = sizeof(cliaddr);
            memset(&data,0,sizeof(data));
            recv = recvfrom(sock_serv,&data,sizeof(data),0,\
                    (struct sockaddr *)&cliaddr,&clilen);
            if(recv < 0)
            {
                perror("recvfrom()");
                exit(-3);
            }
            else if(recv == 0)
            {
                printf("closed!\n");
                exit(0);
            }
            data.cnt = ntohs(data.cnt);
            data.temp = ntohl(data.temp);
            data.hum = ntohl(data.hum);
            printf("[%d] %s temp=%d,hum=%d\n",\
                    data.cnt,data.des,data.temp,data.hum);
        }
        close(sock_serv);
        exit(0);
    }
```

任务实施

5.3.4 TCP/UDP 编程应用实例

串口通信具有成本低、简单实用等特点，但是串口不适合远距离、大流量传输。在实际工作中，经常会遇到串口接收数据后由网络转发的情况。最典型的是在无线传感网络中，ZigBee 协调器接收到节点后，通过串口传输给网关。

智能终端网关，是远程终端如计算机、手机和感知层的连接纽带。在此案例中，智能农业网关通过串口连接 ZigBee 协调器，实现与 ZigBee 无线传感网络进行通信；而与远程终端是通过以太网连接，用 TCP/IP 的 C/S 模式进行通信，网关提供 TCP 服务，同时支持多个远程终端连接（图 5.3.3）。

远程终端（手机、计算机等）通过网络访问智慧农业网关，获取网关本身和 ZigBee 无线传感网络上的运行信息，包括不限于感知传感器（如温湿度传感器）、控制网关和 ZigBee 无线传感网络的受控设备。

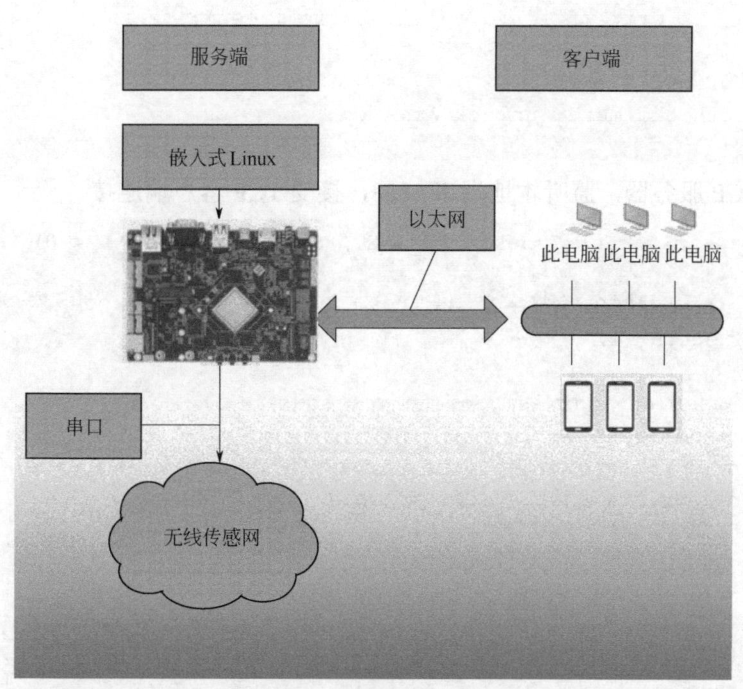

图 5.3.3 智慧农业系统架构

使用 ZigBee 组建无线传感网络，将感知设备数据采集汇总到协调器，提供网关访问。另一方面，接收来自网关的受控设备的控制命令，执行对应的任务。

智慧农业网关（即网络协议转换器）通过串口连接协调器，通过网口连接远程终端。它接收 ZigBee 协调器发送过来的数据，然后通过网络转发给智慧农业管理软件，同样也可以接收智慧农业管理软件发送过来的控制命令转发给协调器，实现对受控设备的控制功能。

智能网关串口转网络的程序设计如下所示。

① 打开与 ZigBee 协调器连接的串口，如智慧农业网关的串口 1(/dev/ttySAC1)。

```
uartfd=open("/dev/pts/2",O_RDWR | O_NOCTTY);
if(uartfd < 0){
    printf("打开串口失败 : %s\n", strerror(errno));
    return -1;
}
```

② 配置串口。

```
init_tty(uartfd);
```

③ 创建线程，负责串口数据的接收与解析。

```
pthread_create(&serialTid,NULL,(void*)comRec_thread,(void*)&uartfd);
```

在线程 comRec_thread 函数中，转发收到的数据给所有 TCP 客户端。

```
if (file_fd.num > 0)
{
        pthread_mutex_lock(&mutex);
        printf("Lists num[%d] =>", file_fd.num);
        for (int i = 0; i < file_fd.num; i++)
        {
            printf("send data to socketfd[%d]", file_fd.fd[i]);
```

```
            write(file_fd.fd[i], buffer, len);
        }
        printf("\r\n");
        pthread_mutex_unlock(&mutex);
}
```

④ 创建TCP服务器，监听本地端口8888，接受TCP客户端连接。

```
if((serverSocket = socket(AF_INET, SOCK_STREAM, 0)) < 0)
{
      perror("TCP套接字建立错误");
      return -1;
}
bzero(&server_addr, sizeof(server_addr));
server_addr.sin_family = AF_INET;
server_addr.sin_port = htons(SERVER_PORT);
server_addr.sin_addr.s_addr =  htonl(INADDR_ANY);
printf("*******************!\n");
/*设置socket属性，端口可以重用*/
    int i = 1;/* 使得重复使用本地地址与套接字进行绑定 */
    setsockopt(serverSocket, SOL_SOCKET, SO_REUSEADDR, &i, sizeof(i));
if(bind(serverSocket, (struct sockaddr *)&server_addr, sizeof
   (server_addr)) < 0)
{
     perror("套接字与IP地址绑定失败");
     return -1;
}
printf("*********套接字与IP地址绑定成功**********!\n");
//设置服务器上的socket为监听状态
printf("*********开始监听套接字! *********\n");
if(listen(serverSocket,online_num+1) < 0)
{
     perror("监听套接字失败");
     return -1;
}
while(1)
{
    //获得一个已经建立的连接
    connfd = accept(serverSocket, (struct sockaddr*)&client_addr,
             &addr_len);
}
```

⑤ 为每个TCP连接新建线程，负责接收到数据后，转发写入到串口。

```
if(connfd > 0)
{
   //一个进程内的所有线程共享内存和变量，在传递参数时需，值传递
   pthread_create(&sock_tid, NULL, (void *)tcp_recv, (void *)connfd);
   //创建线程
   pthread_detach(sock_tid); // 线程分离，结束时自动回收资源
}
```

任务实施单

项目名	网络通信程序设计			
任务名	TCP/UDP 编程应用		学时	2
计划方式	实训			
步骤	具体实施			
	操作内容	目的	结论	
1	打开与 ZigBee 协调器连接的串口			
2	配置串口			
3	接收串口数据			
4	监听端口，接受 TCP 客户端连接			

教学反馈

教学反馈单

项目名	网络通信程序设计		
任务名	TCP/UDP 编程应用	方式	课后
序号	调查内容	是/否	反馈意见
1	知识点是否讲解清楚		
2	操作是否规范		
3	解答是否及时		
4	重难点是否突出		
5	课堂组织是否合理		
6	逻辑是否清晰		
本次任务兴趣点			
本次任务的成就点			
本次任务的疑虑点			

网络数据的分析

任务引入

在网络应用程序出现异常或崩溃时，怎样确认应用程序收发的数据包格式和内容是否符合预期的设计规范？网络应用程序响应变慢时，怎样确认是否存在网络传输问题？无法使用网络应用程序时，怎样判断是否由路由网络连通性故障所致？在本任务中将学习网络数据分析中最常用的两个工具 tcpdump 和 wireshark。

任务目标

① 掌握 tcpdump 工具的使用。
② 掌握 wireshark 工具的使用。
③ 能利用工具进行网络数据分析。

任务描述

网络中数据包的交互是看不见的，这种交互就像隐形了一样，但可以通过对网络中传输的数据进行检测、分析和诊断，帮助用户排除网络事故，规避安全风险，提高网络性能。tcpdump 和 wireshark 就是最常用的网络抓包和分析工具，更是分析网络性能必不可少的利器。这两大利器把“看不见”的数据包呈现在用户眼前，一目了然。本任务通过认识 tcpdump、wireshark 工具，掌握这两种工具的安装使用方法，并利用工具对智慧农业数据交互时进行抓包及网络数据分析。

知识准备

tcpdump 和 wireshark 是最常用的网络抓包和分析工具，tcpdump 仅支持命令行格式，常用在 Linux 服务器中抓取和分析网络包。wireshark 除了可以抓包外，还提供了可视化分析网络包的图形页面。所以，这两者实际上是搭配使用的，先用 tcpdump 命令在 Linux 服务器上抓包，接着把抓包的文件拖到安装了 Windows 系统的计算机，再用 wireshark 可视化分析。如果是在 Windows 服务器上抓包，只需要用 wireshark 工具就可以，当然也可以直接在 Linux 服务器上利用 wireshark 进行分析。接下来具体学习这两个工具的使用方法。

5.4.1 tcpdump 工具的使用

（1）tcpdump 工具简介

在网络问题的调试中，tcpdump 应该说是一个必不可少的工具，和大部分 Linux 系统下优秀的工具一样，它的特点就是简单而强大。它是基于 Unix 系统的命令行式的数据包嗅探工具，可以抓取流动在网卡上的数据包。用简单的话来定义 tcpdump，就是“dump the traffic on a network”，即根据使用者的定义对网络上的数据包进行截获的包分析工具。

tcpdump 可以将网络中传送的数据包的“头”完全截获下来提供分析。tcpdump 支持针对网络层、协议、主机、网络或端口的过滤，并提供 and、or 和 not 等逻辑语句来帮助你去掉无用的信息。tcpdump 基于底层 libpcap 库开发，运行需要 root 权限。

Linux 抓包是通过注册一种虚拟的底层网络协议来完成对网络报文、消息的处理权。当网卡接收到一个网络报文之后，它会遍历系统中所有已经注册的网络协议，例如以太网协议、x25 协议处理模块，来尝试进行报文的解析处理，这一点和一些文件系统的挂载相似，就是让系统中所有的已经注册的文件系统来进行尝试挂载，如果哪一个认为自己可以处理，那么就完成挂载。

当抓包模块把自己伪装成一个网络协议时，系统在收到报文后就会给这个伪协议一次机会，让它来对网卡收到的报文进行一次处理，此时该模块就会趁机对报文进行窥探，也就是把这个报文完完整整地复制一份，假装是自己接收到的报文，汇报给抓包模块。

（2）tcpdump 语法

tcpdump 是一种基于命令行的工具，其语法参数见表 5.4.1。

表 5.4.1 tcpdump 语法参数

选项	说明	选项	说明
-a	尝试将网络和广播地址转换成名称	-O	不将数据包编码最佳化
-c <数据包数目>	收到指定的数据包数目后，就停止进行倾倒操作	-p	不让网络界面进入混杂模式
-d	把编译过的数据包编码转换成可阅读的格式，并倾倒到标准输出	-q	快速输出，仅列出少数的传输协议信息
-dd	把编译过的数据包编码转换成 C 语言的格式，并倾倒到标准输出	-r<数据包文件>	从指定的文件读取数据包数据
-ddd	把编译过的数据包编码转换成十进制数字的格式，并倾倒到标准输出	-s<数据包大小>	设置每个数据包的大小
-e	在每列倾倒资料上显示连接层级的文件头	-t	在每列倾倒资料上不显示时间戳记
-f	用数字显示网际网络地址	-tt	在每列倾倒资料上显示未经格式化的时间戳记
-F<表达文件>	指定内含表达方式的文件	-T<数据包类型>	强制将表达方式所指定的数据包转译成设置的数据包类型
-i<网络界面>	使用指定的网络截面送出数据包	-vv	更详细显示指令执行过程
-l	使用标准输出列的缓冲区	-v	详细显示指令执行过程
-n	不把主机的网络地址转换成名字	-x	用十六进制字码列出数据包资料
-N	不列出域名	-w<数据包文件>	把数据包数据写入指定的文件

以下为 tcpdump 的应用示例。

① 直接启动 tcpdump，监视第一个网络接口上所有流过的数据包。

```
tcpdump
```

② 监视指定网络接口的数据包。

```
tcpdump -i eth0
```

如果不指定网卡， tcpdump 默认只会监视第一个网络接口，一般是 eth0，下面的例子都没有指定网络接口。

③ 监视指定主机的数据包。

打印所有进入或离开 sundown 的数据包。

```
tcpdump host sundown
```

也可以指定 IP 地址，例如截获所有 210.27.48.1 的主机收到的和发出的数据包。

```
tcpdump host 210.27.48.1
```

打印 helios 与 hot 或者与 ace 之间通信的数据包。

```
tcpdump host helios and \( hot or ace \)
```

截获主机 210.27.48.1 和主机 210.27.48.2 或 210.27.48.3 的通信。

```
tcpdump host 210.27.48.1 and \ (210.27.48.2 or 210.27.48.3 \)
```

打印 ace 与任何其他主机之间通信的 IP 数据包，但不包括与 helios 之间的数据包。

```
tcpdump ip host ace and not helios
```

如果想要获取主机 210.27.48.1 和除了主机 210.27.48.2 之外所有主机通信的 IP 包，可使用如下命令。

```
tcpdump ip host 210.27.48.1 and ! 210.27.48.2
```

抓取 eth0 网卡上的包，使用如下命令。

```
sudo tcpdump -i eth0
```

截获主机 hostname 发送的所有数据使用如下命令。

```
tcpdump -i eth0 src host hostname
```

监视所有送到主机 hostname 的数据包使用如下命令。

```
tcpdump -i eth0 dst host hostname
```

④ 监视指定主机和端口的数据包。

如果想要获取主机 210.27.48.1 接收或发出的 TELNET 包，使用如下命令。

```
tcpdump tcp port 23 and host 210.27.48.1
```

对本机的 UDP 123 端口进行监视，使用如下命令。

```
tcpdump udp port 123
```

⑤ 监视指定网络的数据包。

打印本地主机与 Berkeley 网络上的主机之间的所有通信数据包，使用如下命令。

```
tcpdump net ucb-ether
```

此处的 ucb-ether 可理解为“Berkeley 网络”的网络地址，此表达式最原始的含义可表达为：打印网络地址为 ucb-ether 的所有数据包。

打印所有通过网关 SNUP 的 FTP 数据包，使用如下命令。

```
tcpdump 'gateway snup and (port ftp or ftp-data)'
```

抓取 80 端口的 HTTP 报文，并以文本形式展示，使用如下命令。

```
sudo tcpdump -i any port 80 -A
```

（3）tcpdump 抓取 TCP 包分析

tcpdump 抓 TCP 三次握手抓包分析，使用如下命令。

```
sudo tcpdump -n -S -i eth0 host 10.37.63.3 and tcpport 8080
```

接着再运行以下命令。

```
curlhttp://10.37.63.3:8080/atbg/doc
```

控制台输出如图 5.4.1 所示。

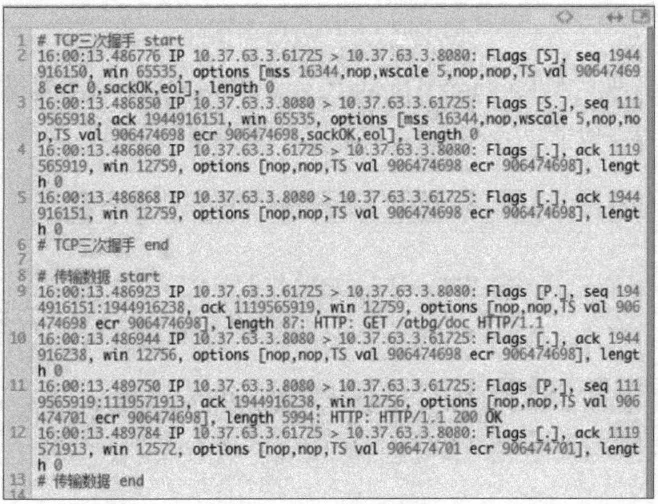

```
1  # TCP三次握手 start
2  16:00:13.486776 IP 10.37.63.3.61725 > 10.37.63.3.8080: Flags [S], seq 1944
   916150, win 65535, options [mss 16344,nop,wscale 5,nop,nop,TS val 90647469
   8 ecr 0,sackOK,eol], length 0
3  16:00:13.486850 IP 10.37.63.3.8080 > 10.37.63.3.61725: Flags [S.], seq 111
   9565918, ack 1944916151, win 65535, options [mss 16344,nop,wscale 5,nop,no
   p,TS val 906474698 ecr 906474698,sackOK,eol], length 0
4  16:00:13.486860 IP 10.37.63.3.61725 > 10.37.63.3.8080: Flags [.], ack 1119
   565919, win 12759, options [nop,nop,TS val 906474698 ecr 906474698], lengt
   h 0
5  16:00:13.486868 IP 10.37.63.3.8080 > 10.37.63.3.61725: Flags [.], ack 1944
   916151, win 12759, options [nop,nop,TS val 906474698 ecr 906474698], lengt
   h 0
6  # TCP三次握手 end
7
8  # 传输数据 start
9  16:00:13.486923 IP 10.37.63.3.61725 > 10.37.63.3.8080: Flags [P.], seq 194
   4916151:1944916238, ack 1119565919, win 12759, options [nop,nop,TS val 906
   474698 ecr 906474698], length 87: HTTP: GET /atbg/doc HTTP/1.1
10 16:00:13.486944 IP 10.37.63.3.8080 > 10.37.63.3.61725: Flags [.], ack 1944
   916238, win 12756, options [nop,nop,TS val 906474698 ecr 906474698], lengt
   h 0
11 16:00:13.489750 IP 10.37.63.3.8080 > 10.37.63.3.61725: Flags [P.], seq 111
   9565919:1119571913, ack 1944916238, win 12756, options [nop,nop,TS val 906
   474701 ecr 906474698], length 5994: HTTP: HTTP/1.1 200 OK
12 16:00:13.489784 IP 10.37.63.3.61725 > 10.37.63.3.8080: Flags [.], ack 1119
   571913, win 12572, options [nop,nop,TS val 906474701 ecr 906474701], lengt
   h 0
13 # 传输数据 end
14
```

图 5.4.1　控制台输出

5.4.2　wireshark 工具的使用

wireshark 是自由开源的、跨平台的基于 GUI 的网络数据包分析器，可用于 Linux、Windows、MacOS 和 Solaris 等。它可以实时捕获网络数据包，并以人性化的格式呈现。wireshark 允许用户监控网络数据包直到其微观层面。wireshark 还有一个名为 tshark 的命令行实用程序，它与 wireshark 执行相同的功能，但它是通过终端而不是 GUI。tcpdump 虽然功能强大，但是输出的格式并不直观。所以，在工作中 tcpdump 通常只是用来抓取数据包，不用来分析数据包。通常把 tcpdump 抓取的数据包保存成 pcap 后缀的文件，接着用 wireshark 工具进行数据包分析。tcpdump 用来抓取数据非常方便，wireshark 用于分析抓取到的数据比较方便。

wireshark 可用于网络故障排除、分析、软件和通信协议开发等。wireshark 使用 pcap 库来捕获网络数据包。

wireshark 具有以下功能。

① 支持数百项协议检查。

② 能够实时捕获数据包并保存，以便以后进行离线分析。

③ 具有许多用于分析数据的过滤器。

④ 捕获的数据可以即时压缩和解压缩。

⑤ 支持各种文件格式的数据分析，输出也可以保存为 XML、CSV 或纯文本格式。

⑥ 数据可以从以太网、Wi-Fi、蓝牙、USB、帧中继、令牌环等多个接口中捕获。

在本任务中，将学习如何安装 wireshark，并将学习如何使用 wireshark 捕获网络数据包。下面将使用 wireshark 捕获并分析数据包。

第一步，打开 wireshark，主界面如图 5.4.2 所示。

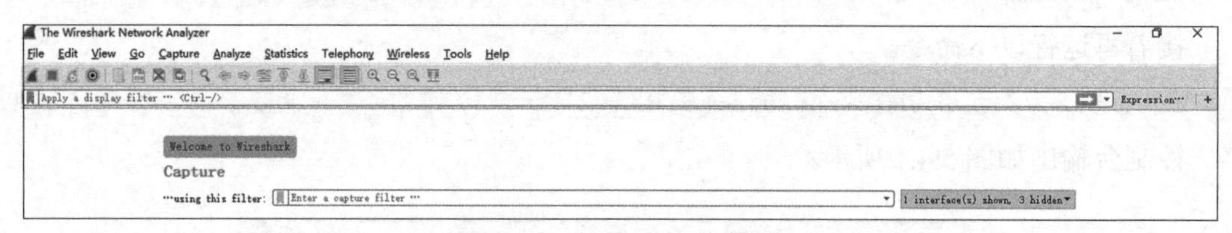

图 5.4.2 wireshark 主界面

第二步，选择菜单栏上 Capture→Option，勾选 WLAN 网卡（这里需要根据各自计算机网卡的使用情况选择，简单的办法可以看使用的 IP 地址对应的网卡）。单击 Start 按钮，启动抓包（图 5.4.3）。

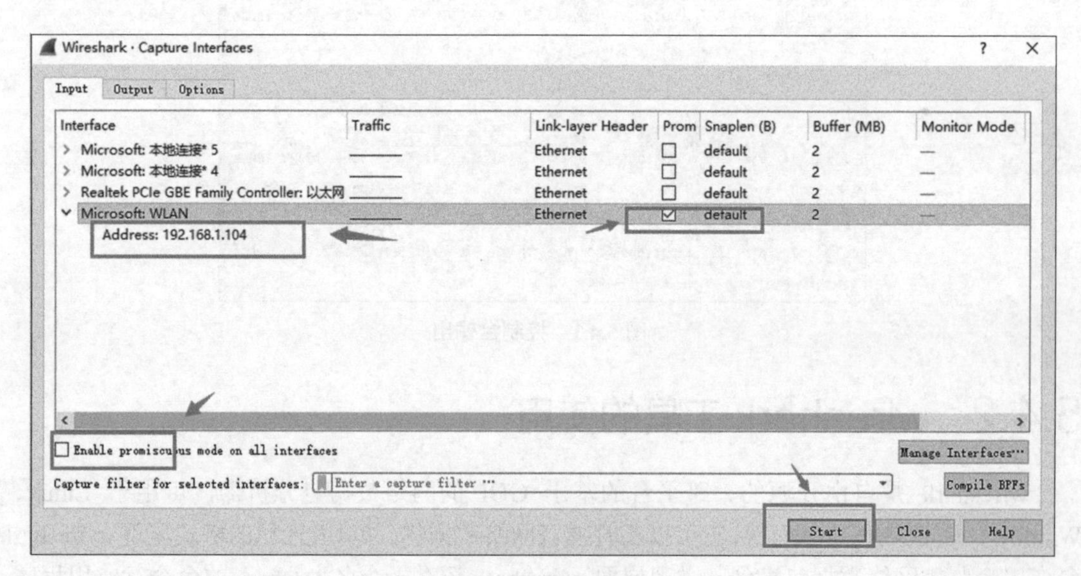

图 5.4.3 启动抓包

wireshark 启动后，便处于抓包状态中（图 5.4.4）。

Capturing from Microsoft: WLAN

File Edit View Go Capture Analyze Statistics Telephony Wireless Tools Help

Apply a display filter … <Ctrl-/>

No.	Time	Source	Destination	Protocol	Length	Info
1016	81.177657	223.252.199.7	192.168.1.104	TLSv1.2	1494	Server Hello
1017	81.177661	223.252.199.7	192.168.1.104	TCP	1494	443 → 10505 [ACK] Seq=1441 Ack=551 Win=3850 Len=1440 [TCP segment of a reassembled PDU]
1018	81.177663	223.252.199.7	192.168.1.104	TLSv1.2	449	Certificate, Server Key Exchange, Server Hello Done
1019	81.177887	192.168.1.104	223.252.199.7	TCP	54	10505 → 443 [ACK] Seq=551 Ack=3276 Win=64800 Len=0
1020	81.189428	192.168.1.104	223.252.199.7	TLSv1.2	180	Client Key Exchange, Change Cipher Spec, Encrypted Handshake Message
1021	81.189817	192.168.1.104	223.252.199.7	TCP	1494	10505 → 443 [ACK] Seq=677 Ack=3276 Win=64800 Len=1440 [TCP segment of a reassembled PDU]

图 5.4.4 抓包状态

第三步，执行需要抓包的操作，如 ping www.baidu.com。

第四步，操作完成后相关数据包就抓取到了。为避免其他无用的数据包影响分析，可以通过在过滤栏设置过滤条件进行数据包列表过滤，获取结果如图 5.4.5 所示。说明：ip.addr == 119.75.217.26 and icmp 表示只显示 ICPM 协议且源主机 IP 地址或者目的主机 IP 地址为 119.75.217.26 的数据包。

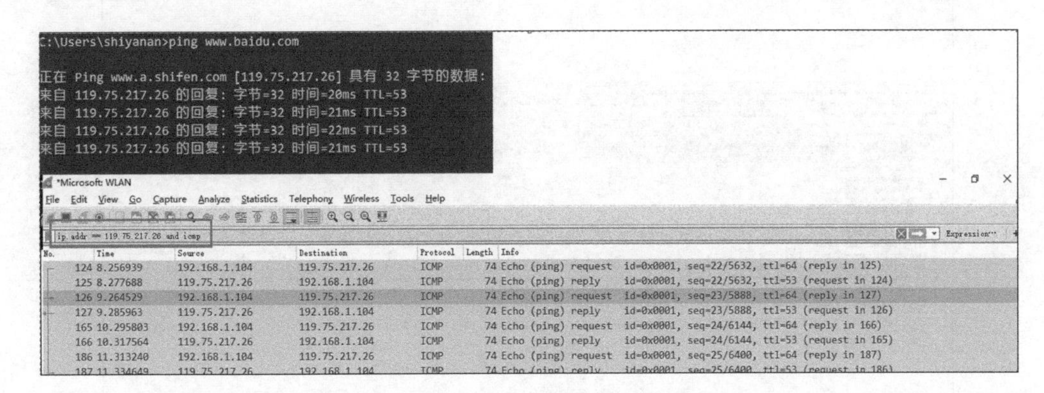

图 5.4.5 获取结果

wireshark 抓包完成。

任务实施

5.4.3 网络数据分析实例

网络数据分析

下面利用 tcpdump 抓取智慧农业 3399 网关与安卓端网络通信的数据包，并用 wireshark 结合智慧农业综合系统网络通信协议进行分析。

首先通过 tcpdump 抓取未添加 http 请求头前的报文。

```
tcpdump -i eth2 -X -e -w test.cap
```

把抓包结果（当然 tcpdump 搭配一定参数，直接在服务器上看 http 报文也是可以的）保存成 cap 或者 pcap 文件，然后通过 wireshark 分析查看（图 5.4.6）。

```
[root@localhost ~]#
[root@localhost ~]# tcpdump -i eth2 -X -e -w test.cap
tcpdump: listening on eth2, link-type EN10MB (Ethernet), capture size 262144 bytes
^C72 packets captured
72 packets received by filter
0 packets dropped by kernel
[root@localhost ~]# ll
total 72
-rw-------. 1 root    root     1258 Jan 19  2020 anaconda-ks.cfg
drwxr-xr-x  2 root    root       41 Oct 20 14:02 charseki
-rwxr-xr-x  1 root    root     5652 Oct 15 23:57 linuxcfg.sh
-rw-r--r--  1 tcpdump tcpdump 58002 Oct 21 00:40 test.cap
[root@localhost ~]# sz test.cap
rz
Starting zmodem transfer.  Press Ctrl+C to cancel.
Transferring test.cap...
  100%     56 KB     56 KB/sec    00:00:01       0 Errors

[root@localhost ~]#
```

图 5.4.6 抓包

将 test.cap 通过 wireshark 打开，查看 http 报文部分的具体内容（图 5.4.7）。

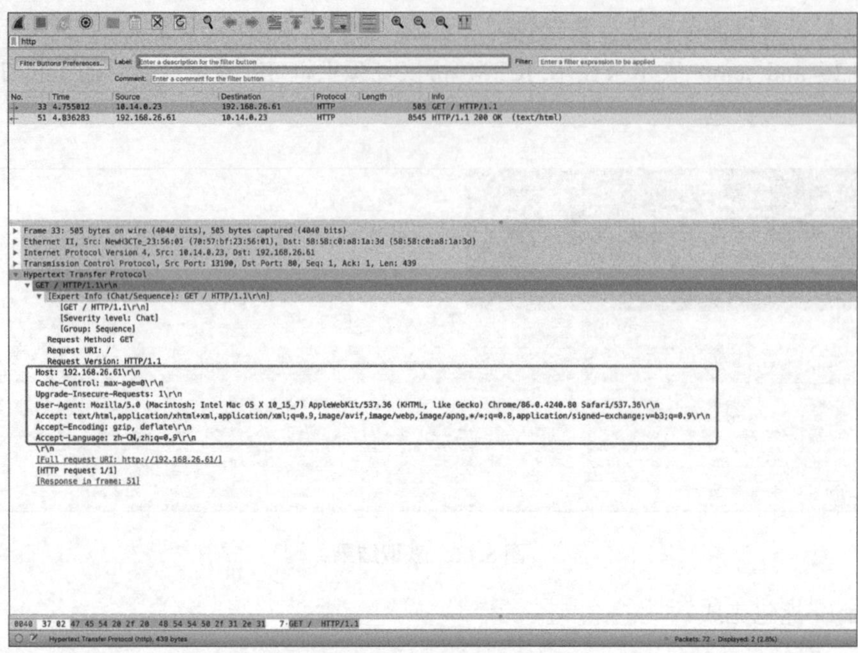

图 5.4.7　查看具体内容

由上可知，未篡改 http 请求头部内容时，默认是没有 Content-Type 这行参数的。

接下来通过 waf 在向业务服务器转发流量时，可自定义添加 HTTP 请求头部字段（这里拿 Content-Type 举例）。

篡改 http 请求头部内容后，再次抓包分析（图 5.4.8）。

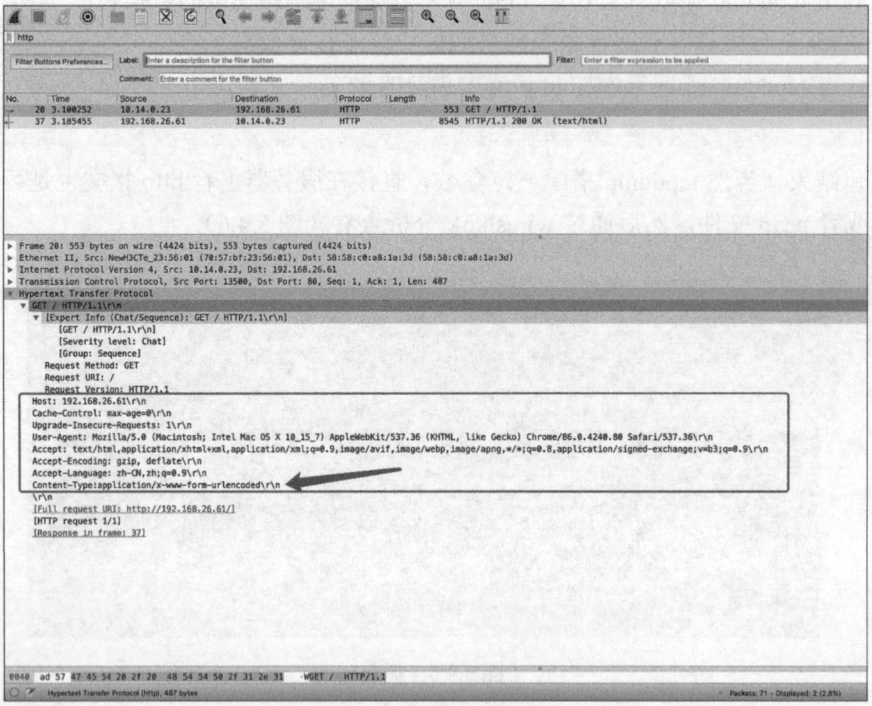

图 5.4.8　再次抓包分析

任务实施单

项目名	网络通信程序设计		
任务名	网络数据的分析	学时	2
计划方式	实训		
步骤	具体实施		
	操作内容	目的	结论
1	安装 wireshark		
2	启动 tcpdump		
3	通过 tcpdump 抓取未添加 http 请求头前的报文		
4	wireshark 分析		
5	篡改 http 请求头部，再次抓包分析		

教学反馈

教学反馈单

项目名	网络通信程序设计		
任务名	网络数据的分析	方式	课后
序号	调查内容	是/否	反馈意见
1	知识点是否讲解清楚		
2	操作是否规范		
3	解答是否及时		
4	重难点是否突出		
5	课堂组织是否合理		
6	逻辑是否清晰		
本次任务兴趣点			
本次任务的成就点			
本次任务的疑虑点			

项目 6 传感器应用开发

任务 6.1 传感器数据采集

任务引入

传感器是电子产品中重要的组成部分，用于采集外界环境中的某些物理量或者化学量的参数，并将之转换成电信号。常用的传感器有温度传感器、湿度传感器、压力传感器、振动传感器、称重传感器、霍尔传感器、液位传感器、光电传感器、速度传感器以及电流传感器等。

智能终端内置各式各样的传感器。这些传感器能够及时捕捉到用户的相关信息，可以检测控制对象各种重要参数。在 RK3399Pro 平台中 CPU 通过 I/O 端口与扩展的传感器对接，其扩展的传感器数据输出接口有多种形式，归纳起来有两种，一种是输出模拟信号，需要做 A/D 转换后的数据才能够提供给微控制器进行运算；另外一种是智能传感器接口，其采集的数据经过处理后，输出数字信号，这类接口较多，主要有单总线、I^2C、SPI 以及 UART 通信接口。

任务目标

① 完成模拟信号型传感器数据采集。
② 完成数字信号型传感器数据采集。

任务描述

本次任务主要完成智能终端对环境参数的采集，其中在 RK3399Pro 中使用了 ADC 对传感器的模拟输出信号进行转换，也使用了数字总线形式的智能传感器，这两类接口是目前应用最广泛的传感器输出接口。

本次任务不仅对传感器的工作原理进行分析，也将重点对两类板载传感器设备的驱动程序和应用程序的编写做深入的介绍，然后提供智慧农业智能终端中温湿度数据采集项目案例作为实操练习内容。

知识准备

6.1.1 ADC 板载传感器设备的访问

ADC 是智能终端中模电和数电之间的桥梁。ADC 即模拟数字转换器（Analog-to-Digital Converter)，是用于将模拟形式的连续信号转换为数字形式的离散信号的一类设备。真实世界的物理信号几乎都是以模拟信号的形式表现出来的，例如温度、压力、声音或者图像等，需要转换成更容易储存、处理和发送的数字形式才能在计算机系统中进行处理。

（1）SAR ADC 简介

尽管实现 SAR ADC 的方式千差万别，但其基本结构非常简单（图 6.1.1)。模拟输入电压（V_{IN})由采样/保持电路保持。为实现二进制搜索算法，N 位寄存器首先设置在中间刻度(MSB 设置为 1)。这样，DAC 输出（V_{DAC}）被设为 $V_{REF}/2$，V_{REF} 是提供给 ADC 的基准电压。然后，比较判断 V_{IN} 是小于还是大于 V_{DAC}。如果 V_{IN} 大于 V_{DAC}，则比较器输出逻辑高电平或 1，N 位寄存器的 MSB 保持为 1。相反，如果 V_{IN} 小于 V_{DAC}，则比较器输出逻辑低电平，N 位寄存器的 MSB 清 0。随后，SAR 控制逻辑移至下一位，并将该位设置为高电平，进行下一次比较。这个过程一直持续到 LSB。上述操作结束后，也就完成了转换，N 位转换结果储存在寄存器内。

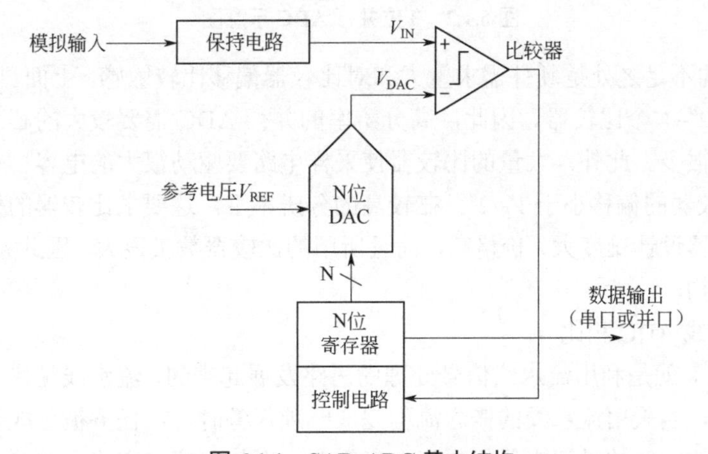

图 6.1.1 SAR ADC 基本结构

从原理分析容易看出，该种 ADC 是一位一位比较，则每个时钟周期只能比较一次，*N* 位则需比较 *N* 次，因此注定该种 ADC 不能运转在较快速度，同时输入端 V_i 的带宽也不会太宽，毕竟转换速率有限。另一方面可看出该种 ADC 的电路结构简单，硅片面积和功耗比较小，便于实现。SAR ADC 适用于分辨率高、中等速度以下的场合。

（2）与并行 ADC 相比

并行 ADC 转换器是目前速度很快的一种结构。该结构的设计思想很容易理解。一个 *n*

位的并行 ADC 包含 2^n-1 个比较器和 2^n-1 个参考电压值（是对于一般的电压模拟电路；而对于电流模拟电路，是参考电流值）。每一个比较器对输入信号采样并把输入信号与参考电压相比较，然后每一个比较器产生一位输出，表明输入信号比参考电压大还是小。2^n-1 个比较器输出通常称为温度计代码。该名称的来源是，如果把比较器的输出根据参考电压值的大小顺序排成一列，所有的 1 都在下面，所有的 0 都在上面，0 和 1 的分界线表示信号值所在的范围，由于和水银温度计表示温度的方法相类似，因此称为温度计代码。图 6.1.2 所示为一个简单的 3 位并行 ADC 的结构图。译码器把比较器产生的温度计代码转换成相应的二进制代码。如图所示，所有的比较器并行工作，因此，转换速度仅仅受比较器的速度或采样速度的限制，所以并行 ADC 具有很高的转换速度。

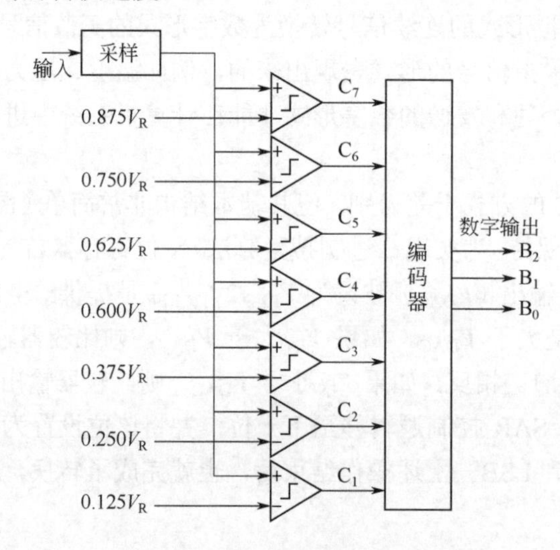

图 6.1.2　3 位并行 ADC 示意图

并行 ADC 的不足之处是硬件需求量大和对比较器偏移比较敏感。上面已经提到，一个 n 位的 ADC 需要 2^n-1 个比较器。因此，高分辨率的并行 ADC 需要较大的芯片面积，这样电路的功耗也增加很多。此外，大量的比较器使采样电路要驱动很大的电容。n 位分辨率的并行 ADC 要求比较器的偏移小于 $V_R/2^n$。在较高的分辨率下，这要求比较器的偏移非常小。由于小偏移的比较器设计难度大、价格高，而且所用的比较器数量很大，因此超过 8 位的 ADC 很少用全并行结构。

（3）与流水线 ADC 相比

流水线 ADC，就是利用流水线信号处理的思路发展起来的，流水线是快速大量处理某项任务的一种方法，当采用流水线的概念流程完成一项任务时，该任务被分成若干个步骤，每一个步骤需要大约相等的时间来执行，每一步需要一个执行器来完成。这若干个步骤组成一个队列，对于每一个要生产的产品或者要处理的采样数据，这些步骤都要按顺序来执行。当执行器 1 完成了步骤 1 后，它把产品或者采样数据送到流水线中的执行器 2 来进行步骤 2，此时执行器 1 开始对下一个产品或者采样数据执行步骤 1；这样各个不同的处理步骤可以同时进行，这在信号处理系统中，极大地提高了采样处理的速率。

流水线 ADC 的工作示意图如图 6.1.3 所示，在流水线 ADC 中，输入信号经过采样之后，顺序地沿着流水线移动，一步一步地进行数字转换，每一步转换得到一定数量的数字输出位，最高有效位最先得到，最低有效位最后得到。

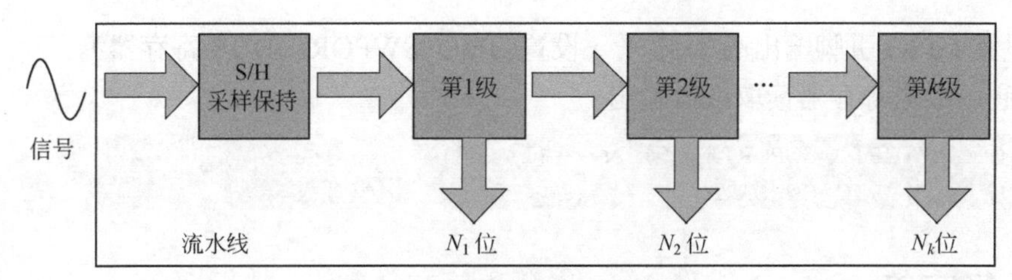

图 6.1.3 流水线 ADC 示意图

流水线 ADC 实质上是一个多级幅值量化器，它的数字化过程由级联的多个结构相似的低精度模数转换器完成。它的主要优点在于：第一，流水线结构中各级处于并行工作状态，提高了转换速率；第二，与全并行结构 ADC 相比极大地节约了芯片面积并降低了功耗。

（4）与 Σ-Δ 转换器相比

传统的过采样/Σ-Δ 转换器被普遍用于带宽限制在大约 22kHz 的数字音频应用。近些年，一些 Σ-Δ 转换器已经能够达到 1～2MHz 的带宽，分辨率在 12～16 位。这通常由高阶 Σ-Δ 调制器（例如，4 阶或更高）配合一个多位 ADC 和多位反馈 DAC 构成。Σ-Δ 转换器具有一个优于 SAR ADC 的先天优势，即不需要特别的微调或校准，就可使分辨率达到 16～18 位。由于该类型 ADC 的采样速率要比有效带宽高得多，因此也不需要在模拟输入端增加快速滚降的抗混叠滤波器，由后端数字滤波器进行处理即可。Σ-Δ 转换器的过采样特性还可用来“平滑”模拟输入中的任何系统噪声。

Σ-Δ 转换器要以速率换取分辨率。由于产生一个最终采样需要采样很多次（至少是 16 倍，一般会更多），这就要求 Σ-Δ 调制器的内部模拟电路的工作速率要比最终的数据速率快很多。数字抽取滤波器的设计也是一个挑战，并要消耗相当大的硅片面积。

综上所述，SAR ADC 的主要优点是低功耗、高分辨率、高精度以及小尺寸。由于这些优势，SAR ADC 常常与其他更大的功能集成在一起。SAR 结构的主要局限是采样速率较低，并且其中的各个单元（如 DAC 和比较器），需要达到与整体系统相当的精度。

6.1.2 GPIO 控制应用

通过 GPIO 控制开关型外围设备，是数字总线通信的基础，下面以开发平台上的指示灯控制为例进行简单的介绍（图 6.1.4）。

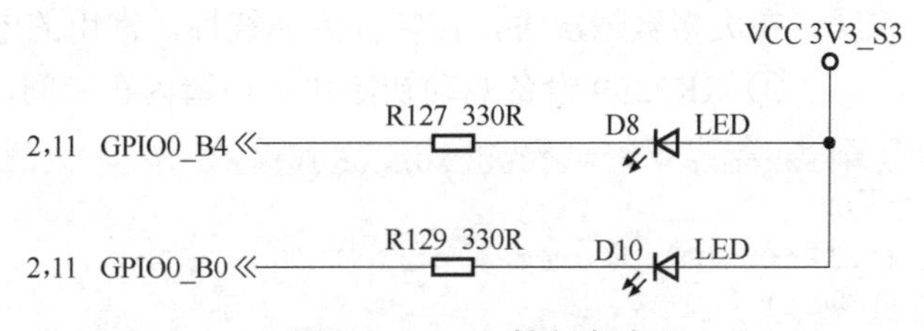

图 6.1.4 LED 控制电路

根据原理图，RK3399Pro 核心板的 LED 灯的管为 GPIO0_B4 和 GPIO0_B0，使能 GPIO 引脚，让引脚为输出端口，通过编程实现对 LED 灯亮/灭的控制。

通过查看手册可以知道，让 GPIO 引脚输出高/低电平，首先需要设置方向寄存器：

➢ 设置 GPIO 引脚为输出方向（设置 GPIO_SWPORT_DDR 寄存器）。

➢ 设置GPIO引脚输出高/低电平（设置GPIO_SWPORT_DDR寄存器）。

然后通过数据寄存器读取或者输出。

```
*((int*)GPIO_SWPORTA_DR) &= ~(1<<12);   //灯亮
*((int*)GPIO_SWPORTA_DR) |=(1<<12);     //灯灭
```

任务实施

温度传感器的数据采集

6.1.3 传感器数据采集应用实例

（1）模拟信号型传感器数据采集

光敏电阻（Light-Dependent Resistor，LDR）或光导管（photoconductor），常用的制作材料为硫化镉，另外还可用硒、硫化铝、硫化铅和硫化铋等材料制作。这些制作材料具有在特定波长的光照射下阻值迅速减小的特性。这是由于光照产生的载流子都参与导电，在外加电场的作用下做漂移运动，电子奔向电源的正极，空穴奔向电源的负极，从而使光敏电阻的阻值迅速下降。

光敏电阻的工作原理是基于内光电效应。在半导体光敏材料两端装上电极引线，将其封装在带有透明窗的管壳里就构成了光敏电阻。为了增加灵敏度，两电极常做成梳状。通常采用涂敷、喷涂、烧结等方法在绝缘衬底上制作很薄的光敏电阻体及梳状欧姆电极，接出引线，封装在具有透光镜的密封壳体内，以免受潮影响其灵敏度。

入射光消失后，由光子激发产生的电子-空穴对将复合，光敏电阻的阻值也就恢复原值。在光敏电阻两端的金属电极加上电压，其中便有电流通过，受到一定波长的光线照射时，电流就会随光强的增大而变大，从而实现光电转换。光敏电阻没有极性，纯粹是一个电阻器件，使用时既可加直流电压，也可加交流电压。半导体的导电能力取决于半导体导带内载流子数目的多少。

VCC
Q1
光敏电阻传感器
5539
P07
2.4～3.2V
R62
56k

图 6.1.5 光敏电阻常用的电路

光敏电阻一般用于光的测量、光的控制和光电转换（将光的变化转换为电的变化）。随着的光照强度的增加，光敏电阻的阻值开始迅速下降；若进一步增大光照强度，则电阻值变化减小，然后逐渐趋向平缓。在大多数情况下，该特性为非线性。常用的电路如图6.1.5所示。

① RK3399设备驱动初始化。申请内存空间，使用如下代码。

```
SARADC_BASE = ioremap(0xFF100000,0x1000);
if(SARADC_BASE == NULL){
    printk("SARADC_BASE ioremap error\n");
    ret = -EFAULT;
    goto SARADC_ioremap_err;
}
CRU_CLKSEL_BASE = ioremap(0xFF760000,0x1000);
if(SARADC_BASE == NULL){
   printk(" CRU_CLKSEL_BASE ioremap error\n");
   ret = -EFAULT;
   goto CRU_ioremap_err;
```

```
    }

    SARADC_DATA = SARADC_BASE + 0x0000;
    SARADC_STAS = SARADC_BASE + 0x0004;
    SARADC_CTRL = SARADC_BASE + 0x0008;
    CRU_CLKSEL_CON26 = CRU_CLKSEL_BASE + 0x0168;
```

配置 ADC 寄存器，使用如下代码。

```
//关闭 ADC
writel(readl(SARADC_CTRL)&~(1<<3),SARADC_CTRL);

writel(readl(CRU_CLKSEL_CON26)&~(0xFF<<8),CRU_CLKSEL_CON26);
//设置分频因子
writel(readl(CRU_CLKSEL_CON26)|(0xFF<<8),CRU_CLKSEL_CON26);
```

② RK3399 设备读取光敏电阻值给用户空间。启动 ADC，使用如下代码。

```
writel(readl(SARADC_CTRL)|(1<<3),SARADC_CTRL);    //启动 ADC
mdelay(20);                                        //等待启动完毕
```

光敏电阻数据读取，使用如下代码。

```
writel(readl(SARADC_STAS)|1,SARADC_STAS);
while((((readl(SARADC_STAS)&1)==1)&&(timr_out--)));
if(timr_out == 0)
{
    printk(KERN_INFO "timr out errot\n");
}
writel(readl(SARADC_CTRL)&~(1<<3),SARADC_CTRL);  //关闭 ADC
value = readl(SARADC_DATA)&0x3ff;                 //读取数据
```

数据上传给用户空间，使用如下代码。

```
ret = copy_to_user((void*)buf,&value,4);
if(ret < 0)
{
    printk(KERN_INFO "copy_to_user errot\n");
    return -1;
}
```

③ 上层应用数据处理。

```
    while(1)
    {
        unsigned int voltage = 0;
        //1.选择通道
        ret = ioctl(fd,GEC3399_ADC_SET_CHANNEL,3);
        if(ret<0)
        {
      perror("ioctl adc driver ");
        }

        //2.读取光照度数据
        ret = read(fd,&voltage,4);
        if(ret<0)
        {
```

```
            perror("read adc driver ");
        }
        if(voltage==0)
            continue;
        //3.进行数据转换
        tmp=(float)voltage;
        printf("voltage = %0.2f\n",(tmp/1024)*1.8);
        usleep(500*1000);//0.5s
    }
```

（2）数字信号型传感器数据采集

DHT11 数字温湿度传感器是一款含有已校准数字信号输出的温湿度复合传感器。它应用专用的数字模块采集技术和温湿度传感技术，确保产品具有极高的可靠性与卓越的长期稳定性。传感器包括一个电阻式感湿元件和一个 NTC 测温元件，并与一个高性能 8 位单片机相连接。因此该产品具有品质卓越、响应超快、抗干扰能力强以及性价比极高等优点。每个 DHT11 传感器都在极为精确的湿度校验室中进行校准。校准系数以程序的形式储存在 OTP 内存中，传感器内部在检测信号的处理过程中要调用这些校准系数。单线制串行接口，使系统集成变得简易快捷。超小的体积、极低的功耗，信号传输距离可达 20m 以上，使其成为各类应用甚至最为苛刻的应用场合的最佳选择。产品为 4 针单排引脚封装，连接方便，特殊封装形式可根据用户需求而提供。

典型的电路如图 6.1.6 所示。

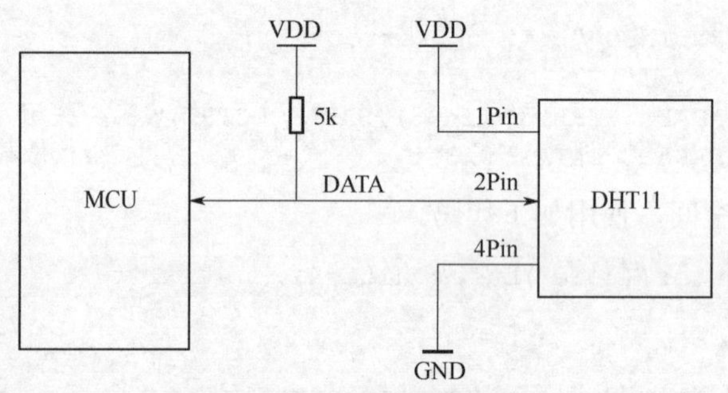

图 6.1.6 典型电路

DATA 用于微处理器与 DHT11 之间的通信和同步，采用单总线数据格式，一次通信时间为 4ms 左右，数据分小数部分和整数部分，具体格式在后面说明，当前小数部分用于以后扩展，现读出为零。操作流程如下所示。

一次完整的数据传输为 40bit，高位先出。数据格式如下：8bit 湿度整数数据+8bit 湿度小数数据+8bi 温度整数数据+8bit 温度小数数据+8bit 校验和。数据传送正确时校验和数据等于“8bit 湿度整数数据+8bit 湿度小数数据+8bi 温度整数数据+8bit 温度小数数据”所得结果的末 8 位。

用户 MCU 发送一次开始信号后，DHT11 从低功耗模式转换到高速模式，等待主机开始信号结束后，DHT11 发送响应信号，送出 40bit 的数据，并触发一次信号采集，用户可选择读取部分数据。从模式下，DHT11 接收到开始信号触发一次温湿度采集，如果没有接收到主机发送开始信号，DHT11 不会主动进行温湿度采集。采集数据后转换到低速模式。数据获取流程如图 6.1.7 所示。

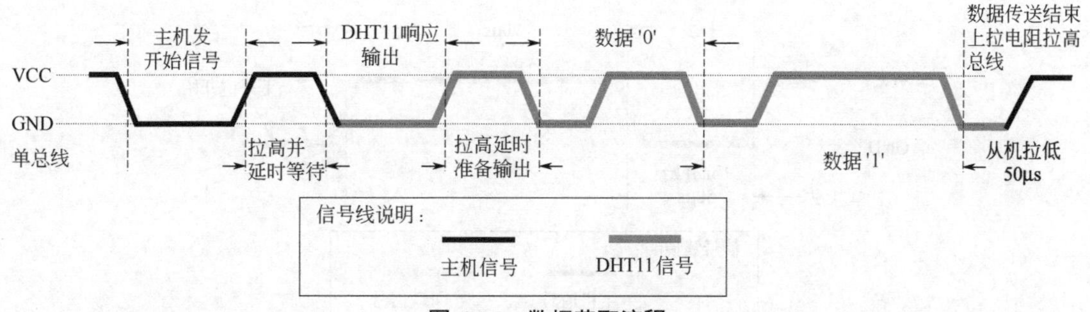

图 6.1.7 数据获取流程

总线空闲状态为高电平，主机把总线拉低等待 DHT11 响应，主机把总线拉低必须大于 18ms，保证 DHT11 能检测到起始信号。DHT11 接收到主机的开始信号后，等待主机开始信号结束，然后发送 80μs 低电平响应信号。主机发送开始信号结束后，延时等待 20～40μs 后，读取 DHT11 的响应信号，主机发送开始信号后，可以切换到输入模式，或者输出高电平，总线由上拉电阻拉高。

时序图如图 6.1.8 所示。

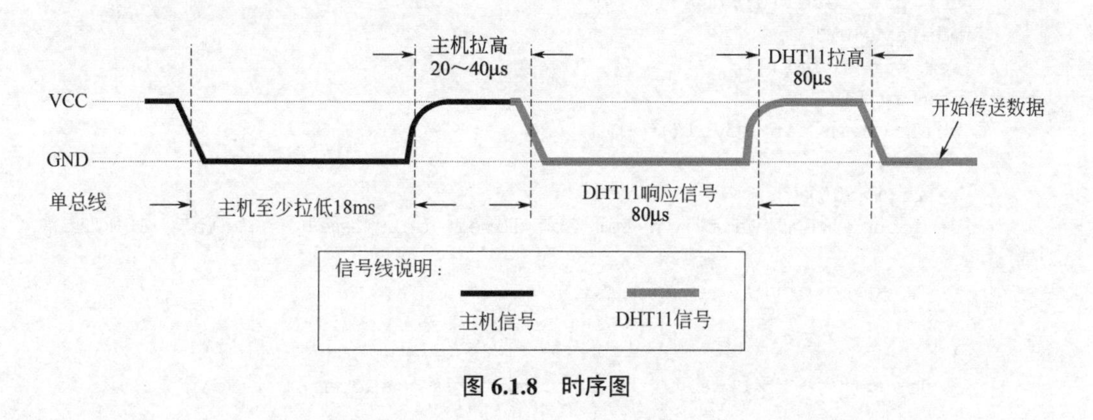

图 6.1.8 时序图

数字“0”的信号表示如图 6.1.9 所示。

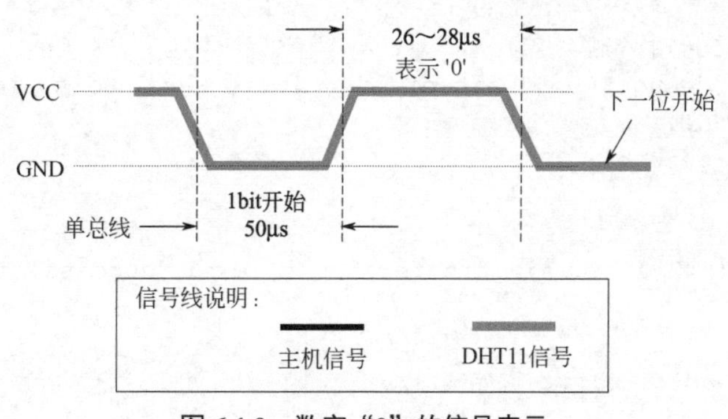

图 6.1.9 数字“0”的信号表示

数字“1”的信号表示如图 6.1.10 所示。

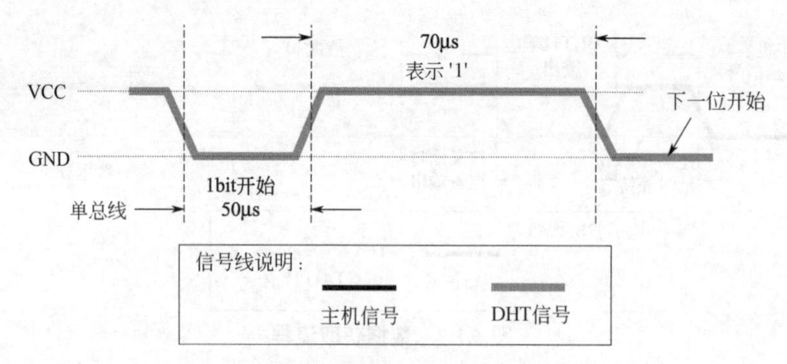

图 6.1.10 数字“1”的信号表示

DHT11 数据读取的代码实现如下所示。

```
static bool dht11_start_condition(void)
{
    int i = 0;
    set_pin_level(1);
    mdelay(50);
    set_pin_level(0);
    mdelay(30);
    set_pin_level(1);
    udelay(5);
    while(read_pin_level()==1){
       i++;
       if(i>500){
       debug("<0>""wait pin for low level  out time! %s %d\n",_FUNCTION_,
_LINE_);
            goto err0;
       }
    }
    //debug("<0>""(1)wait pin for low level  success! i=%d\n",i);

    i = 0;
    while(read_pin_level()==0){
       i++;
       if(i>500){
             debug("<0>""wait pin for hight level  out time! %s %d\n",
  _FUNCTION_,_LINE_);
             goto err0;
       }
    }
    //debug("<0>""(2)wait pin for hight level  success! i=%d\n",i);

    i = 0;
    while(read_pin_level()==1){
       i++;
       if(i>500){
             debug("<0>""wait pin for data input  out time! %s %d\n",
             _FUNCTION_,_LINE_);
            goto err0;
       }
```

```
    }
    //debug("<0>""(3)wait pin for data input  success! i=%d\n",i);
    return 1;
    err0:
    set_pin_level(1);
    return 0;
}
```

上层应用数据处理的实现代码如下所示。

```
while(1)
{
    while(1)  //没有读取到就无限次读取，不过要确定线路连接正确
    {
        length = read(fd, buf, 4);    /* 读取温湿度数据 */
        if(length >= 0)
            break;
    }
    /* 将数据从终端打印出来
    * buf[0] 温度整数部分
    * buf[1] 温度小数部分
    * buf[2] 湿度整数部分
    * buf[3] 湿度小数部分
    */
    printf("Temp: %d.%d  Humi: %d.%d\n", buf[0],buf[1],buf[2], buf[3]);
    sleep(1);
}
```

任务实施单

<table>
<tr><td>项目名</td><td colspan="3">传感器应用开发</td></tr>
<tr><td>任务名</td><td>传感器数据采集（以温湿度传感器为例）</td><td>学时</td><td>2</td></tr>
<tr><td>计划方式</td><td colspan="3">实训</td></tr>
<tr><td rowspan="2">步骤</td><td colspan="3">具体实施</td></tr>
<tr><td>操作内容</td><td>目的</td><td>结论</td></tr>
<tr><td>1</td><td>理解温湿度传感器应用电路原理</td><td></td><td></td></tr>
<tr><td>2</td><td>了解温湿传感器驱动程序</td><td></td><td></td></tr>
<tr><td>3</td><td>完善温湿传感器数据采集程序</td><td></td><td></td></tr>
<tr><td>4</td><td>完成项目程序编译和运行</td><td></td><td></td></tr>
</table>

教学反馈

教学反馈单

项目名	传感器应用开发		
任务名	传感器数据采集（以温湿度传感器为例）	方式	课后
序号	调查内容	是/否	反馈意见
1	知识点是否讲解清楚		
2	操作是否规范		
3	解答是否及时		
4	重难点是否突出		
5	课堂组织是否合理		
6	逻辑是否清晰		
本次任务兴趣点			
本次任务的成就点			
本次任务的疑虑点			

传感器数据显示

任务引入

根据任务 3.3 可知，智慧农业智能终端的数据显示是通过触摸显示屏来完成的。在前面我们了解了触摸屏的结构及工作原理，也掌握了触摸屏在智能终端中的应用编程技术。本节将带领大家学习显示屏的编程技术。

任务目标

① 掌握液晶显示屏的基础知识。
② 掌握显示器的虚拟内存技术。
③ 掌握显示屏的应用编程技术。

任务描述

显示屏的驱动程序在系统移植时已经集成进去，所以在使用时，只需要了解该驱动的编程接口以及调用方式即可。本次任务将在掌握显示屏应用程序设计的基础上，重点介绍如何将智能终端传感器采集的数据在显示屏上显示出来。

知识准备

6.2.1 液晶显示屏基础

智能终端的显示器一般使用液晶显示屏（Liquid Crystal Display，LCD），如图 6.2.1 所示。

液晶显示屏（LCD）的构造主要是在玻璃基板当中放置液晶膜，基板玻璃上设置薄膜晶体管（TFT），在其之上还有彩色滤光片，通过 TFT 玻璃上的信号与电压改变来控制液晶分子的转动方向，从而达到控制每个像素点偏振光出射与否而达到显示目的。液晶屏的内部结构见图 6.2.2。

（1）像素（pixel）

像素又称画素，为图像显示的基本单位。这个单词最初的来源指的是“图像元素”（picture element），在英文中将那两个单词合并，创造了一个新的单词 pixel，这就是所谓的像素。每个这样的信息元素是一个抽象的采样。

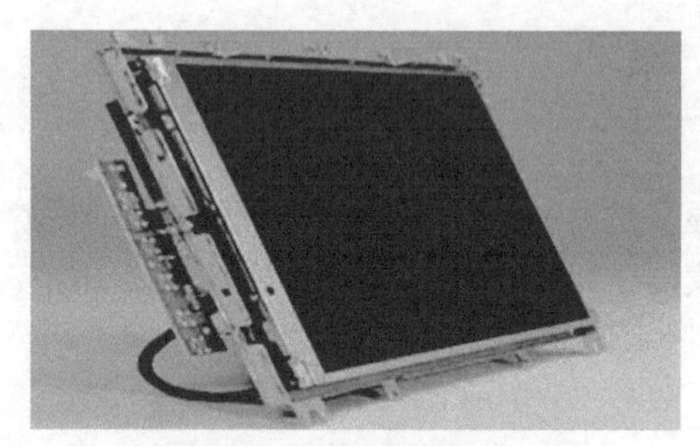
图 6.2.1 液晶显示屏（LCD）

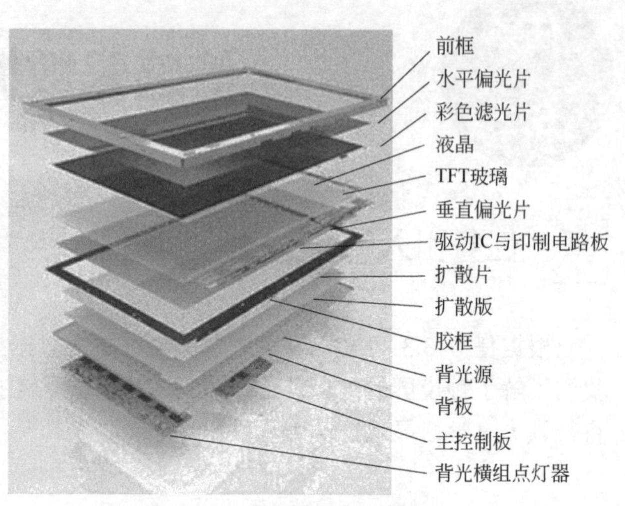

图 6.2.2 液晶屏的内部结构

每个像素有各自的颜色值，可采三原色显示，因而又分成红、绿、蓝三种子像素（RGB 色域），或者青、品红、黄和黑（CMYK 色域，印刷行业以及打印机中常见）。照片是一个个采样点的集合，在图像没有经过不正确的/有损的压缩或相机镜头合适的前提下，单位面积内的像素越多代表分辨率越高，所显示的图像就会接近于真实物体（图 6.2.3）。

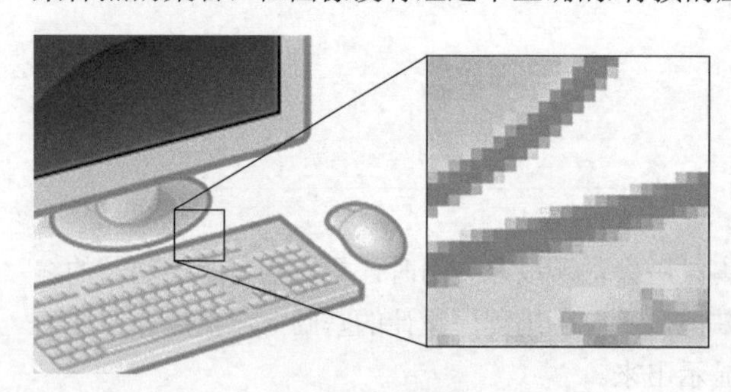
图 6.2.3 像素点

图 6.2.3 中这个例子显示的是一组计算机的配件被放大的一部分。不同的灰度混合在一起产生了光滑图像的假象。

（2）分辨率（image resolution）

图像效果最重要的指标系数之一是分辨率，分辨率是指单位面积显示像素的数量，在日常用语中的分辨率多用于图像的清晰度。分辨率越高代表图像的质量越好，越能表现出更多的细节；但相对来说，因为记录的信息越多，文件也就会越大。个人计算机里的图像，可以使用图像处理软件（例如 Adobe Photoshop、PhotoImpact）调整大小、像素等。

图 6.2.4 所示为一系列不同分辨率的图片的差别。

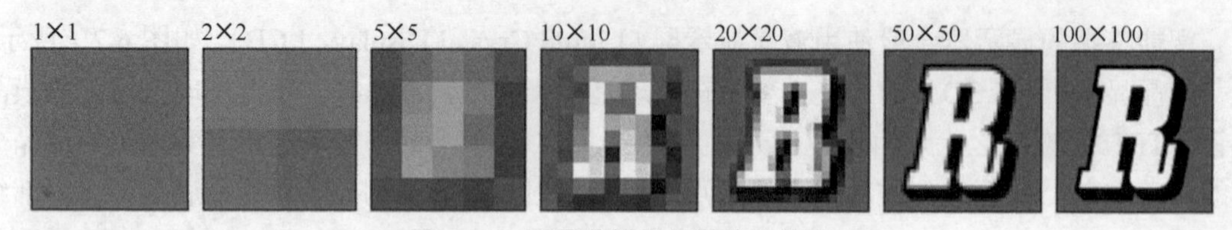

图 6.2.4 不同分辨率的图片的差别

描述分辨率的单位有：dpi（dots per inch，点/英寸）、lpi（line per inch，线/英寸）和 ppi（pixel per inch，像素/英寸），其中 1 英寸=2.54cm。但只有 lpi 是描述光学分辨率的尺度的。虽然 dpi 和 ppi 也属于分辨率范畴内的单位，但是他们的含义与 lpi 不同，而且 lpi 与 dpi 无法换算，只能凭经验估算。在实践中，也经常用 X×Y 的方式来表达分辨率的大小，比如图 6.2.4

所示的几张图片。

另外，ppi 和 dpi 经常会出现混用现象，但是他们所用的领域有所区别。从技术角度说，“像素”只存在于计算机显示领域，而“点”只出现于打印或印刷领域。

（3）色彩深度（bits per pixel，BPP）

一个像素所能表达的不同颜色数取决于每像素的比特数。这个最大数可以通过取 2 的色彩深度次幂来得到。例如，常见的取值有以下几种。

8bpp：2^8=256 色，亦称为“8 位色”。

16bpp：2^{16}=65536 色，称为高彩色，亦称为“16 位色”。

24bpp：2^{24}=16777216 色，称为真彩色，通常的记法为“1670 万色”，也称为“24 位色”。

32bpp：$2^{24}+2^8$，计算机领域较常见的 32 位色并不是表示 2^{32} 种颜色，而是在 24 位色基础上增加了 8 位（2^8=256 级）的灰度（亦称“灰阶”，有时亦被实现为 alpha 透明度），因此 32 位色的色彩总数和 24 位色是相同的，32 位色也称为真彩色或全彩色。

48bpp：2^{48}=281474976710656 色，用于很多专业的扫描仪。

256 色或者更少的色彩的图形经常以块或平面格式存储于显存中，显存中的每个像素是到一个称为调色板的颜色数组的索引值，因而这些模式有时被称为索引模式。虽然每次只有 256 色，但是这 256 种可以选自一个通常是 16 位色的调色板，所以可以有多种组合。

对于超过 8 位的深度，这些数位就是三个分量（红绿蓝）的各自的数位的总和。一个 16 位的深度通常分为 5 位红色和 5 位蓝色、6 位绿色（眼睛对于绿色更为敏感）。24 位的深度一般是每个分量 8 位。而 32 位的颜色深度也是常见的：这意味着 24 位的像素有 8 位额外的数位来描述透明度。

简单地讲，一个像素点所对应的字节数目越多，其色彩深度越深，表现力就越细腻。

（4）frame buffer

首先明确，frame buffer 是一种很底层的机制，在 Linux 系统中，为了能够屏蔽各种不同的显示设备的具体细节，Linux 内核提供的一个覆盖于显示芯片之上的虚拟层，将显卡或者显存设备抽象掉，提供给一个统一干净又抽象的编程接口，使得内核可以很方便地将显卡硬件抽象成一块可直接操作的内存，而且还提供了封装好的各种操作和设置，大大提高了内核开发的效率。因此 frame buffer 的存在是为了方便显卡驱动的编写，而有时我们会将这个术语用在诸多涉及 Linux 视频输出的场合。

在用户层层面，不用关心具体的显存位置、显卡型号以及换页机制等细节，而是直接基于 frame buffer 来映射显存，frame buffer 就是所谓的帧缓冲机制。

LCD 显示器一般对应的设备节点文件是/dev/fb0，当然如果系统有多个显示设备的话，还可能有/dev/fb1、/deb/fb2 等，这些文件是读写显示设备的入口，可以将 frame buffer 所抽象的内核物理显存映射到用户空间的虚拟内存上，这样一来，就可以在应用程序直接操作了。

要使用 frame buffer，需要先理解以下的结构体，在/usr/include/Linux/fb.h 中有如下定义。

① struct fb_fix_screeninfo　这个结构体保存显示设备不能被修改的信息，比如显存（或起到显存作用的内存）的起始物理地址、扫描线尺寸、显卡加速器类别等。具体代码如下所示。

```
struct fb_fix_screeninfo {
    char id[16];
    unsigned long smem_start;         // 显存起始地址（实际物理地址）
```

```
    _u32 smem_len;                          /* 显存大小 */
    _u32 type;                              /* 像素构成 */
    _u32 type_aux;                          /* 交叉扫描方案 */
    _u32 visual;                            /* 色彩构成 */
    _u16 xpanstep;                          /* x 轴平移步长（若支持）*/
    _u16 ypanstep;                          /* y 轴平移步长（若支持）*/
    _u16 ywrapstep;                         /* y 轴循环步长（若支持）*/
    _u32 line_length;                       /* 扫描线大小（字节）*/
    unsigned long mmio_start;               /* 缺省映射内存地址 */
    _u32 mmio_len;                          /* 缺省映射内存大小 */
    _u32 accel;                             /* 当前显示加速器芯片 */
    _u16 reserved[3];                       /* 保留 */
    };
```

以上信息是由驱动程序根据硬件配置决定的，应用程序无法修改，应用程序应该根据该结构体提供的具体信息来构建和操作 frame buffer 映射内存，比如扫描线的大小，即一行的字节数，这个大小决定了映射内存的宽度。

② struct fb_bitfield　该结构体保存了色彩构成具体方案。具体代码如下所示。

```
struct fb_bitfield {
    _u32 offset;                            /* 色彩位域偏移量 */
    _u32 length;                            /* 色彩位域长度 */
    _u32 msb_right;
    };
```

③ struct fb_var_screeninfo　这个结构体保存显示设备可以被调整的信息，比如可见显示区 x/y 轴分辨率、虚拟显示区 x/y 轴分辨率、色彩深度以及色彩构成等等。具体代码如下所示。

```
struct fb_var_screeninfo {
    _u32 xres;                              /* 可见区的宽度分辨率 */
    _u32 yres;                              /* 可见区的高度分辨率 */
    _u32 xres_virtual;                      /* 虚拟区的宽度分辨率 */
    _u32 yres_virtual;                      /* 虚拟区的高度分辨率 */
    _u32 xoffset;                           /* 虚拟区到可见区的宽度偏移量 */
    _u32 yoffset;                           /* 虚拟区到可见区的高度偏移量 */

    _u32 bits_per_pixel;                    /* 色彩深度 */
    _u32 grayscale;                         /* 灰阶（若为非 0） */

    struct fb_bitfield red;                 /* 红色色彩位域构成 */
    struct fb_bitfield green;               /* 绿色色彩位域构成 */
    struct fb_bitfield blue;                /* 蓝色色彩位域构成 */
    struct fb_bitfield transp;              /* 透明属性 */

    _u32 nonstd;                            /* 非标准像素格式（若为非 0） */

    _u32 activate;                          /* 设置参数合适生效 */

    _u32 height;                            /* 图片高度（单位 mm） */
    _u32 width;                             /* 图片宽度（单位 mm） */

    _u32 accel_flags;                       /* 显示卡选项 */
```

注意到上述代码中的各种分辨率和x/y轴偏移量，他们的关系决定了LCD显示器上显示的效果，可见区和虚拟区的关系如图6.2.5所示。

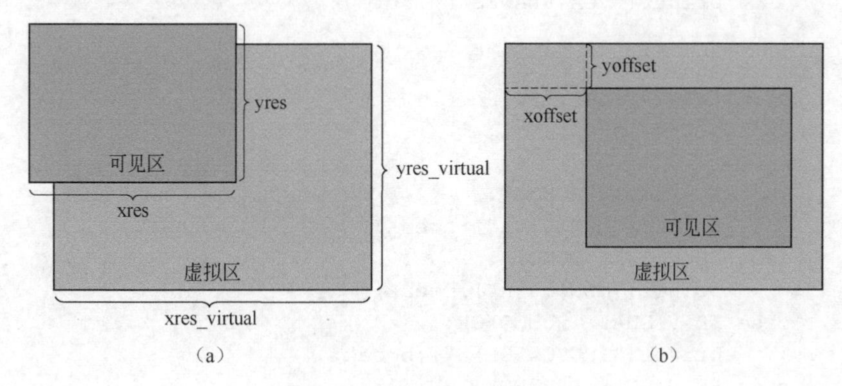

图6.2.5 可见区和虚拟区

xres_virtual和yres_virtual决定了虚拟区的大小，而xres和yres决定了屏幕上可见区域的大小，如果虚拟区比可见区大，可以调整xoffset和yoffset来显示不同的部分，比如，让yoffset逐渐变大，从显示效果上看来，就好像一张图片平滑地向上移动。

下面的例程使用LCD将一张图片显示在可见区，然后调整yoffset改变显示效果。代码如下所示。

```
1   #include <stdio.h>
2   #include <signal.h>
3   #include <stdlib.h>
4   #include <unistd.h>
5   #include <string.h>
6   #include <Linux/fb.h>
7
8   #include <fcntl.h>
9   #include <sys/types.h>
10  #include <sys/mman.h>
11  #include <sys/ioctl.h>
12
13  void show_fix_screeninfo(struct fb_fix_screeninfo *p) //固定属性
14  {
15      printf("=== FIX SCREEN INFO === \n");
16
17      printf("\tid: %s\n", p->id);
18      printf("\tsmem_start: %#x\n", p->smem_start);
19      printf("\tsmem_len: %u bytes\n", p->smem_len);
20
21      printf("\ttype:");
22      switch(p->type)
23      {
24      case FB_TYPE_PACKED_PIXELS:
25          printf("PACKED_PIXELS\n");break;
26      case FB_TYPE_PLANES:
27          printf("PLANES\n");break;
28      case FB_TYPE_INTERLEAVED_PLANES:
29          printf("INTERLEAVED_PLANES\n");break;
30      case FB_TYPE_TEXT:
```

```
31              printf("TEXT\n");break;
32          case FB_TYPE_VGA_PLANES:
33              printf("VGA_PLANES\n");break;
34          }
35
36          printf("\tvisual:");
37          switch(p->visual)
38          {
39          case FB_VISUAL_MONO01:
40              printf("MONO01\n");break;
41          case FB_VISUAL_MONO10:
42              printf("MONO10\n");break;
43          case FB_VISUAL_TRUECOLOR:
44              printf("TRUECOLOR\n");break;
45          case FB_VISUAL_PSEUDOCOLOR:
46              printf("PSEUDOCOLOR\n");break;
47          case FB_VISUAL_DIRECTCOLOR:
48              printf("DIRECTCOLOR\n");break;
49          case FB_VISUAL_STATIC_PSEUDOCOLOR:
50              printf("STATIC_PSEUDOCOLOR\n");break;
51          }
52
53          printf("\txpanstep: %u\n", p->xpanstep);
54          printf("\typanstep: %u\n", p->ypanstep);
55          printf("\tywrapstep: %u\n", p->ywrapstep);
56          printf("\tline_len: %u bytes\n", p->line_length);
57
58          printf("\tmmio_start: %#x\n", p->mmio_start);
59          printf("\tmmio_len: %u bytes\n", p->mmio_len);
60
61          printf("\taccel: ");
62          switch(p->accel)
63          {
64          case FB_ACCEL_NONE: printf("none\n"); break;
65          default: printf("unkown\n");
66          }
67
68          printf("\n");
69      }
70
71      void show_var_screeninfo(struct fb_var_screeninfo *p) // 可变属性
72      {
73          printf("=== VAR SCREEN INFO === \n");
74
75          printf("\thsync_len: %u\n", p->hsync_len);
76          printf("\tvsync_len: %u\n", p->vsync_len);
77          printf("\tvmode: %u\n", p->vmode);
78
79          printf("\tvisible screen size: %ux%u\n",
80                      p->xres, p->yres);
81          printf("\tvirtual screen size: %ux%u\n\n",
82                      p->xres_virtual,
```

```
83                      p->yres_virtual);
84
85      printf("\tbits per pixel: %u\n", p->bits_per_pixel);
86      printf("\tactivate: %u\n\n", p->activate);
87
88      printf("\txoffset: %d\n", p->xoffset);
89      printf("\tyoffset: %d\n", p->yoffset);
90
91      printf("\tcolor bit-fields:\n");
92      printf("\tR: [%u:%u]\n", p->red.offset,
93                          p->red.offset+p->red.length-1);
94      printf("\tG: [%u:%u]\n", p->green.offset,
95                          p->green.offset+p->green.length-1);
96      printf("\tB: [%u:%u]\n\n", p->blue.offset,
97                          p->blue.offset+p->blue.length-1);
98
99      printf("\n");
100 }
101
102 int main(void)
103 {
104      int lcd = open("/dev/fb0", O_RDWR|O_EXCL);
105      if(lcd == -1)
106      {
107          perror("open()");
108          exit(1);
109      }
110
111      struct fb_fix_screeninfo finfo;  // 显卡设备的固定属性结构体
112      struct fb_var_screeninfo vinfo; // 显卡设备的可变属性结构体
113
114      ioctl(lcd, FBIOGET_FSCREENINFO, &finfo); // 获取固定属性
115      ioctl(lcd, FBIOGET_VSCREENINFO, &vinfo); // 获取可变属性
116
117      show_fix_screeninfo(&finfo); // 打印相应的属性
118      show_var_screeninfo(&vinfo);
119
120      // 将显示设备的具体信息保存起来，方便使用
121      unsigned long WIDTH  = vinfo.xres;
122      unsigned long HEIGHT = vinfo.yres;
123      unsigned long VWIDTH  = vinfo.xres_virtual;
124      unsigned long VHEIGHT = vinfo.yres_virtual;
125      unsigned long BPP = vinfo.bits_per_pixel;
126
127      char *p = mmap(NULL, VWIDTH * VHEIGHT * BPP/8,
128              PROT_READ|PROT_WRITE,
129              MAP_SHARED, lcd, 0); // 申请一块虚拟区映射内存
130
131      int image = open("images/girl.bin", O_RDWR);
132      int image_size = lseek(image, 0L, SEEK_END);
133      lseek(image, 0L, SEEK_SET);
134      read(image, p, image_size); // 获取图片数据并将其读到映射内存
```

```
135
136
137         vinfo.xoffset = 0;
138         vinfo.yoffset = 0;
139         if(ioctl(lcd, FB_ACTIVATE_NOW, &vinfo)) // 偏移量均置位为0
140         {
141             perror("ioctl()");
142         }
143         ioctl(lcd, FBIOPAN_DISPLAY, &vinfo); // 配置属性并扫描显示
144
145         sleep(1);
146
147         vinfo.xoffset = 0;
148         vinfo.yoffset = 100; // 1s后将y轴偏移量调整为100像素
149         if(ioctl(lcd, FB_ACTIVATE_NOW, &vinfo))
150         {
151             perror("ioctl()");
152         }
153         show_var_screeninfo(&vinfo);
154         ioctl(lcd, FBIOPAN_DISPLAY, &vinfo); // 重新配置属性并扫描显示
155         return 0;
156 }
```

6.2.2 在液晶显示屏上画图

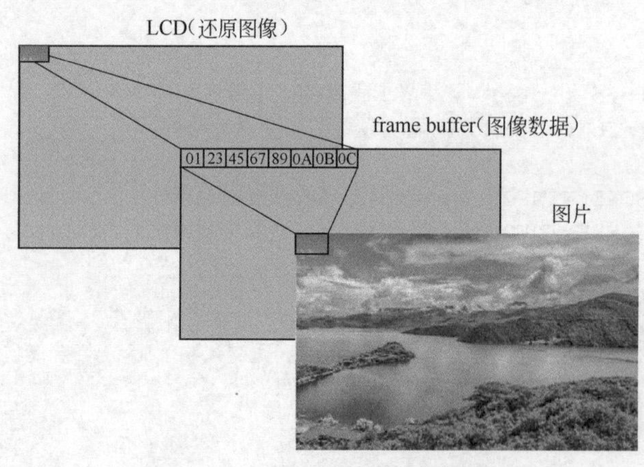

图 6.2.6 填充图片数据到映射内存

如果要显示一张图片，而不是纯色，那么就可以用图片的每一个像素的数据，只需要将每一个像素数据相应地填充到 frame buffer 中即可（图 6.2.6）。

但是图片数据并不是简单地直接存储在图片文件中，一般都是经过压缩的，比如有 JPG、BMP 等各种图片格式，可以将图片元压缩到更小的空间当中，而且在文件的开头处有压缩格式、色彩构造以及版本等属性，因此如果要将图片显示出来，要么需要用户自己去解析不同格式的图片，提取出里面的图像信息，要么需要使用一些小工具来帮用户做这种图像数据的提取工作。

网上有很多小工具，可以帮助获得一个图片的像素数据，比如一款叫 image2lcd 的软件就可以很好地满足这些要求，用这个工具打开一张尺寸是 800×480 的图片，如图 6.2.7 所示。

使用这个工具需要注意以下几点。

① 输出数据类型选择“二进制”，使得生成一个包含纯图片像素数据的*.bin 文件。

② 扫描模式选择“水平扫描”。

③ 输出灰度选择“32 位真色彩”，使得图片中的每一个像素用 32 位数据来表示。

图 6.2.7 使用 image2lcd 软件来生成图片的 bin 文件

④ 最大宽度和高度分别填写“800”和“480”（以群创 7 英寸液晶显示屏 AT070TN92 为例）。

⑤ 取消勾选“包含图像头数据”。

做好以上几步之后，就可以单击“保存”按钮得到一个纯图像数据的 view.bin 文件了。下面的代码，将这个 view.bin 文件读到内存中，然后将它刷到液晶显示屏所对应的 frame buffer 上，就实现了用液晶显示屏显示图像。

```
1   #include <stdio.h>
2   #include <stdlib.h>
3   #include <stdbool.h>
4   #include <unistd.h>
5   #include <string.h>
6   #include <strings.h>
7   #include <errno.h>
8
9   #include <sys/stat.h>
10  #include <sys/types.h>
11  #include <sys/mman.h>
12  #include <fcntl.h>
13
14  #define SCREEN_SIZE 800*480  // 群创 AT070TN92 显示屏像素总数
15  #define WIDTH  800
16  #define HEIGHT 480
17
18  void write_lcd(char *p, int picfd)
19  {
20      memset(p, 0, SCREEN_SIZE*4);
21
22      int n, offset=0;
23      while(1) // 这个循环是以防万一不能一次将图片全部读出
24      {
25          n = read(picfd, p+offset, SCREEN_SIZE*4);
```

```
26            if(n <= 0)
27                break;
28            offset += n;
29        }
30  }
31
32  int main(void)
33  {
34        int lcd = open("/dev/fb0", O_RDWR);// 打开液晶显示屏设备节点文件
35        if(lcd == -1)
36        {
37             perror("open()");
38             exit(1);
39        }
40
41        // 将一块适当大小的内存映射为液晶显示屏设备的frame buffer
42        char *p = mmap(NULL, SCREEN_SIZE*4,
43                  PROT_READ | PROT_WRITE,
44                  MAP_SHARED, lcd, 0);
45
46        int picfd = open("view.bin", O_RDONLY);  // 打开图片文件
47        if(picfd == -1)
48        {
49              perror("open()");
50              exit(1);
51        }
52        write_lcd(p, picfd); // 将文件刷到液晶显示屏设备对应的frame buffer中
53
54        return 0;
55  }
```

任务实施

6.2.3　传感器数据显示应用实例

（1）传感器数据处理

```
//定义一个全局变量便于消息的传输处理
struct msgbuf  msg;

//创建一个线程用于处理传感器数据
pthread_numid;
pthread_create(&numid, NULL,DataPro, NULL);
//数据处理过程
void *DataPro(void *arg)
{
     //从消息队列中拿数据
```

```
    int msgid = msgget(ftok(".",1), IPC_CREAT | 0666);
    while(1)
    {
        bzero(&msg, sizeof(msg));
        msgrcv(msgid, &msg, MSGTEXT_SIXE, LCD_SHOW,0);
        printf("%s\n",msg.msgtext);
        //判断ms[0]的传感器数据的类型
        //判断msg[1]的传感器上传的数据是否改变，如果改变了，需要更新数据
    }
    return ((void*)0);
}
```

（2）智能终端传感器数据显示，初始化屏幕

```
int Init_Lcd(void)
{
     int ret;
     //申请液晶显示屏操作许可
     LCD_fd = open("/dev/fb0",O_RDWR);
     if(LCD_fd == -1)
     {
          perror("Open LCD");
          return -1;
     }
     //显存映射
     fb_mem = (unsigned long *)mmap(NULL,FB_SIZE, PROT_READ |  PROT_WRITE,
               MAP_SHARED,LCD_fd, 0);
     if(fb_mem == MAP_FAILED)
     {
          perror("Mmap LCD");
          return -1;
     }
     Show_Bmp(0,0,"logo.bmp");
     return 0;
}
```

（3）更新传感器数据

```
//创建一个数据显示线程
pthread_t showid;
pthread_create(&showid, NULL,showNum, NULL);
//显示线程
void *showNum(void *arg)
{
     getSensorData(SensorArray); //获取传感器最新数据
     if(checkSensorData(SensorArray))
     //检查最新数据是否变化
     updataSensorData(SensorArray); //更新显示
     return ((void*)0);
}
```

（4）在 ubuntu 中交叉编译后，下载到终端设备上运行

交叉编译工具链：aarch64-linux-gnu-gcc。编译的时候记得添加链接：-lpthread。

任务实施单

项目名	传感器应用开发		
任务名	传感器数据显示	学时	4
计划方式	实训		
步骤	具体实施		
	操作内容	目的	结论
1	熟悉液晶显示屏控制电路		
2	了解液晶显示屏驱动程序		
3	编写图片显示程序		
4	编写传感器数据显示程序		

教学反馈

教学反馈单

项目名	传感器应用开发		
任务名	传感器数据显示	方式	课后
序号	调查内容	是/否	反馈意见
1	知识点是否讲解清楚		
2	操作是否规范		
3	解答是否及时		
4	重难点是否突出		
5	课堂组织是否合理		
6	逻辑是否清晰		
本次任务兴趣点			
本次任务的成就点			
本次任务的疑虑点			

音频设备应用开发

任务引入

目前，智能终端的应用场景广阔，在很多领域都存在音频编程的需求。比如在最典型的监控领域，不仅需要将音像数据记录下来，而且需要根据不同的应用场景，将其编码压缩为某种恰当的形式，再在其他时刻反过来解码成原始数据。

任务目标

① 了解音频的基本概念以及 Linux 标准音频接口 ALSA。

② 了解 SDL 多媒体开发库的使用。

③ 掌握智能终端多媒体播放器的应用编程。

任务描述

Linux 音视频编程涉及面广，内容庞杂，本任务的定位是为这方面的初学者提供一个立即可得的从零开始的学习体验，因此采取各个击破的学习方式，将 Linux 下音频按输入和输出来分别一一讲解，再对其中涉及的具体技术加以分析。

通过本任务的学习，大家需要掌握使用 Linux 标准音频接口 ALSA 以及 SDL 多媒体开发库进行应用编程的相关技能，并通过智慧农业智能终端语音播报功能以及多媒体播放功能项目实例，完成实践练习。

知识准备

6.3.1 音频设备基础

在实际生活中，不管是声音还是光线，人们感受到的信号都是模拟信号，这些模拟信号需要被 A/D 转换器转换成数字信号，才能被存储在计算机中，从概念上讲，可以将 A/D 转换视为三步完成的过程：采样、量化和编码，如图 6.3.1 所示。

以下是几个重要的基本概念。

① 采样 这个概念很容易理解，就是使用采样器每隔一段时间读取一次模拟信号，用这些离散的值来代表整个模拟信号的过程。单位时间内的采样值个数被称为采样频率。常用的

采样频率是 11025Hz、22050Hz 和 44100Hz。当然，也可以是其他更高或者更低的频率。

采样是对连续模拟信号在时间上的离散化（图 6.3.2）。

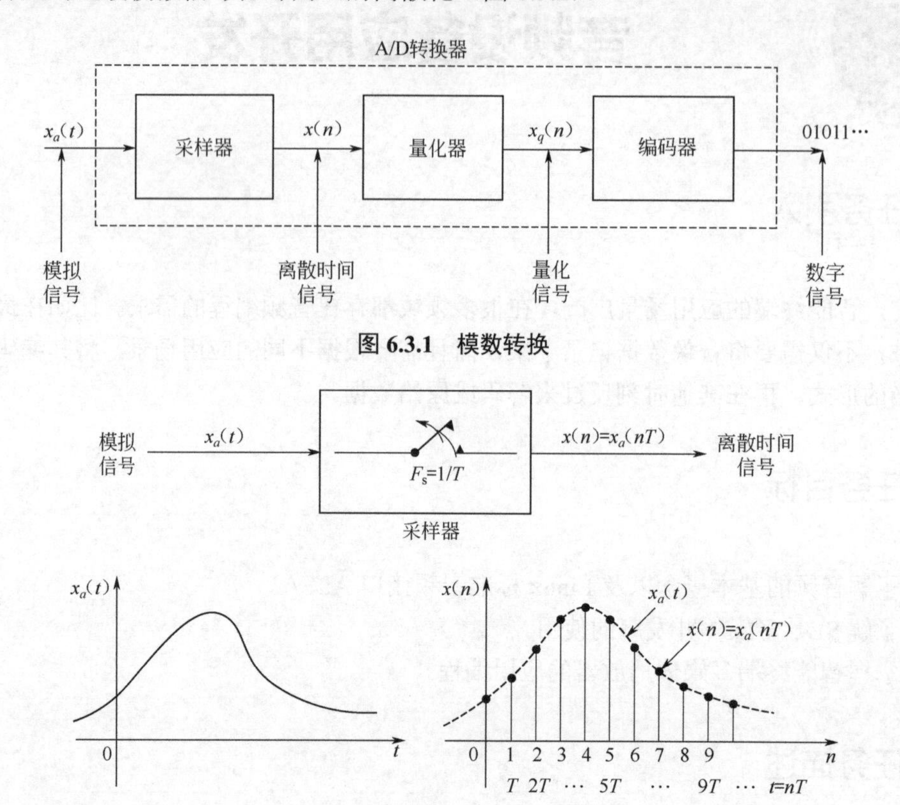

图 6.3.1　模数转换

图 6.3.2　采样

② 量化　对于每次采样得到的值，考虑使用多少个 bit 来存储。如果使用 8 个 bit（即一个字节）来描述采样值，那么能表达的值的范围是 0～256；如果使用 16 个 bit 来描述，范围就可扩展为 0～65536。描述一个采样值所使用的位数，也被称为分辨率。常用的量化步长为 8 位、16 位或者 32 位。量化是对连续模拟信号在幅度上的离散化（图 6.3.3）。

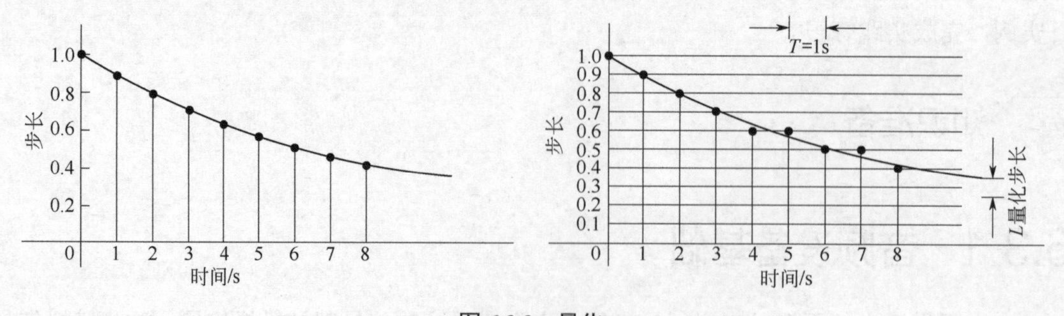

图 6.3.3　量化

③ 香农采样定理　表面上看，采样频率越高越好，频率越高，采样点就越密集，所得到的离散值就越能覆盖模拟量，但事实并非如此，实际上如果模拟信号的最高频率为 f，那么采样频率只要达到 $2f$ 就足以完全包含模拟信号的全部信息了。

香农采样定理表明了采样频率和信号频谱之间的关系，是连续信号离散化的基本依据。香农采样定理又被称为奈奎斯特采样定理。

④ 奈奎斯特频率　指的是离散信号系统采样频率的一半。由以上采样定理可知，只要A/D系统中的奈奎斯特频率大于等于模拟信号的最高频率，就能完全复现模拟信号。

对于音频信号而言，由于人类听觉系统的限制，人能感受到的声音频率介于20～22000Hz之间，因此只要在音频采样前加一个低通滤波器，将高于人类听觉极限的频率过滤掉，然后再使采样系统的奈奎斯特频率大于等于22000Hz，就可以做到在人类听觉范围内的完全保真效果，此时的采样频率就是44000Hz。为了避免在最高频率处发生混叠，可以使采样频率再提高一点点，这就是常用的44.1kHz采样频率的由来。

⑤ PCM　所谓PCM是脉冲编码调制（Pulse Code Modulation）的简写，脉冲编码调制就是把一个时间连续、取值连续的模拟信号变换成时间离散、取值离散的数字信号后在信道中传输。脉冲编码调制就是对模拟信号先抽样，再对样值幅度量化、编码的过程。PCM数字接口是G.703标准，通过75Ω同轴电缆或120Ω双绞线进行非对称或对称传输，传输码型为含有定时关系的HDB3码，接收端通过译码可恢复定时，实现时钟同步（图6.3.4）。

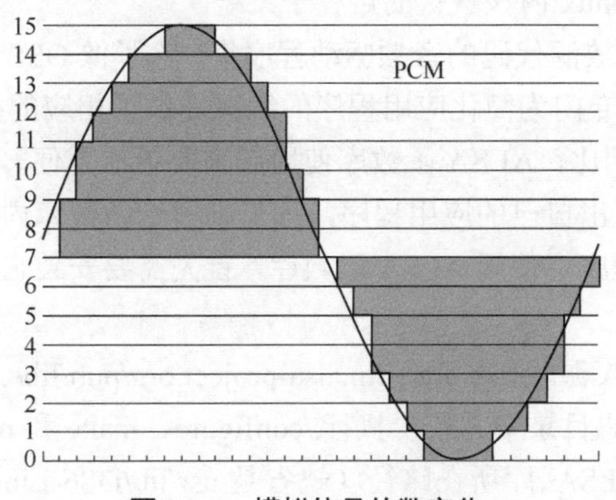

图6.3.4　模拟信号的数字化

⑥ 缓冲区（buffer）、处理周期（period）、帧（frame/block align）　一帧的大小等于量化级数乘以音轨个数，但为了提高效率，声卡在采集到一帧数据之后并不会立即回送给系统，而是先放置在一个缓冲区中，缓冲区可被分割为若干个处理周期，当数据填满了一个处理周期之后，就会触发周期事件，进而将数据传送到系统，他们的关系如图6.3.5所示。

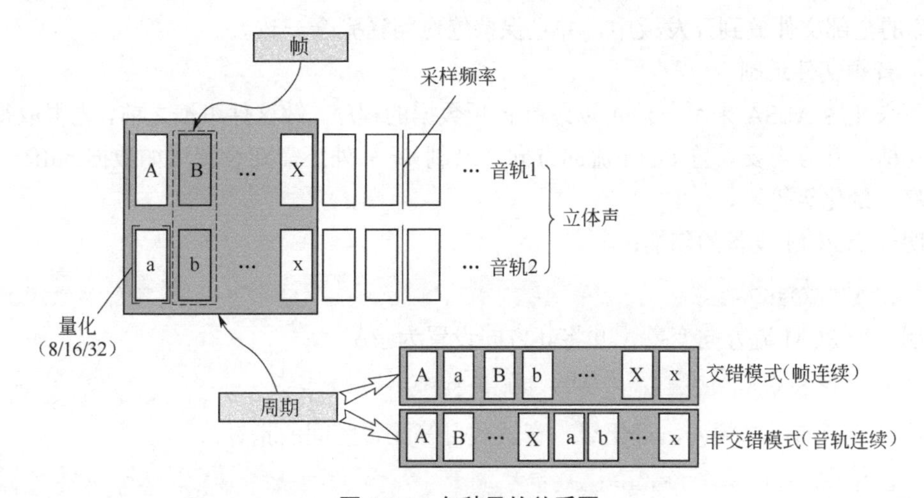

图6.3.5　各种量的关系图

处理周期越长，数目越多，系统的效率越高，但同时系统时延也越大。在他们之间，需要做一个适当的折中和权衡，比如如果 buffer 有 16384 个帧，那么可以将其分成 4 个周期处理，一个周期就是 4096 个帧（buffer 和 period 一般都以帧为单位）。另外从图 6.3.5 中也可看到，对声音样本的一个周期处理可以是帧连续的，也可以是音轨连续的，两种处理方式没有本质上的不同，但要注意录制和回放的一致性。

一般而言，这些 A/D 系统会被封装在声卡的驱动程序中，用户不需要操心他们，但是理解这些概念是进行音频编程的必备基础知识。

6.3.2 标准音频接口 ALSA 库

ALSA 是 Advanced Linux Sound Architecture（高级 Linux 声音架构）的简称，它在 Linux 操作系统上提供了音频和 MIDI（Musical Instrument Digital Interface，音乐设备数字化接口）的支持。ALSA 是当今 Linux 内核默认的声音子系统。

ALSA 是一个完全开放源代码的音频驱动程序集，除了像 OSS 那样提供了一组内核驱动程序模块之外，ALSA 还专门为简化应用程序的编写提供了相应的函数库，与 OSS 提供的基于 ioctl 的原始编程接口相比，ALSA 函数库使用起来要更加方便一些。利用该函数库，开发人员可以方便快捷地开发出自己的应用程序，细节则留给函数库内部处理。

要想在自己的应用程序中使用 ALSA 函数库，首先需要安装它。以下是安装 ALSA 函数库的步骤。

① 下载最新版 ALSA 源代码：ftp://ftp.alsa-project.org/pub/lib/。

② 解压缩，进入源码目录中并依次执行./configure、make 和 make install。

③ 将安装之后的 ALSA 库所在路径（缺省是/usr/lib/i386-Linux-gnu/）添加到环境变量 LD_LIBRARY_PATH 中。

④ 编译音频程序的时候，包含头文件<alsa/asoundlib.h>，并且链接 ALSA 库：

```
gcc example.c -o example -l asound
```

如果要将 ALSA 库安装到基于 ARM 平台的开发板上，除了第②步中的./configure 需要增加指定交叉工具链前缀（例如--host=arm-none-linux-gnueabi）的参数外，还需要将编译好的 ALSA 库的全部文件放到开发板中，并且保持绝对路径完全一致。

（1）音频文件录制

接下来使用 ALSA 来写一段可以录制音频数据的程序，做这件事情之前，先得取得 PCM 设备的句柄，并且需要设置 PCM 流的方向（录制），另外还需要设置诸如数据 buffer 大小、采样频率、量化级等等。

声明一个 PCM 设备的句柄：

```
snd_pcm_t *handle;
```

声明一个 PCM 流方向变量，并将其方向设置为录制：

```
snd_pcm_stream_t stream = SND_PCM_STREAM_CAPTURE;
```

声明一个指向采样频率、量化级、音轨数目等配置空间的指针：

```
snd_pcm_hw_params_t *hwparams;
```

在 ALSA 中，可以使用 plughw 或者 hw 来代表 PCM 设备接口，使用 plughw 时不需要关心所设置的各种 params 是否被声卡支持，因为如果不支持的话会自动使用默认的值，但如果使用 hw 的话就必须仔细检查声卡硬件的信息，要确保设置的每一项都被支持。一般情况使用 plughw 就可以了，可使用如下函数获得 PCM 设备句柄。

```
snd_pcm_open(&handle, "plughw:0,0", stream, 0);
```

其中需要稍作解释的是："0,0" 中的第一个 0 是系统中声卡的编号，第二个 0 是设备的编号，而上述语句中最后一个 0 代表标准打开模式，除此之外还可以是 SND_PCM_NONBLOCK 或者 SND_PCM_ASYNC，前者代表非阻塞读写 PCM 设备，后者代表声卡系统以异步方式工作：每当一个周期（period）结束时，将触发一个 SIGIO 信号，通知系统数据已经准备就绪。

然后，按照以下基本步骤，设置 PCM 设备参数。

① 首先，给参数配置分配相应的空间，并且根据当前的 PCM 设备的具体情况初始化。

```
snd_pcm_hw_params_t *hwparams;
snd_pcm_hw_params_alloca(&hwparams);
snd_pcm_hw_params_any(handle, hwparams);
```

② 设置访问模式为交错模式，这意味着采样点是帧连续的，而不是通道连续的。

```
snd_pcm_hw_params_set_access(handle, hwparams,
                        SND_PCM_ACCESS_RW_INTERLEAVED);
```

③ 设置量化参数。

```
snd_pcm_format_t pcm_format = SND_PCM_FORMAT_S16_LE;
snd_pcm_hw_params_set_format(handle, hwparams, pcm_format);
```

④ 设置音轨数目（本例中设置为双音轨，即立体声，1 为单音轨）。

```
uint16_t channels = 2;
snd_pcm_hw_params_set_channels(handle, hwparams, channels);
```

⑤ 设置采样频率，设备所支持的采样频率有规定的数值，本例中以 exact_rate 为基准，设置一个尽量接近该值的频率。

```
uint32_t exact_rate = 44100;
snd_pcm_hw_params_set_rate_near(handle, hwparams, &exact_rate, 0);
```

⑥ 设置 buffer size 为声卡支持的最大值（也可以设定为其他值）。

```
snd_pcm_uframes_t buffer_size;
snd_pcm_hw_params_get_buffer_size_max(hwparams, &buffer_size);
snd_pcm_hw_params_set_buffer_size_near(handle,hwparams,&buffer_size);
```

⑦ 根据 buffer size 设置 period size（比如将 period size 设置为 buffer size 的 1/4）。

```
snd_pcm_uframes_t period_size = buffer_size / 4;
snd_pcm_hw_params_set_period_size_near(handle, hwparams, &period_size, 0);
```

⑧ 最后，启动 PCM 设备并使这些参数生效。

```
snd_pcm_hw_params(handle, hwparams);
```

做完以上步骤，就可以从 PCM 设备中读取音频数据了，由于采用了直接 I/O 方式的帧连续的交错模式，因此应使用如下的函数读取。

```
snd_pcm_readi(handle, p, frames);
```

（2）音频文件保存

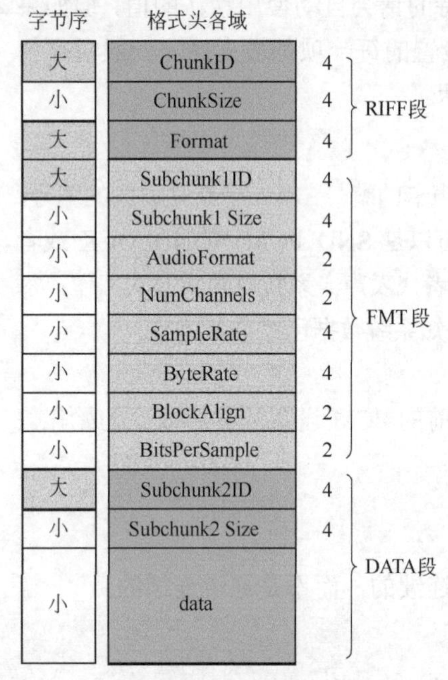

图 6.3.6 wav 格式头

从音频设备（麦克风）中读取到数据后，需要保存成一个某种格式的音频文件，比如 wav 格式，那么就必须在写数据之前先了解 wav 格式的细节。图 6.3.6 展示了一个典型的 wav 格式音频文件的详细信息，在创建一个 wav 格式的音频文件时必须要按照图中的格式来写。

wav 是一种符合所谓 RIFF 文档规范的文件格式，这种文档规范是一种以树形结构组织数据的标准。以 wav 格式为例子，文档必须先包含“RIFF 数据块”，也就是图 6.3.7 左边部分的区域，其中 ID 固定为“RIFF”四个字符，而且是大端序。而 SIZE 是除了 ID 和 SIZE 之外本文档的总大小，FMT 则是 RIFF 规范下 DATA 的具体数据格式，wav 对应的是 WAVE。剩下的 DATA 就是 RIFF 文档的内容。

RIFF 文档的内容又可以由多个“数据块”组成，对于 wav 格式而言，它的组成如图 6.3.7 所示的右边部分，包含两块，一个是 fmt 块，一个 data 块。

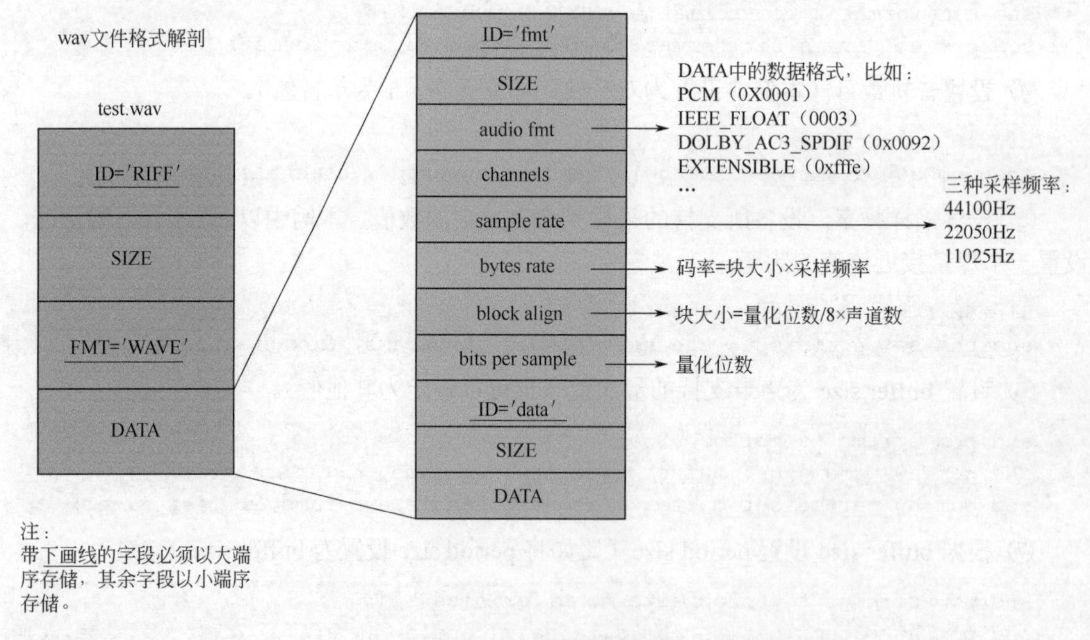

图 6.3.7 wav 格式举例

（3）音频文件播放程序

访问音频设备有几个重要的函数。

① open 系统调用　系统调用 open 可以获得对声卡的访问权，同时还能为随后的系统调用做好准备，其函数原型如下所示。

```
int open(const char *pathname, int flags, int mode);
```

参数 pathname 是将要被打开的设备文件的名称，对于声卡来讲一般是/dev/dsp。参数 flags 用来指明应该以什么方式打开设备文件，它可以是 O_RDONLY、O_WRONLY 或者 O_RDWR，分别表示以只读、只写或者读写的方式打开设备文件；参数 mode 通常是可选的，它只有在指定的设备文件不存在时才会用到，指明新创建的文件应该具有的权限。

如果 open 系统调用能够成功完成，它将返回一个正整数作为文件标识符，在随后的系统调用中需要用到该标识符。如果 open 系统调用失败，它将返回−1，同时还会设置全局变量 errno，指明导致错误发生的原因。

② read 系统调用　系统调用 read 用来从声卡读取数据，其函数原型如下所示。

```
int read(int fd, char *buf, size_t count);
```

参数 fd 是设备文件的标识符，是通过之前的 open 系统调用获得的；参数 buf 是指向缓冲区的字符指针，用来保存从声卡获得的数据；参数 count 则用来限定从声卡获得的最大字节数。如果 read 系统调用成功完成，它将返回从声卡实际读取的字节数，通常情况会比 count 的值要小一些；如果 read 系统调用失败，它将返回−1，同时还会设置全局变量 errno，来指明导致错误发生的原因。

③ write 系统调用　系统调用 write 用来向声卡写入数据，其函数原型如下所示。

```
size_t write(int fd, const char *buf, size_t count);
```

系统调用 write 和系统调用 read 在很大程度上是类似的，差别只在于 write 是向声卡写入数据，而 read 则是从声卡读出数据。参数 fd 同样是设备文件的标识符，是通过之前的 open 系统调用获得的；参数 buf 是指向缓冲区的字符指针，保存着即将向声卡写入的数据；参数 count 则用来限定向声卡写入的最大字节数。

如果 write 系统调用成功完成，它将返回向声卡实际写入的字节数；如果 read 系统调用失败，它将返回−1，同时还会设置全局变量 errno，来指明导致错误发生的原因。无论是 read 还是 write，一旦调用之后 Linux 内核就会阻塞当前应用程序，直到数据成功地从声卡读出或者写入为止。

④ ioctl 系统调用　系统调用 ioctl 可以对声卡进行控制，凡是对设备文件的操作不符合读/写基本模式的，都是通过 ioctl 来完成的，它可以影响设备的行为，或者返回设备的状态，其函数原型如下所示。

```
int ioctl(int fd, int request, ...);
```

参数 fd 是设备文件的标识符，是在设备打开时获得的；如果设备比较复杂，那么对它的控制请求相应地也会有很多种，参数 request 的目的就是用来区分不同的控制请求；通常说来，在对设备进行控制时还需要有其他参数，这要根据不同的控制请求才能确定，并且可能是与硬件设备直接相关的。

⑤ close 系统调用　当应用程序使用完声卡之后，需要用 close 系统调用将其关闭，以便及时释放占用的硬件资源，其函数原型如下所示。

```
int close(int fd);
```

参数 fd 是设备文件的标识符，是在设备打开时获得的。一旦应用程序调用了 close 系统调用，Linux 内核就会释放与之相关的各种资源，因此建议在不需要的时候尽量及时关闭已经打开的设备。

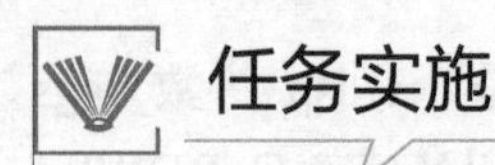

6.3.3 音频设备应用实例

RK3399Pro 的音频芯片采用 RK809 芯片，RK809 是一个复杂的电源控制芯片，同时也支持数字音频数据接口 I^2S。I^2S/PCM 数字音频接口用于向立体声模数转换器输入数据或从立体声数模转换器输出数据；有两种工作模式——主模式和从模式。音频电路与音频硬件见图 6.3.8 和图 6.3.9。

（1）智能终端音频信号处理

① 创建 wav 格式的文件。

```
int fd = open(argv[1], O_CREAT|O_WRONLY|O_TRUNC, 0777);
if(fd == -1)
{
     perror("open() error");
     exit(1);
}
```

其中，argv[1]表示 wav 的文件名称。

O_CREAT 表示若此文件不存在则创建它，所以必须有第三个参数。

O_WRONLY 表示该文件有读写权限。

O_TRUNC 表示如果文件已存在，并且以只写或者可读可写方式打开，则将其长度截断为 0 字节。

0777 是对 O_CREAT 的补充，给创建文件的权限。

② 打开 PCM 设备文件。

```
typedef struct
{
    snd_pcm_t *handle; // PCM 设备操作句柄
    snd_pcm_format_t format; // 数据格式
    uint16_t channels;
    size_t bits_per_sample;   // 一个采样点内的位数（8 位、16 位）
    size_t bytes_per_frame;   // 一个帧内的字节个数
    snd_pcm_uframes_t frames_per_period; // 一个周期内的帧个数
    snd_pcm_uframes_t frames_per_buffer; // 系统 buffer 的帧个数
    uint8_t *period_buf; // 用以存放从 wav 文件中读取的最多一个周期的数据

}pcm_container;

pcm_container *sound = calloc(1, sizeof(pcm_container));
    int ret = snd_pcm_open(&sound->handle, "default",
                SND_PCM_STREAM_CAPTURE, 0);
    if(ret != 0)
    {
          printf("[%d]: %d\n", __LINE__, ret);
          perror("snd_pcm_open( ) failed");
          exit(1);
    }
```

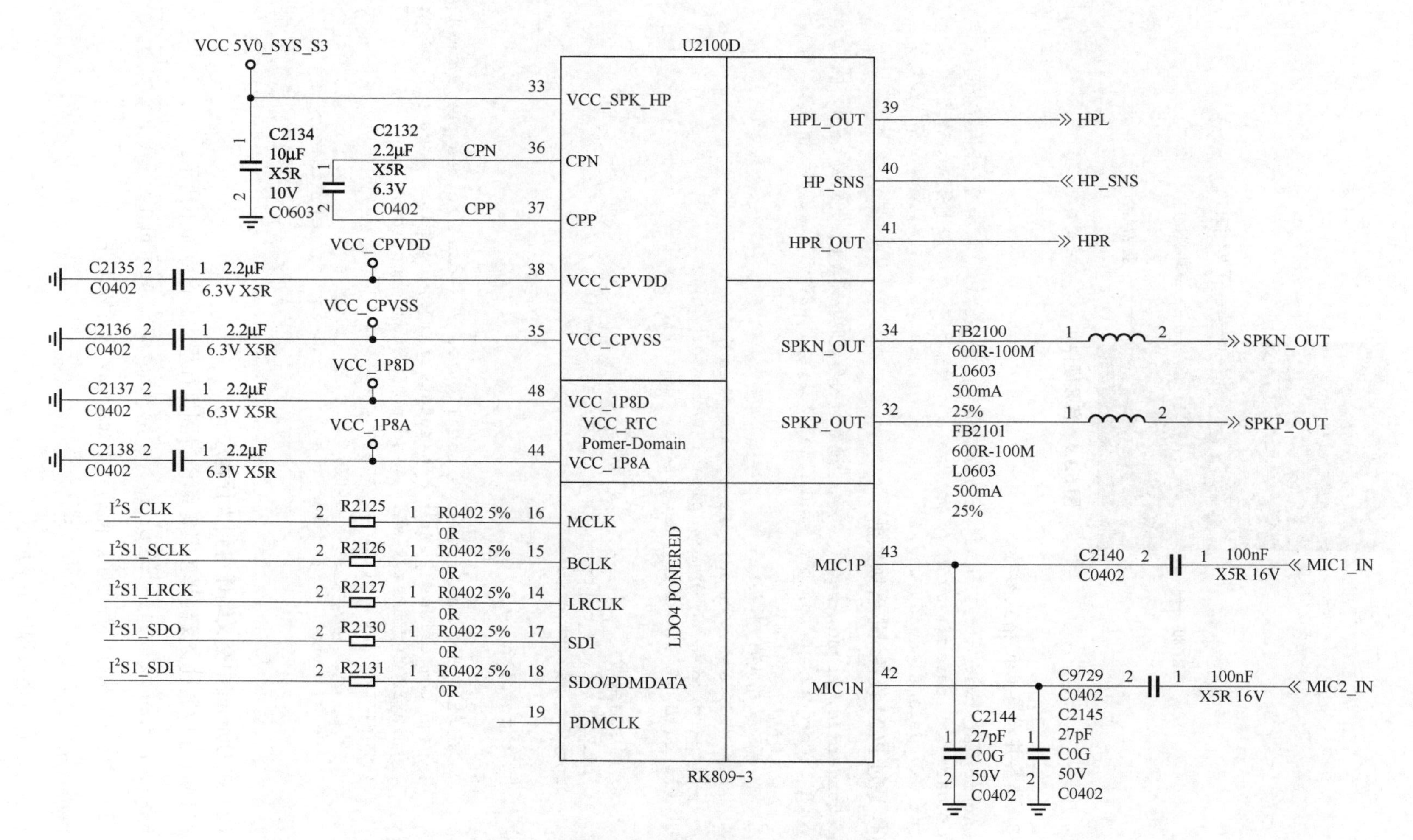

U2100D
VCC 5V0_SYS_S3
C2134
10μF
X5R
10V
C0603
C2132
2.2μF
X5R
6.3V
C0402
CPN
CPP
VCC_CPVDD
VCC_CPVSS
VCC_1P8D
VCC_1P8A
C2135
C2136
C2137
C2138
C0402
2.2μF
6.3V X5R
I2S_CLK
I2S1_SCLK
I2S1_LRCK
I2S1_SDO
I2S1_SDI
R2125
R2126
R2127
R2130
R2131
R0402 5%
0R
VCC_SPK_HP
VCC_RTC
Pomer-Domain
MCLK
BCLK
LRCLK
SDI
SDO/PDMDATA
PDMCLK
LDO4 PONERED
HPL_OUT
HP_SNS
HPR_OUT
SPKN_OUT
SPKP_OUT
MIC1P
MIC1N
HPL
HPR
FB2100
FB2101
600R-100M
L0603
500mA
25%
C2140
100nF
X5R 16V
MIC1_IN
C9729
MIC2_IN
C2144
C2145
27pF
C0G
50V
RK809-3

图 6.3.8　音频电路

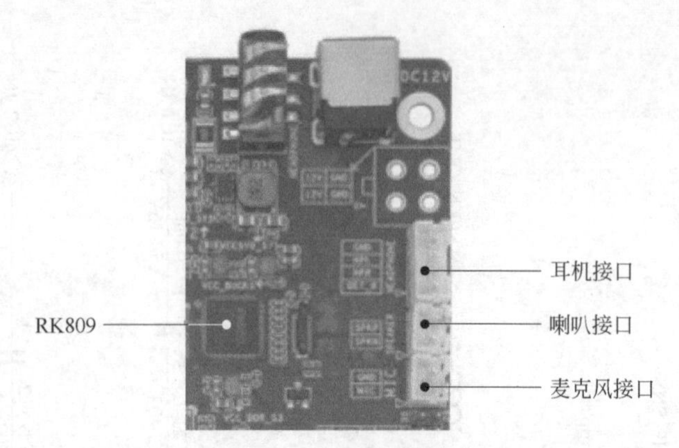

图 6.3.9 音频硬件

③ 准备并设置 wav 格式参数。

```
wav_format *wav = calloc(1, sizeof(wav_format));  //分配一个内存空间
prepare_wav_params(wav);                          //准备 wav 格式参数
set_wav_params(sound, wav);                       //设置 wav 格式参数
```

④ 通过 PCM 设备录取音频数据。

```
recorder(fd, sound, wav);  // 通过 PCM 设备录取音频数据，并写入 fd 中
void recorder(int fd, pcm_container *sound, wav_format *wav)
{
    // 写 wav 格式的文件头
    write(fd, &wav->head, sizeof(wav->head));
    write(fd, &wav->format, sizeof(wav->format));
    write(fd, &wav->data, sizeof(wav->data));

    // 写 PCM 数据
    uint32_t total_bytes = wav->data.data_size;
    uint32_t nwrite = 0;

    while(total_bytes > 0)
    {
        uint32_t total_frames = total_bytes / (sound->bytes_per_frame);
        snd_pcm_uframes_t n = MIN(total_frames, sound->frames_per_period);
        uint32_t frames_read = read_pcm_data(sound, n);
        nwrite = write(fd, sound->period_buf, frames_read * sound->
                 bytes_per_frame);
        total_bytes -= (frames_read * sound->bytes_per_frame);
    }
}
```

（2）在 Ubuntu 中交叉编译得到执行程序

在 Ubuntu 中通过交叉编译工具链编译得到执行程序。命令如下所示。

```
aarch64-linux-gnu-gcc recorder.c -o recorder -lasound
```

（3）在终端中执行录音程序，得到一个 test.wav 的音频文件

```
recorder test.wav
```

智能终端音频播放程序如下所示。

① 定义存储 wav 文件格式信息的结构体 wav。

```
wav_format *wav = calloc(1, sizeof(wav_format));
pcm_container *playback = calloc(1, sizeof(pcm_container));
```

② 打开 wav 文件，获取相关音频信息。

```
int fd = open(argv[1], O_RDONLY);
get_wav_header_info(fd, wav);
```

③ 以回放方式打开 PCM 设备。

```
snd_pcm_open(&playback->handle, "default", SND_PCM_STREAM_PLAYBACK, 0);
set_params(playback, wav);
```

④ 提取 PCM 的有用信息。

```
play_wav(playback, wav, fd);
```

⑤ 正常关闭 PCM 设备。

```
snd_pcm_drain(playback->handle);
snd_pcm_close(playback->handle);
```

⑥ 释放相关资源。

```
free(playback->period_buf);
free(playback);
free(wav);
close(fd);
```

⑦ 在 ubuntu 中交叉编译得到执行程序。

```
aarch64-linux-gnu-gcc playback.c -o playback -lasound
```

⑧ 在终端中执行播放程序。

```
chmod 777 playback
 ./playback test.wav
```

任务实施单

项目名	传感器应用开发		
任务名	音频设备应用开发	学时	4
计划方式	实训		
步骤	具体实施		
	操作内容	目的	结论
1	熟悉智能终端音频控制电路		
2	了解标准音频接口 ALSA 库		
3	完成 wav 格式的文件创建和音频录制程序的编写		
4	完成智能终端音频播放程序的编写		

教学反馈

教学反馈单

项目名	传感器应用开发		
任务名	音频设备应用开发	方式	课后
序号	调查内容	是/否	反馈意见
1	知识点是否讲解清楚		
2	操作是否规范		
3	解答是否及时		
4	重难点是否突出		
5	课堂组织是否合理		
6	逻辑是否清晰		
本次任务兴趣点			
本次任务的成就点			
本次任务的疑虑点			

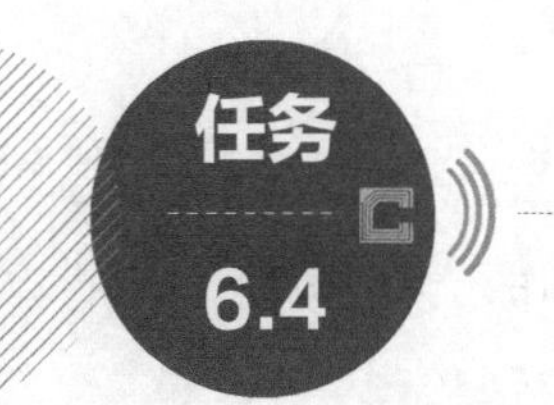

视频设备应用开发

任务引入

目前，智能终端的应用场景广阔，在很多领域都存在视频编程的需求。比如在最典型的监控领域，不仅需要将音像数据记录下来，并且需要根据不同的应用场景，将其编码压缩为某种恰当的形式，再在其他时刻反过来解码成原始数据。

任务目标

① 了解 V4L2 视频设备内核驱动。
② 了解 SDL 多媒体开发库的使用。
③ 完成智能终端视频采集、播放功能。

任务描述

Linux 音视频编程涉及面广，内容庞杂，通过对 V4L2 视频设备内核驱动以及 SDL 多媒体开发库的学习，可大大降低这部分编程的难度。

通过编写一个简易的播放器程序使学生理解视频播放功能的核心技术，并经过智能终端视频采集及播放功能的项目实战，使学生可以熟练掌握视频设备应用开发技术。

知识准备

6.4.1 视频设备基础

V4L2 是 Linux 处理视频的最新标准代码模块，其中包括对视频输入设备的处理，比如高频头（即电视机信号输入端子）或者摄像头，还包括对视频输出设备的处理。一般而言，最常见的是使用 V4L2 来处理摄像头数据采集的问题。

平常所使用的摄像头，实际上就是一个图像传感器，将光线捕捉到之后经过视频芯片的处理，编码成 JPG/MJPG 或者 YUV 格式输出，而通过 V4L2 可以很方便地跟摄像头等视频设备“沟通”，比如设置或者获取其工作参数。下面来详细分析可以通过 V4L2 来干什么事情。

在内核中，摄像头所捕获的视频数据，可以通过一个队列来存储。V4L2 视频采集流程具体如下所述。

① 配置好摄像头的相关参数，使之能正常工作。

② 申请若干个内核视频缓存，并且将它们一一送到队列中。

③ 将内核的缓存区通过 mmap 函数映射到用户空间。

④ 启动摄像头，开始数据捕获，每捕获一帧数据可以做一个出队操作，读取数据。

⑤ 将读过数据的内核缓存再次入队，依次循环。

V4L2 的工作流程示意如图 6.4.1 所示。

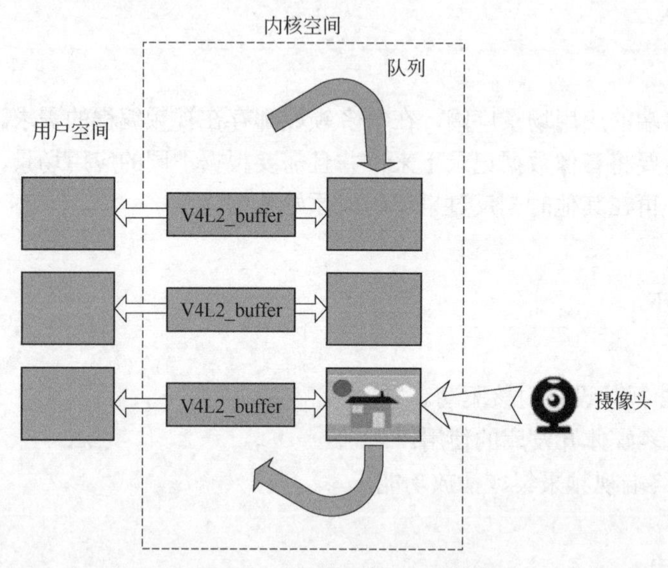

图 6.4.1　V4L2 工作流程示意图

6.4.2　多媒体开发库 SDL

SDL（Simple DirectMedia Layer）是一个跨平台的底层开发库，提供操作诸如音频、键盘、鼠标、游戏杆以及显卡等硬件的方法，被很多多媒体播放器、模拟器和流行游戏所使用。SDL 支持 Windows、MacOS、Linux、iOS 以及 Android，也就是说它在几乎所有平台都能运行，并且 SDL 是开源的，完全由 C 语言编写，可以在 C/C++以及众多主流编程语言中被使用（表 6.4.1 和表 6.4.2）。

表 6.4.1　SDL 视频相关 API

<table>
<tr><td>功能</td><td colspan="2">初始化 SDL 的相关子系统</td></tr>
<tr><td>头文件</td><td colspan="2">#include “SDL.h”</td></tr>
<tr><td>原型</td><td colspan="2">int SDL_Init(Uint32 flags);</td></tr>
<tr><td rowspan="5">参数</td><td>SDL_INIT_TIMER</td><td>初始化定时器</td></tr>
<tr><td>SDL_INIT_AUDIO</td><td>初始化音频</td></tr>
<tr><td>SDL_INIT_VIDEO</td><td>初始化视频</td></tr>
<tr><td>SDL_INIT_JOYSTICK</td><td>初始化游戏杆</td></tr>
<tr><td>SDL_INIT_EVERYTHING</td><td>初始化以上所有子系统</td></tr>
<tr><td rowspan="2">返回值</td><td>0</td><td>成功</td></tr>
<tr><td>−1</td><td>失败</td></tr>
<tr><td>备注</td><td colspan="2">初始化多个子系统可使用位或运算符处理：SDL_INIT_AUDIO|SDL_INIT_VIDEO</td></tr>
</table>

续表

功能	使用指定的宽、高和色深来创建一个视窗 surface		
头文件	#include "SDL.h"		
原型	SDL_Surface *SDL_SetVideoMode(int w, int h, int bpp, Uint32 flags);		
参数	w	设置视窗的宽度，一般设置为等于液晶显示屏的宽	
	h	设置视窗的高度，一般设置为等于液晶显示屏的高	
	bpp	设置视窗色深，一般设为 0，取当前系统色深	
	flags	SDL_SWSURFACE	在系统内存中创建 surface
		SDL_HWSURFACE	在显卡内存中创建 surface
		SDL_ASYNCBLIT	使能 surface 显示的异步更新功能
		SDL_ANYFORMAT	不管用户设置的 bpp 是否支持，一律使用该 bpp
		SDL_HWPALETTE	使得 SDL 可以调用调色板中的任意色彩
		SDL_DOUBLEBUF	使用硬件双缓冲（配合 SDL_HWSURFACE）
		SDL_FULLSCREEN	使用全屏模式
返回值	成功	surface 指针	
	失败	NULL	
备注	分配的 surface 内存只能被 SDL_Quit()释放		

功能	使用 fmt 指定的格式创建一个像素点	
头文件	#include "SDL.h"	
原型	Uint32 SDL_MapRGB(SDL_PixelFormat *fmt, Uint8 r, Uint8 g, Uint8 b);	
参数	fmt	颜色空间
	r	红色浓度值
	g	绿色浓度值
	b	蓝色浓度值
返回值	像素	
备注	如果 fmt 格式的 bpp 少于 32 位，那么高位将被忽略	

功能	将 dst 上的矩形 dstrect 填充为单色 color	
头文件	#include "SDL.h"	
原型	int SDL_FillRect(SDL_Surface *dst, SDL_Rect *dstrect, Uint32 color);	
参数	dst	要填充的矩形所在的 surface
	dstrect	要填充的矩形
	color	一个像素
返回值	0	成功
	–1	失败
备注	dstrect 为 NULL 时，整个 surface 都将被填充	

功能	将 src 快速叠加到 dst 上	
头文件	#include "SDL.h"	
原型	Int SDL_BlitSurface(SDL_Surface *src, SDL_Rect *srcrect, SDL_Surface *dst, SDL_Rect *dstrect);	
参数	src	要显示的 surface
	srcrect	指定 src 要显示的范围
	dst	目标 surface
	dstrect	指定 src 在 dest 显示的位置
返回值	0	成功
	–1	失败
备注	无	

续表

功能	更新 screen 上的图像元素	
头文件	#include “SDL.h”	
原型	int SDL_Flip(SDL_Surface *screen);	
参数	screen	要更新的 surface
返回值	0	成功
	–1	失败
备注	更新 screen 的结果，就是将该 surface 上的所有视窗元素显示出来	

表 6.4.2 SDL 音频子系统主要 API

功能	存放音频数据的具体信息	
头文件	#include “SDL.h”	
原型	typedef struct { int freq; uint16_t format; uint8_t channels; uint8_t silence; uint16_t samples; uint32_t size; void (*callback)(void *data, uint8_t *stream, int len); void *data; }SDL_AudioSpec;	
成员	freq	音频的样本频率，比如 44100、22050 等
	format	音频的数据格式，比如 8-bits、16-bits 等
	channels	音频的音轨数，比如 1 为单声道，2 为立体声
	silence	静音值
	samples	音频数据的总样本数（样本大小等于频率×格式/8）
	size	音频数据的总字节数
	callback	音频处理回调函数
	data	用户数据（一般不用）

功能	加载 wav 格式的音频文件	
头文件	#include “SDL.h”	
原型	SDL_AudioSpec *SDL_LoadWAV(const char *file, SDL_AudioSpec *spec, uint8_t **audio_buf, uint32_t *audio_len);	
参数	file	wav 格式的文件
	spec	装载音频文件的具体属性的结构体
	audio_buf	音频数据存放缓冲区的二级指针
	audio_len	音频数据尺寸
返回值	指针	返回一个指向包含音频数据具体属性的结构体
	NULL	失败
备注	无	

功能	启动音频设备	
头文件	#include “SDL.h”	
原型	int SDL_OpenAudio(SDL_AudioSpec *desired, SDL_AudioSpec *obtained);	
参数	desired	设想达到的音频参数
	obtained	实际设置的音频参数
返回值	0	成功
	–1	失败
备注	无	

续表

功能	暂停或者继续	
头文件	#include "SDL.h"	
原型	void SDL_PauseAudio(int pause_on);	
参数	pause_on	值为零是代表播放音频
返回值	无	
备注	该函数要在调用了 SDL_OpenAudio 之后调用	

SDL 的事件允许程序接收从用户输入的信息，当调用 SDL_Init(SDL_INIT_VIDEO)初始化视频子系统时，事件子系统将被连带自动初始化。

本质上所有的事件都将被 SDL 置入一个所谓的“等待队列”中，可以使用诸如 SDL_PollEvent()或者 SDL_WaitEvent()或者 SDL_PeepEvent()来处理或者检查当前正在等待的事件。

SDL 中处理事件的关键核心，是一个叫 SDL_Event 的联合体，事实上“等待队列”中储存的就是这些联合体，SDL_PollEvent()或者 SDL_WaitEvent()可将这些联合体从队列中读出，然后根据其中的信息进行相应的处理（表 6.4.3）。

表 6.4.3 SDL-1.2 事件信息联合体

功能	储存某一事件的具体信息
头文件	#include "SDL.h"
原型	typedef union { Uint8 type; SDL_ActiveEvent active; SDL_KeyboardEvent key; SDL_MouseMotionEvent motion; SDL_MouseButtonEvent button; SDL_JoyAxisEvent jaxis; SDL_JoyBallEvent jball; SDL_JoyHatEvent jhat; SDL_JoyButtonEvent jbutton; SDL_ResizeEvent resize; SDL_ExposeEvent expose; SDL_QuitEvent quit; SDL_UserEvent user; SDL_SysWMEvent syswm; } SDL_Event;

上述联合体中，囊括了 SDL-1.2 版本所支持的所有事件，包括：

type	事件的类型	jhat Joystick	游戏杆帽
active	事件触发	jbutton	游戏杆按键
key	键盘	resize	窗口大小变更
motion	鼠标移动	expose	窗口焦点变更
button	鼠标按键	quit	退出
jaxis	游戏杆摇杆	user	用户自定义事件
jball	游戏杆轨迹球	syswm	未定义窗口管理事件

下面以一个具体使用鼠标的实例（图 6.4.2），来展示 SDL 事件子系统的相关细节，这个例子包括以下功能。

① 使用鼠标左键点击向左小箭头，显示上一张图片。

② 使用鼠标左键点击向右小箭头，显示下一张图片。

③ 使用鼠标右键退出程序。

图 6.4.2　使用鼠标浏览图片

任务实施

6.4.3　视频设备应用实例

（1）智能终端视频采集及数据保存

① 打开摄像头设备文件。

```
int cam_fd = open("/dev/video3",O_RDWR);
```

② 列举摄像头支持的格式。

```
struct v4l2_fmtdesc *a = calloc(1, sizeof(*a));
a->index = 0;
a->type = V4L2_BUF_TYPE_VIDEO_CAPTURE;

int ret;
while((ret=ioctl(cam_fd, VIDIOC_ENUM_FMT, a)) == 0)
{
    a->index++;
    printf("pixelformat: \"%c%c%c%c\"\n",
                (a->pixelformat >> 0) & 0XFF,
                (a->pixelformat >> 8) & 0XFF,
                (a->pixelformat >>16) & 0XFF,
                (a->pixelformat >>24) & 0XFF);
    printf("description: %s\n", a->description);
}
```

③ 获取摄像头设备的功能参数。

```
struct v4l2_capability cap;
ioctl(cam_fd, VIDIOC_QUERYCAP, &cap);
```

④ 获取摄像头当前的采集格式。

```
struct v4l2_format *fmt = calloc(1, sizeof(*fmt));
fmt->type = V4L2_BUF_TYPE_VIDEO_CAPTURE;
ioctl(cam_fd, VIDIOC_G_FMT, fmt);
show_camfmt(fmt);
```

⑤ 配置摄像头的采集格式。

```
bzero(fmt, sizeof(*fmt));
fmt->type = V4L2_BUF_TYPE_VIDEO_CAPTURE;
fmt->fmt.pix.width = lcdinfo.xres;
fmt->fmt.pix.height = lcdinfo.yres;
fmt->fmt.pix.pixelformat = V4L2_PIX_FMT_YUYV;
fmt->fmt.pix.field = V4L2_FIELD_INTERLACED;
ioctl(cam_fd, VIDIOC_S_FMT, fmt);
```

⑥ 设置摄像头缓存的参数。

```
int nbuf = 3;
struct v4l2_requestbuffers reqbuf;
bzero(&reqbuf, sizeof (reqbuf));
reqbuf.type = V4L2_BUF_TYPE_VIDEO_CAPTURE;
reqbuf.memory = V4L2_MEMORY_MMAP;
reqbuf.count = nbuf;

// 使用参数 reqbuf 来申请缓存
ioctl(cam_fd, VIDIOC_REQBUFS, &reqbuf);
// 根据刚刚设置的 reqbuf.count 的值，来定义相应数量的 struct v4l2_buffer
// 每一个 struct v4l2_buffer 对应内核摄像头驱动中的一个缓存
struct v4l2_buffer buffer[nbuf];
int length[nbuf];
unsigned char *start[nbuf];

unsigned int i;
for(i=0; i<nbuf; i++)
{
    bzero(&buffer[i], sizeof(buffer[i]));
    buffer[i].type = V4L2_BUF_TYPE_VIDEO_CAPTURE;
    buffer[i].memory = V4L2_MEMORY_MMAP;
    buffer[i].index = i;
    ioctl(cam_fd, VIDIOC_QUERYBUF, &buffer[i]);

    length[i] = buffer[i].length;
    start[i] = mmap(NULL, buffer[i].length,   PROT_READ | PROT_WRITE,
                MAP_SHARED,   cam_fd, buffer[i].m.offset);

    ioctl(cam_fd , VIDIOC_QBUF, &buffer[i]);
}
```

⑦ 启动摄像头数据采集。

```
enum v4l2_buf_type vtype= V4L2_BUF_TYPE_VIDEO_CAPTURE;
ioctl(cam_fd, VIDIOC_STREAMON, &vtype);

struct v4l2_buffer v4lbuf;
bzero(&v4lbuf, sizeof(v4lbuf));
v4lbuf.type  = V4L2_BUF_TYPE_VIDEO_CAPTURE;
v4lbuf.memory= V4L2_MEMORY_MMAP;

// *********** 设置 SDL，为显示视频做准备 **************** //
SDL_Init(SDL_INIT_VIDEO|SDL_INIT_AUDIO|SDL_INIT_TIMER);
```

```
SDL_Surface *screen = NULL;
SDL_Overlay *bmp    = NULL;
screen = SDL_SetVideoMode(LCD_WIDTH, LCD_HEIGHT, 0, 0);
bmp    = SDL_CreateYUVOverlay(fmt->fmt.pix.width,
                              fmt->fmt.pix.height,
                              SDL_YUY2_OVERLAY, screen);
// ************************************************** //
i = 0;
while(1)
{
    // 从队列中取出填满数据的缓存
    v4lbuf.index = i%nbuf;
    ioctl(cam_fd , VIDIOC_DQBUF, &v4lbuf); //在摄像头没数据的时候会阻塞

    //shooting(start[i%nbuf], length[i%nbuf], fb_mem,
    shooting(start[i%nbuf], length[i%nbuf],
        bmp, fmt->fmt.pix.width, fmt->fmt.pix.height);
     // 将已经读取过数据的缓存块重新置入队列中
    v4lbuf.index = i%nbuf;
    ioctl(cam_fd , VIDIOC_QBUF, &v4lbuf);
    i++;
}
```

（2）智能终端视频播放

① 编写音视频的格式和编解码器。

```
AVFormatContext      *fmtCtx = NULL;    // 音视频格式信息结构上下文

// 定义视频处理相关结构体
AVCodecContext       *videoCodecCtx = NULL;
AVCodec              *videoCodec = NULL;

AVFrame              *frame = NULL;
AVPacket             *packet = malloc(sizeof(AVPacket));

struct SwsContext    *swsCtx = NULL;
AVDictionary         *videoDict = NULL;

av_register_all();  // 注册所有的格式和编解码器

// 打开多媒体文件，并获取其格式属性，后面两个 NULL 代表不指定格式
avformat_open_input(&fmtCtx, argv[1], NULL, NULL);
```

② 获取当前的音视频文件。

```
avformat_find_stream_info(fmtCtx, NULL);    // 获取流信息

// 查找第一个视频流和音频流
int videoStream = -1;
int audioStream = -1;

int i;
for(i=0; i<fmtCtx->nb_streams; i++)
```

```
{
    if(fmtCtx->streams[i]->codec->codec_type == AVMEDIA_TYPE_VIDEO
        && videoStream < 0)
    {
        videoStream = i;
    }

    if(fmtCtx->streams[i]->codec->codec_type == AVMEDIA_TYPE_AUDIO
        && audioStream <0)
    {
        audioStream = i;
    }
}
if(videoStream < 0 || audioStream < 0)
{
    printf("Can't find audio stream.\n");
    exit(1);
}

printf("videoStream: %d\n", videoStream);
printf("audioStream: %d\n", audioStream);
```

③ 处理音视频的流程。

```
// ====================== 音频处理流程 ==================== //
pthread_t tid;
struct
{
    AVFormatContext *fc;
    int as;
}args = {fmtCtx, audioStream};
pthread_create(&tid, NULL, turn_on_audio, (void *)&args);


// ====================== 视频处理流程 ==================== //
// 获取视频的解码相关信息，并取得视频解码器
videoCodecCtx = fmtCtx->streams[videoStream]->codec;
videoCodec    = avcodec_find_decoder(videoCodecCtx->codec_id);
printf("code id: %d\n", videoCodecCtx->codec_id);
if(videoCodec == NULL)
{
    printf("Can't find video decoder:%s\n", strerror(errno));
    exit(1);
}

// 打开视频解码器
avcodec_open2(videoCodecCtx, videoCodec, &videoDict);

// 分配帧缓冲，并设置图像转换信息
frame = av_frame_alloc();
swsCtx = sws_getContext(videoCodecCtx->width, videoCodecCtx->height,
        videoCodecCtx->pix_fmt,videoCodecCtx->width,
        videoCodecCtx->height, PIX_FMT_YUV420P, SWS_BILINEAR,
        NULL, NULL, NULL);
```

```
// *********** 设置 SDL，为显示视频做准备 **************** //
SDL_Init(SDL_INIT_VIDEO|SDL_INIT_AUDIO|SDL_INIT_TIMER);
SDL_Surface *screen = NULL;
SDL_Overlay *bmp    = NULL;
screen = SDL_SetVideoMode(LCD_WIDTH, LCD_HEIGHT, 0, 0);
bmp    = SDL_CreateYUVOverlay(videoCodecCtx->width, videoCodecCtx->
         height, SDL_YV12_OVERLAY, screen);
```

④ 在屏幕上播放处理好的音视频。

```
int finished = 0;
while(av_read_frame(fmtCtx, packet) >= 0)
{
    if(packet->stream_index == videoStream)
    {
         // 将数据从 packet 中解码出来，放入 frame 中
         avcodec_decode_video2(videoCodecCtx, frame, &finished, packet);
         if(finished)
         {
              printf("[%d]%u\n", __LINE__, frame->pts);
              printf("[%d]%u\n", __LINE__, frame->key_frame);
              show_on_screen(bmp, frame, videoCodecCtx, swsCtx);
              av_free_packet(packet);
         }
    }
    else if(packet->stream_index == audioStream)
    {
         packet_queue_put(packet);
    }
    else
    {
         av_free_packet(packet);
    }
}
```

任务实施单

项目名	传感器应用开发		
任务名	视频设备应用开发	学时	4
计划方式	实训		
步骤	具体实施		
	操作内容	目的	结论
1	熟悉 V4L2 视频设备内核驱动		
2	熟悉多媒体开发库 SDL		
3	编写智能终端视频采集及数据保存程序		
4	编写在屏幕上播放视频的程序		

教学反馈

教学反馈单

项目名	传感器应用开发		
任务名	视频设备应用开发	方式	课后
序号	调查内容	是/否	反馈意见
1	知识点是否讲解清楚		
2	操作是否规范		
3	解答是否及时		
4	重难点是否突出		
5	课堂组织是否合理		
6	逻辑是否清晰		
本次任务兴趣点			
本次任务的成就点			
本次任务的疑虑点			

参考文献

[1] 华清远见嵌入式学院，姜先刚，刘洪涛. 嵌入式 Linux 驱动开发教程[M].北京：电子工业出版社，2017.

[2] 冯国进. Linux 驱动程序开发实例[M].2 版.北京：机械工业出版社，2017.

[3] 姜亚华. 精通 Linux 内核智能设备开发核心技术[M].北京：机械工业出版社，2020.

[4] 刘修文. 智慧家庭终端开发教程[M].北京：机械工业出版社，2017.

[5] 施玉海，王丰，冯海亮. 数字家庭智能终端设计及应用开发实践[M]. 北京：中国广播影视出版社，2012.

[6] 刘家佳. 移动智能终端安全[M]. 西安:西安电子科技大学出版社，2019.

[7] 企想学院. 智能家居平台应用项目化教程[M]. 北京：中国铁道出版社，2017.

[8] 曾文波. 智能家居项目化教程[M]. 北京：中国水利水电出版社，2018.

[9] 邢袖迪. 智能家居产品从设计到运营[M]. 北京：人民邮电出版社，2015.

[10] 蔡建军. 智能电子产品设计与制作[M]. 北京：人民邮电出版社，2015.

[11] 刘功民，卢善勇. 通信工程制图与概预算编制[M]. 北京：中国铁道出版社，2019.

[12] 冯利锋. 实用电子电气产品可靠性设计[M]. 北京：电子工业出版社，2019.